高等学校计算机基础课程教材

信息技术基础教程

Xinxi Jishu Jichu Jiaocheng

主　　编　罗德林

副主编　姚　彤　杨志东

参　　编　杨小姝　李海英　刘一斐

主　　审　张　晓　郭　建

高等教育出版社·北京

内容简介

本书根据高等学校信息技术课程的新教学大纲编写。在内容上，首先介绍了信息技术与计算机文化的发展、计算机基础知识、微型计算机的软、硬件知识、多媒体计算机、信息安全与网络的基本知识，然后介绍了中文Windows 7操作系统以及中文Office 2010办公自动化集成软件（其中包括文字处理软件 Word 2010、电子表格软件 Excel 2010、文稿演示软件PowerPoint 2010），最后介绍了Internet应用等。

本书内容丰富、体系严密、图文并茂、深入浅出。既可以作为高等院校信息技术课程教材，也可以作为各种培训班的培训教材及各个层次的读者自学信息技术基础的入门教材。

图书在版编目（CIP）数据

信息技术基础教程 / 罗德林主编. —北京：高等教育出版社，2016.8（2018.8重印）

ISBN 978-7-04-046238-8

Ⅰ. ①信… Ⅱ. ①罗… Ⅲ. ①电子计算机－高等学校－教材 Ⅳ. ①TP3

中国版本图书馆CIP数据核字（2016）第175627号

策划编辑 何新权　责任编辑 何新权　封面设计 李卫青　版式设计 马敬茹
插图绘制 尹文军　责任校对 高　歌　责任印制 耿　轩

出版发行 高等教育出版社
社　　址 北京市西城区德外大街4号
邮政编码 100120
印　　刷 北京鑫海金澳胶印有限公司
开　　本 787mm×1092mm 1/16
印　　张 15.75
字　　数 370千字
购书热线 010-58581118
咨询电话 400-810-0598
网　　址 http://www.hep.edu.cn
http://www.hep.com.cn
网上订购 http://www.hepmall.com.cn
http://www.hepmall.com
http://www.hepmall.cn
版　　次 2016年8月第1版
印　　次 2018年8月第2次印刷
定　　价 35.00元

物 料 号 46238-00

前　言

随着计算机技术的飞速发展，特别是近年来计算机和通信技术的迅速普及和广泛应用，极大地促进了各行各业的技术进步和发展。计算机正逐步进入千家万户，成为人们工作、学习、生活、娱乐不可缺少的工具。计算机在全世界的迅速普及，深刻地改变着人们的工作、学习、生活和娱乐的方式。Internet 上丰富的信息资源已成为社会发展必不可少的宝贵财富，计算机已不再单纯是一种高科技产品，而已经具有了一种文化的内涵，成为推动社会进步的重要因素。

高等院校肩负着为社会培养高层次人才的任务，培养高素质、跨学科的复合型人才已成为教育界的共识，其中计算机文化素质的培养已成为重要组成部分。

为了适应计算机迅猛发展的挑战和需求，我们组织编写了《信息技术基础教程》。本教材全部由担任该课程教学的主讲教师编写，内容覆盖面广，重点突出，图文并茂，深入浅出，讲解清楚，注重突出网络技术及其应用。既可作为高等院校信息技术基础课程的教材，也可作为社会各类计算机培训班及自学用教材。

本书由罗德林任主编，姚彤、杨志东任副主编，参加编写的还有杨小姝、李海英、刘一斐、张晓、郭建。参加编写的教师具体分工为第 1、2 章由罗德林编写，第 3、8 章由姚彤编写，第 4 章由刘一斐编写，第 5 章由杨志东编写，第 6 章由杨小姝编写，第 7 章由李海英编写。统稿工作由罗德林完成。感谢张晓和郭建对书稿进行了认真审阅。

由于时间仓促，书中难免有不妥、错误之处，敬请同行及读者指正。

编　者

前言

目 录

第 1 章

信息技术基础

随着计算机科学技术的飞速发展，计算机已经成为当前使用最为广泛的现代化工具，并且促进了信息技术革命的到来，使现代社会进入了信息时代。学习计算机与信息技术知识，掌握计算机与信息技术应用，已成为当代大学生知识结构中重要的组成部分。

1.1 信息技术基本知识

本节主要介绍信息技术基础相关基本知识及概念。

1.1.1 信息的概念、特征、分类

1．信息的基本概念和解释

作为一个科学概念，“信息”较早出现于通信领域。长期以来，人们对于“信息”的理解多有不同，到目前为止，还没有一个比较确切的、统一的有关“信息”的定义。影响较大的有以下几种：

（1）信息是不确定性的减少或消除

信息论的创始人香农（Shannon）早在1948年就给“信息”下了一个定义：信息是可以减少或消除不确定性的内容。他认为，信息具有使不确定性减少的能力，信息量就是不确定性减少的程度。这里所谓的“不确定性”是指如果人们对客观事物缺乏全面的认识，就会表现出对这种事物的情况是“不清楚的”，是不确定的，这就是不确定性。当人们对它们的认识变得清楚以后，不确定性就减少或消除了，人们就获得了有关这些事物的信息。

（2）信息是控制系统进行调节活动时，与外界相互作用、相互交换的内容

1950年，控制论的创始人维纳（N. Weiner）提出：“信息这个名称的内容就是我们对外界进行调节并使我们的调节为外界所了解时而与外界交换来的东西。”就是说，信息是控制系统相互交换、相互作用的内容。

（3）信息是事物运动的状态和状态变化的方式

我国信息论专家钟义信教授提出：“事物的信息，是指该事物的运动状态和状态变化的方式，包括这些状态和方式的外在形式、内在含义和实际效用。”

系统科学认为，人们所处的客观世界，是由物质、能量和信息三大要素组成的，“信息”是物质系统中事物的存在方式或运动状态，以及对这种方式或状态的直接或间接的表述。

综合以上几种对信息的解释，可以看出信息的概念已经渗透到许多学科领域，信息的概念比较宽泛。可以把信息看作是消除不确定性的东西或关于某事物状态的描述。总之，信息是一个复杂的综合体，应当全面地认识它。

2．信息的特征和分类

信息的特征主要体现在如下几个方面。

（1）社会性

信息直接联系社会，信息只有经过人类加工、处理，并通过一定的形式表现出来才真正具有使用价值。所以，真正意义上的信息离不开社会。

（2）传载性

信息本身只是一些抽象符号，必须借助于媒介载体进行传递。信息借助媒介的传递是不受时间和空间限制的。信息在空间中传递被称为通信，信息在时间上的传递被称为存储。

（3）不灭性

这是信息最特殊的一点。信息不会因为被使用而消失。它可以被广泛地、重复地使用，这也导致其传播的广泛性。信息的载体可能在使用中被磨损而逐渐失效，但信息本身不会因此而消失。它可以被大量复制、长期保存、重复使用。

（4）共享性

信息作为一种资源，不同个体或群体在同一时间或不同时间可以共同享用。这是信息与物质的显著区别。信息交流不会因一方拥有而使另一方失去拥有的可能，此特点使信息资源能够发挥最大的效益。

（5）时效性

信息是对事物的存在方式和运动状态的反映，如果不能反映事物的最新变化状态，它的效用就会降低。信息的内容越新其价值越大，随着时间的延长价值随之减少。信息的使用价值还取决于使用者的需求及其对于信息的理解、认识和利用的能力。

（6）能动性

信息的产生、存在和传递依赖于物质和能量，没有物质和能量就没有信息。但信息在与物质、能量的关系中并非是消极被动的，它具有巨大的能动作用，可以控制和支配物质和能量的流动，并对改变其价值产生影响。

信息的分类常见于如下：

① 按内容分：社会信息与非社会信息。

② 按存在形式分：内储信息和外化信息。

③ 按状态分：动态信息和静态信息。

④ 按外化结果分：记录信息和无记录信息。

⑤ 按符号种类分：语言信息和非语言信息。

⑥ 按信息流通方式分：可传递的信息和不可传递的信息。

⑦ 按信息论方法分：未知信息和冗余信息。

⑧ 按价值观念分：有害信息和无害信息。

1.1.2 信息在现代社会中的作用

随着科学技术的发展，信息已经渗透到社会的各个角落，发挥着越来越大的作用。

1．认知作用

人们获得知识实际上就是获得信息、认识和理解信息、处理信息的过程。

2．管理作用

在现代社会，离开先进的信息系统，对政治、经济、军事、社会管理来说几乎是不可想象的。整个管理过程，就是一个信息流动（收集、加工、传递）的过程。

3．控制作用

在生产和工业流程以及第三产业中，信息的控制起着越来越大的作用。

4．交流作用

主要指社会成员之间，随着科学的发展和生活水平的提高，信息交流的现代化水平越来越高。

5．娱乐作用

随着信息技术的发展，出现了许多崭新的声像传播方式，使得电影、电视、广播等的声像质量越来越高，表现方式越来越逼真。

1.1.3 信息技术的概念、特点

1．信息技术的概念

信息技术就是能够提高或扩展人类信息能力的方法和手段，主要指完成信息的产生、获取、检索、识别、变换、处理、控制、分析、显示及利用的技术。

2．信息技术的特点

（1）数字化

信息社会是以计算机和网络技术为基础的，二进制数字信号被广泛地应用在其中，数字化就是将信息用电磁介质按二进制编码的方法加以处理和传输，以方便计算机的处理。

（2）网络化

信息社会最大的特征就是信息的极大丰富和信息共享，而所有这些都离不开网络的高速发展。网络化是信息技术发展的基础和环境。

（3）高速化

速度越来越高，容量越来越大，无论是计算机还是通信的发展均是如此。

（4）智能化

信息技术的高速发展充分体现了人工智能理论与方法的深化和应用，这是信息技术发展的基本趋势。

（5）个人化

信息技术将实现以个人为目标的通信方式，充分体现可移动性和全球性。它应该实现的目标简化为 5W，即无论何人（Whoever）在任何时候（Whenever）和任何地方（Wherever）都能

自由地与世界上其他任何人（whomever）进行任何形式（whatever）的通信。

1.1.4 信息技术的体系及其社会作用

1．信息技术的体系

信息技术是一个由若干单元技术相互联系而构成的整体，又是一个多层次、多侧面的复杂技术体系。大致可归纳为以下几个层次。

（1）主体层次

信息技术的主体层次是信息技术的核心部分，主要指直接地、具体地增强或延长人类信息器官，提高或扩展人类信息能力的技术，包括信息获取技术。目前主要体现在如下几个方面。

① 信息存储技术。它是人类思维功能的提高或扩展，可帮助人类跨越时间保存信息。

② 信息处理技术。它是人类思维功能的提高或扩展，可帮助人类转换、识别、归类、加工、生成信息。

③ 信息传输技术。它是人类传导神经功能的提高或扩展，可帮助人类跨越地域传递和输送信息。

④ 信息控制技术。它是人类效应功能的提高或扩展，可以帮助人类根据发出的信息对外部事物的运动状态实施控制。

（2）应用层次

信息技术的应用层次是信息技术的延伸部分，主要指主体层次的信息技术在工业、农业、国防等各个领域应用时生成的各种具体的实用信息技术。

（3）外围层次

信息技术的外围层次是信息技术产生和发展的基础，主要指与信息技术相关的各类技术。

2．信息技术的社会作用及影响

信息技术对人类社会的作用和影响是广泛而深刻的，主要体现在科研、经济、管理、教育、文化、思维、生活、政府等方面。尽管信息技术对人类社会的促进是巨大的，但也给社会带来了一些负面影响，主要表现在信息泛滥、信息污染、信息病毒、信息犯罪、信息渗透等方面。

1.1.5 信息化与信息化社会

1．信息化

信息化是指在国民经济各部门和社会活动各领域普遍地、大量地采用现代信息技术，从而大大提高社会劳动生产率、工作效率、学习效率、创造能力和生活质量的过程，也是培养和发展一代全新的高度发展的社会生产力的过程。

2．信息化社会及其主要特征

信息化社会，在产业领域使生产力发生新的飞跃，生产力大大提高，使信息资源起到替代资源和能源的作用，而且还将具有解决社会问题、扩大人类活动领域的效果。信息化社会主要包括四个方面，即社会的信息化、工厂的自动化、办公自动化和家庭自动化。

信息化社会具有如下基本特征。

（1）信息、知识和科技成为社会发展的决定力量

在信息化社会，信息资源已成为经济和社会进步的重要基础。信息资源为社会所共有。一个企业不实现信息化就很难在市场上有竞争力。一个国家如果缺乏信息资源，不从战略高度重视发展、利用信息资源，在现代社会中将永远处于贫穷落后的地位。

（2）信息技术、信息产业、信息经济日益成为科技、经济、社会发展的主导因素

信息技术的先导性和渗透性，决定了它在社会发展中起着非常重要的作用。信息技术一方面通过对传统产业结构和就业结构的变更，推动各国信息经济的形成和发展，另一方面通过对传统的本国市场的突破和对全球市场结构的孕育，开创着世界范围的信息经济。

（3）信息劳动者、脑力劳动者、知识分子的作用日益增大

（4）信息网络成为社会发展的基础设施

信息技术发展的方向之一就是网络化。随着信息时代的到来，世界经济正发生着根本的变化。建设网络社会将成为走向成功的关键因素。当今社会期望与正在实施的是将电信网、有线电视网、计算机网三网合一的宏伟计划在21世纪早日实现。

1.2 计算机基础知识

现代社会是科学技术高速发展的社会，是信息化的社会，而计算机技术就是信息处理的技术。社会的信息化与计算机的普遍应用已经渗透到人类社会的各个领域，计算机技术的普及应用水平已经成为衡量一个国家或地区现代化程度的重要标志。

1.2.1 计算机系统组成

美籍匈牙利科学家冯·诺依曼（von Neumman）于1945年提出了一个“存储程序”的计算机方案。其三个要点如下：

① 采用二进制的形式表示数据和指令。

② 将指令和数据存放在存储器中。

③ 由控制器、运算器、存储器、输入设备和输出设备五大部分组成计算机。

其核心工作原理是“存储程序”和“程序控制”，就是通常所说的“存储程序”的概念。人们把按照这一原理设计的计算机统称为“冯·诺依曼型计算机”。冯·诺依曼型计算机系统由硬件系统和软件系统两大部分组成。

1.2.2 计算机硬件系统

计算机的硬件系统是指构成计算机系统的各种物理设备的总称。图1-1给出了计算机硬件系统组成框图。

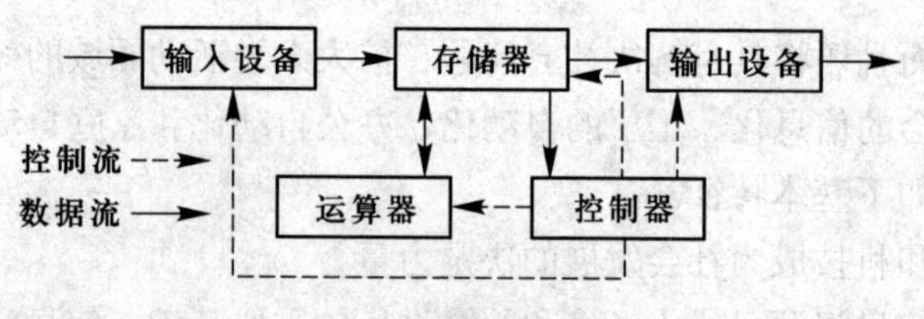

图1-1 计算机硬件系统结构

图中显示了冯·诺依曼型计算机由运算器、控制器、存储器、输入设备和输出设备五部分组成以及它们之间的连接关系，显示了计算机中数据和控制的流向。该图反映了计算机的基本工作原理，下面简要说明。

1．运算器

运算器也称为算术逻辑单元（Arithmetic and Logic Unit，ALU），是进行算术运算和逻辑运算的部件。

2．控制器

它是计算机的指挥中心，由它控制计算机各部件协调地工作。

通常把控制器和运算器合称为中央处理器，简称为CPU（Central Processing Unit）。

3．存储器

存储器是用来存储程序和数据的部件，分为内存储器（主存储器）和外存储器（辅助存储器）两类。内存储器简称内存，用来存储当前要执行的程序和数据以及中间结果和最终结果。外存储器简称外存，用来存储大量暂时不参与运算的数据和程序以及运算结果等。

4．输入设备

输入设备是将程序、数据和命令输入到计算机的设备。最常用的输入设备有键盘、鼠标、扫描仪、手写板等。

5．输出设备

输出设备是显示或打印计算机运算和处理结果的设备。最常用的输出设备是显示器、打印机、绘图仪等。

1.2.3 计算机软件系统

计算机的软件系统是计算机系统中不可缺少的组成部分，一般分为系统软件和应用软件两大类，如图1-2所示。

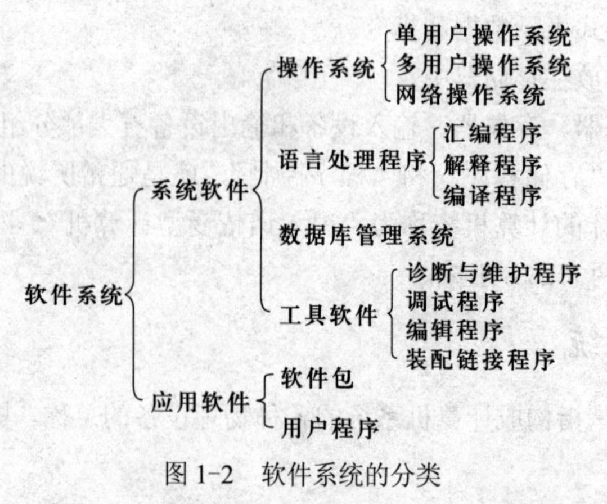

图1-2 软件系统的分类

1．系统软件

系统软件是指管理、控制和维护计算机的各种资源，扩大计算机功能和方便用户使用计算机的各种程序集合，它是构成计算机系统所必备的，通常由操作系统、语言处理程序、数据库管理系统和工具软件组成。

系统软件有两个显著的特点：一是通用性，其算法和功能不专用于特定的用户，普遍适用于各个领域；二是基础性，其他软件都是在系统软件的支持下开发和运行的。

（1）操作系统

操作系统（Operating System，OS）是计算机硬件的第一级扩充，是系统软件中最基础和最核心的部分。它由一系列具有控制和管理功能的程序模块组成，实现对计算机全部软、硬件资源的控制和管理，支持其他软件的开发和运行，使计算机能够自动、协调、高效地工作。

（2）工具软件

工具软件主要包括机器的调试、故障监测和诊断及各种开发调试工具类软件等。

（3）数据库管理系统

数据处理在计算机应用中目前占比最大。为了有效地利用大量的数据、妥善地管理和保存这些数据，人们开发出数据库系统（Data Base System，DBS），数据库系统主要由数据库（DB）、数据库管理系统（Date Base Management System，DBMS）组成，可分为层次型、网络型和关系型三种类型。

（4）语言处理程序和程序设计语言

程序设计语言又称为计算机语言，分为三类：机器语言、汇编语言和高级语言。

① 机器语言是计算机系统能够直接识别的计算机语言，不需翻译。其每一条语句都是一条二进制形式的编码，由操作码和操作数两部分构成。操作码指出执行什么操作，操作数指出被操作的对象或它在内存中的地址。使用机器语言编写程序，工作量大、难记、容易出错、调试修改麻烦，但执行速度快，不通用，是面向机器的语言。

② 汇编语言用助记符代替操作码，用地址符号代替操作数。由于这种“符号化”的做法，所以汇编语言也称为符号语言。用汇编语言编写的程序称为汇编语言“源程序”。汇编语言“源程序”不能直接运行，需要用“汇编程序”把它翻译成机器语言程序后，方可执行，这一过程称为“汇编”。汇编语言“源程序”比机器语言程序易读、易检查、易修改，同时又保持了机器语言执行速度快、占用存储空间少的优点。汇编语言也是“面向机器”的语言，不具备通用性和可移植性。

③ 高级语言是由具有各种含义的“词”和“数学公式”按照一定的“语法规则”组成的。由于高级语言采用自然语汇，并且使用与自然语言语法相近的语法体系，所以它的程序设计方法比较接近人们的习惯，编写出的程序更容易阅读和理解。

高级语言最大的优点是它“面向问题，而不是面向机器”。这不仅使问题的表述更加容易，简化了程序的编写和调试，能够大大提高编程效率；同时还因这种程序与具体机器无关，所以有很强的通用性和可移植性。

目前，高级语言有面向过程和面向对象之分。传统的高级语言，一般是面向过程的，如BASIC、FORTRAN、PASCAL、C等。随着面向对象技术的发展和完善，面向对象的程序设计方法和程序设计语言以其独有的优势得到普遍推广应用，并有完全取代面向过程的程序设计方法和程序设计语言的趋势，目前流行的面向对象的程序设计语言有 Visual BASIC、Visual FORTRAN、Visual C++、Delphi、Java 等。

（5）语言处理程序

用各种程序设计语言编写的程序称为源程序。对于源程序，计算机是不能直接识别和执行的，必须由相应的解释程序或编译程序将其翻译成机器能够识别的目标程序（即机器指令代码），计算机才能执行。这正是语言处理程序所要完成的任务。

语言处理程序是指将源程序翻译成与之等价的目标程序的系统程序。这一过程通常被称为“编译”。语言处理程序除了完成语言间的转换外，还要进行语法、语义等方面的检查以及为变量分配存储空间等工作。语言处理程序通常有汇编、编译和解释三种类型。

① 汇编程序。把用汇编语言编写的源程序翻译成机器语言程序（即目标程序）的过程称为汇编。实现汇编工作的软件称为汇编程序。

② 编译程序。把用高级语言编写的源程序翻译成目标程序的过程称为编译。完成编译工作的软件称为编译程序。

源程序经过编译后，若无错误就生成一个等价的目标程序，对目标程序再进行链接、装配后，便得到“执行程序”，最后运行执行程序。执行程序全部由机器指令组成，运行时不依附于源程序，运行速度快。但这种方式不够灵活，每次修改源程序后，哪怕只是一个符号，也必须重新编译、链接。目前使用的 FORTRAN、C、PASCAL 等高级语言都采用这种方式。

③ 解释程序。解释方式是边扫描源程序、边进行翻译，然后执行。即解释一句、执行一句，不生成目标程序。这种方式运行速度慢，但在执行中可以进行人机对话，随时改正源程序中的错误，有利于初学者学习使用。以前流行的 BASIC 语言大都是按这种方式处理的。

2．应用软件

应用软件是为了解决各种实际问题而设计的计算机程序，通常由计算机用户或专门的软件公司开发。

硬件系统和软件系统是密切相关、互相依存的。硬件所提供的机器指令、低级编程接口和运算控制能力，是实现软件功能的基础；没有软件的硬件机器称为裸机，它的功能很有限，甚至不能有效启动或进行起码的数据处理工作。裸机每增加一层软件，就变成了一台功能更强的机器，对用户也更加透明。应该指出，现代计算机硬件和软件之间的分界并不十分明显，软件与硬件在逻辑上有着某种等价的意义。

1.2.4 计算机工作原理

目前，尽管计算机的规模、功能及用途不尽相同，但它们都是依据“程序存储”原理进行工作的，即将程序和数据存储在内存中，在控制器的控制下逐条取出指令、分析和执行指令，完成相应的操作。

1．指令与指令系统

指令就是一组代码，规定由计算机执行的某种操作。由于计算机硬件结构不同，指令也不同。一台计算机所能识别和执行的全部指令的集合叫做这台计算机的指令系统。程序由指令组成，是为解决某一问题而设计的一组指令。

计算机的指令系统与它的硬件系统密切相关。一般情况下，人们在编制程序时使用的是与具体硬件无关、比较容易理解的高级语言。但在计算机实际工作时，还要把高级语言的语句翻译成机器指令，计算机才能执行，即计算机能够直接执行的还是机器指令。

机器指令包括指令操作码和指令操作数两部分，操作码指定计算机执行的基本操作，操作数则表示指令执行所需要的数值或数值在内存中存放的地址。

2．计算机的工作过程。

计算机的工作过程，实际上就是计算机执行程序的过程。就是依次执行程序的指令，一条指令执行完毕后，CPU 再取下一条指令执行，如此下去，直到程序执行完毕。计算机完成一条指令操作分为取指令、分析指令和执行指令三个阶段。

（1）取指令

CPU 根据程序计数器的内容（存放指令的内存单元地址）从内存中取出指令送到指令寄存器，同时修改程序计数器的值，使其指向下一条要执行的指令。

（2）分析指令

对指令寄存器中的指令进行分析和译码。

（3）执行指令

根据分析和译码执行本指令的操作功能。

1.2.5 计算机的分类

计算机的种类很多，随着它的发展和新机型的出现，分类方法也在不断变化，当前使用较多的是电气与电子工程师协会（IEEE）于 1989 年提出的一种分类方法，它将计算机分为六类。

1．个人计算机

个人计算机（Personal Computer，PC）又称微型计算机。这种计算机是为个人使用而设计的，许多人又把个人计算机俗称为计算机。

2．工作站

工作站（Work Station，WS）是介于 PC 机和小型机之间的高档微型机。通常配备有大屏幕显示器和大容量存储器，并具有较强的网络通信功能，多用于计算机辅助设计和图像处理（网络系统中的用户节点计算机也称为工作站，两者完全不是一回事，防止混淆）。

3．小型计算机

与大型主机和巨型机相比，小型计算机（Mini computer）结构简单、成本较低、易于维护和使用。其规模按照满足一个中小型部门的工作需要进行设计和配置。

4．主机

主机（Main frame）亦称大型主机。具有大容量存储器、多种类型的 I/O 通道，能同时支持批处理和分时处理等多种工作方式。其规模按照满足一个大中型部门的工作需要进行设计和配置，相当于一个计算中心所要求的条件。

5．小巨型计算机

小巨型计算机（Mini super computer）亦称为桌上型超级计算机。与巨型计算机相比，其最大的特点是价格便宜，具有更好的性能价格比。

6．巨型计算机

巨型计算机（Super computer）亦称超级计算机。具有极高的性能和极大的规模，价格昂贵，多用于尖端科技领域，生产这类计算机的能力可以反映一个国家的计算机科学技术水平。我国是世界上能够生产巨型计算机的少数国家之一。

1.2.6 计算机的特点

计算机技术是信息化社会的基础，是信息技术的核心，这是由计算机的特点所决定的。计算机的特点可概括为以下4个方面。

1. 运算速度快

计算机的运算速度是其他任何一种工具无法比拟的。现在，一台微型计算机的运算速度可以达到每秒钟处理数千万条指令。目前世界上速度最快的巨型计算机的运算速度可达每秒数亿亿次以上。正是有了这样的计算速度，使得过去不可能完成的计算任务得到了解决，如天气预报、地震预报等。

2. 计算精度高

计算机是采用二进制数字进行运算的，只要配置相关的硬件电路就可增加二进制数字的长度，从而提高计算精度。目前普通微型计算机的计算精度就已达到32位二进制数。

3. 具有超强的“记忆”和逻辑判断功能

“记忆”功能指的是计算机能存储大量信息，供用户随时检索和查询。现在一台普通PC机的主存储器存储容量都在1 GB以上。逻辑判断功能指的是计算机不仅能进行算术运算，还能进行逻辑运算，实现推理和证明。记忆功能、算术运算和逻辑判断功能相结合，使得计算机能模仿人类的某些智能活动，成为人类脑力延伸的重要工具，所以计算机又被称为“电脑”。

4. 能自动运行且支持人机交互

所谓自动运行，就是人们把需要计算机处理的问题编成程序，存入计算机中，当发出运行指令后，计算机便在该程序控制下依次逐条执行，不再需要人工干预。“人机交互”则是在人想要干预时，采用“人机之间一问一答”的形式，有针对性地解决问题。这些特点都是过去的计算工具所不具备的。

1.2.7 计算机的主要应用领域

随着超大规模集成电路的出现和计算机网络技术的迅速发展，微型计算机不断普及，信息资源日益丰富，使得计算机的应用渗透到社会的各个领域，如科学技术、国民经济、国防建设及家庭生活等。下面将计算机的应用归纳为6个方面。

1. 科学计算

这是计算机应用最早也是最成熟的应用领域。随着人们对客观世界认识的日益深化，越来越多的研究工作从定性转向了定量，涉及的数学模型和计算工作规模也越来越庞大，因此，在现代科学研究和工程设计中，计算机已成为必不可少的计算工具。例如，人造卫星轨道的计算、宇宙飞船的制导、天体演化形态学的研究、可控热核反应、气象预报等，都是借助计算机来进行计算的。

2．信息处理

现代社会是信息化的社会。随着社会的不断进步，信息量也在急剧增加。现在，信息已和能源、物资一起构成人类社会活动的基本要素。计算机最广泛的应用就是信息处理。有关资料表明，世界上80%左右的计算机主要用于信息处理。信息处理的特点是：数据量很大，但不涉及复杂的数学运算，有大量的逻辑判断和输入输出，时间性较强，如生产管理、财务管理、人事管理、票务管理、情报检索、办公自动化等。

3．过程控制

过程控制又称实时控制。它在工业生产、国防建设和现代化战争等领域都有广泛的应用。在工业生产中，将计算机用来控制各种自动装置、自动仪表、生产过程等。例如，工业生产自动化方面的巡回检测、自动记录、监视报警、自动启停、自动调控等内容；交通运输方面的行车调度；在国防建设方面，在导弹的发射中实时控制其飞行的方向、速度、位置等。

4．计算机的辅助工程

当前用计算机进行辅助工作的系统越来越多，如计算机辅助设计 CAD（Computer Aided Desogn）、计算机辅助制造 CAM（Computer Aided Manufacturing）、计算机辅助测试 CAT（Computer Aided Testing）、计算机辅助工程 CAE（Computer Aided Engineering）、计算机集成制造系统 CIMS（Computer Integrated Manufacturing System）、计算机辅助教学 CAI（Computer Assisted Instruction）等。

5．人工智能

人工智能是计算机应用的一个较新领域，它是用计算机执行某些与人的智能活动有关的复杂功能。目前研究的方向有：模式识别、自然语言理解、自动定理证明、自动程序设计、知识表示、机器学习、专家系统、机器人等。

6．网络应用

微电子技术、计算机技术和现代通信技术的结合构筑了计算机网络。计算机网络的建立，不仅解决了一个单位、一个地区、一个国家中计算机与计算机之间的通信，各种硬件资源、软件资源和信息资源的共享，也大大促进了国际间的通信、文字、图像、声音等各类数据的传输和处理。网络应用使人类进入了信息化社会，并且网络是信息社会最有代表性的生产力。

1.2.8 计算机的发展阶段

自从世界上第一台电子计算机 ENIAC（Electronic Numerical Integrator and Calculator）于1946 年 2 月在美国宾夕法尼亚大学诞生以来，计算机技术的发展非常迅速。在这 50 余年的发展过程中连续进行了 4 次重大的技术革命，分别是电子管、晶体管、中小规模集成电路、大规模和超大规模集成电路，通常被称为四代，如表 1-1 所示。

表 1-1 各代计算机的主要特点比较

代 别	起止年份	硬件特征	软件发展状况	应用领域
第一代	1946—1958 年	电子管	机器语言和汇编语言	科学计算
第二代	1959—1964 年	晶体管	高级语言（编译程序）管理、简单的操作系统	科学计算 数据处理 事务管理

续表

代 别	起止年份	硬件特征	软件发展状况	应用领域
第三代	1965—1970年	集成电路	功能较强的操作系统、高级语言、结构化、模块化的程序设计	系列化远程终端、向社会推广和普及
第四代	1971年至今	大规模、超大规模集成电路	完善的操作系统、数据库系统、网络软件、软件工程的标准化、面向对象的程序设计方法与广泛采用	网络、分布式计算机、人工智能等，向社会推广和普及

1.2.9 计算机的发展趋势

随着人类社会的发展，科学技术的不断进步，计算机技术也在不断向纵深发展。不论是在硬件还是在软件方面都不断有新的产品推出，但总的发展趋势可以归纳为以下几个方面。

1．微型化

由于微电子技术的迅速发展，芯片的集成度越来越高，计算机的元器件越来越小，而使得计算机的计算速度快、功能强、可靠性高、能耗小、体积小、重量轻，向着微型化方向发展和向着多功能方向发展仍然是今后计算机发展的方向。

2．巨型化

为了满足尖端科学技术、军事、气象、地质等领域的需要，计算机也必须向超高速、大容量、强功能的巨型化发展。巨型机的发展集中体现了计算机技术的发展水平，它可以推动多个学科的发展。

3．网络化

计算机网络可以实现资源共享。资源包括硬件资源，如存储介质、打印设备等，还包含软件资源和数据资源，如系统软件、应用软件和各种数据库等。所谓资源共享是网络系统中提供的资源可以无条件地或有条件地为联入该网络的用户使用。事实表明，网络的应用已成为计算机应用的重要组成部分，现代网络技术已成为计算机技术中不可缺少的内容。有人预测，21世纪是网络时代，无人不用网，无机不联网。20世纪90年代世界各国相继建设的国家信息基础设施NII和国际互联网即因特网（Internet）使计算机网络化、世界数字化成为可能。

4．智能化

智能化是未来计算机发展的总趋势。20世纪80年代，日本、美国等发达国家曾开始研制第五代计算机，也称为智能计算机。它突出了人工智能方法和技术的作用，在系统设计中考虑了建造知识库管理系统和推理机，使得机器本身能根据存储的知识进行推理和判断。这种计算机除了具备现代计算机的功能之外，还要具有在某种程度上模仿人的推理、联想、学习等思维功能，并具有声音识别、图像识别能力。经过相当一段时间的努力，人们才认识到实现这些功能并非易事，但是这种智能化的思路确实应是今后计算机的研究方向。

5．多媒体技术

多媒体技术是集文字、声音、图形、图像等多种媒体于一体的综合技术。它以计算机软硬件技术为主体，包括数字化信息技术、音频和视频技术、通信和图像处理技术以及人工智能技术和模式识别技术等。因此，它是一门多学科多领域的高新技术。多媒体技术虽然已经取得很大的发展，但高质量的多媒体设备和相关技术还需要进一步研制，主要包括视频和音频数据的压缩、解压缩技术，多媒体数据的通信以及各种接口的实现方案等。因此，多媒体计算机是21

世纪开发研究的热点之一。

6．非冯·诺依曼体系结构的计算机

非冯·诺依曼体系结构是提高现代计算机性能的另一个研究焦点。人们经过长期的探索，进行了大量的试验研究后，一致认为冯·诺依曼的传统体系结构虽然为计算机的发展奠定了基础，但是它的“程序存储”和“程序控制”原理表现在“集中顺序控制”方面的串行机制，却成为进一步提高计算机性能的瓶颈，而提高计算机性能的方向之一是并行处理。因此许多非冯·诺依曼体系结构的计算机理论出现了。如神经网络计算机、DNA计算机、量子计算机、光子计算机等。

[思考与问答]

1. 冯·诺依曼提出的“程序存储”的计算机方案的要点是什么？
2. 计算机系统由哪些部分组成？计算机是如何工作的？
3. IEEE如何对计算机分类？计算机具有哪些特点？
4. 举例说明计算机的主要应用领域。
5. 简要说明计算机的发展阶段和发展趋势。

1.3　信息的表示及编码基础知识

计算机最主要的功能是信息处理。在计算机内部，各种信息，如数字、文字、图形、图像、声音等都必须采用数字化的编码形式进行存储、处理和传输。由于在计算机内部只能处理二进制数，所以数字化编码的实质就是用0和1两个数字进行各种组合，将要处理的信息表示出来。

1.3.1　计算机中的数制

日常生活中使用的进制很多，如一年有12个月（十二进制），一斤等于10两（十进制），一分钟等于60秒（六十进制）等。计算机科学中经常使用十进制、二进制、八进制和十六进制。但在计算机内部，不管什么样的数都使用二进制编码形式来表示。因为，二进制运算简单、可靠，用电子线路最易实现二进制。在具体讨论计算机常用数制之前，首先介绍几个有关数制的基本概念。

1．基数

在一种数制中，只能使用一组固定的数字符号来表示数目的大小，这种数字符号被称为该数制的数码，如在十进制中，用0、1、2、3、4、5、6、7、8、9的有效组合来表示一个十进制数的大小，这里的10个数字符号0～9被称为十进制的数码。每种数制中数码的个数称为该数制的基数。如十进制中有10个数码，基数是10；二进制中有两个数码0和1，基数是2；八进制数中有8个数码0、1、2、3、4、5、6、7，基数是8；十六进制数中有16个数码0、1、2、3、4、5、6、7、8、9、A、B、C、D、E、F，基数是16。

2．进制

在数制中有一个规则，就是N进制一定是“逢N进一”。如十进制就是“逢十进一”，二进制就是“逢二进一”，八进制就是“逢八进一”，十六进制就是“逢十六进一”等。

3．位权值

在任何数制中，数码所处的位置不同，代表的数值大小也不同。例如，十进制数4314，左起的第一个4表示4千，最右边的4表示4个。这就是说从右向左依次是10^0、10^1、10^2、10^3。对每一个数位赋予的位置，在数学上叫做“权”。某一位数码代表的数值的大小是该位数码与位权的乘积。例如1234.56可以展开为：

$$1234.56=1\times10^3+2\times10^2+3\times10^1+4\times10^0+5\times10^{-1}+6\times10^{-2}$$

4．计算机常用的数制

计算机能够直接识别的只是二进制数，也就是说在计算机中，任何其他的信息都是以二进制的某种编码来表示的。

在编写计算机程序时，为编程方便还经常使用八进制、十进制和十六进制数，这就需要在计算机内部进行各种进制之间的转换。下面给出这些进位计数制的有关表示，如表1-2、表1-3所示。

表1-2 常用计数制的基数和数码

数制	基数	数码
二进制	2	0 1
八进制	8	0 1 2 3 4 5 6 7
十进制	10	0 1 2 3 4 5 6 7 8 9
十六进制	16	0 1 2 3 4 5 6 7 8 9 A B C D E F

表1-3 常用计数制的表示方法

十进制数	二进制数	八进制数	十六进制数
0	0000	0	0
1	0001	1	1
2	0010	2	2
3	0011	3	3
4	0100	4	4
5	0101	5	5
6	0110	6	6
7	0111	7	7
8	1000	10	8
9	1001	11	9
10	1010	12	A
11	1011	13	B
12	1100	14	C
13	1101	15	D
14	1110	16	E
15	1111	17	F
16	10000	20	10

5．书写规则

为了区分各种计数制，常采用如下书写方法。

（1）在数字后面加写相应的英文字母作为标识

B(Binary)表示二进制数，如二进制的 100 可写成 100B。

O(Octonary)表示八进制数，如八进制的 100 可写成 100O。

D(Decimal)表示十进制数，如十进制的 100 可写成 100D，一般约定 D 可以省略。

H(Hexadecimal)表示十六进制数，如十六进制的 100 可写成 100H。

（2）在括号外面加数字下标

$(1101)_2$ 表示二进制数的 1101。

$(2753)_8$ 表示八进制数的 2753。

$(3658)_{10}$ 表示十进制数的 3658。

$(3EF7)_{16}$ 表示十六进制数的 3EF7。

1.3.2 二进制的常用单位

在计算机内部，一切数据都是用二进制表示的，并规定了一些常用单位。

1．位

位（bit）是二进制数中的一个数位，可以是 0 或 1。它是计算机中数据的最小单位，称为比特（bit）。

2．字节

通常将 8 位二进制数组成一组，称为一个字节（Byte）。字节是计算机中数据处理和存储容量的基本单位。书写时，常把 Byte 简写成 B，所以就有 1 B = 8 bit。

常用的单位还有 KB（千字节）、MB（兆字节）、GB（千兆字节）等，它们与字节的关系是：

$1\ KB = 2^{10}\ B = 1\ 024\ B$

$1\ MB = 2^{10}\ KB$

$1\ GB = 2^{10}\ MB$

$1\ TB = 2^{10}\ GB$

3．字

字（Word）是指计算机一次存取、加工、运算和传输的数据长度。

一个字一般由一个或几个字节组成，它是衡量计算机性能的一个重要指标。一个字所含二进制的位数称为字长。字长越长，计算机的运算速度越快、计算精度越高。目前计算机的字长多为 32 位、64 位。

1.3.3 字符编码

字符是人与计算机通信的重要媒介，是计算机中使用最多的信息形式之一。将字符转变为指定的二进制符号称为编码。一个编码就是一组二进制位“0”和“1”的组合，这组二进制数的位数就决定了该编码所能处理的符号个数。例如，要对一个由 128 个符号构成的符号集进行编码，就需要用 7 位二进制数。

1．ASCII 码

最常用的字符编码是 ASCII 编码，即 American Standard Code For Information Interchange（美

国信息交换标准代码)。ASCII 码包括 32 个通用控制字符、10 个十进制数码、52 个英文大小写字母和 34 个专用符号，共 128 个元素，故需要用 7 位二进制数进行编码。通常使用一个字节的低 7 位来表示，规定其最高位为 0。ASCII 码如表 1-4 所示。

表 1-4 中十进制码值 0～31 和 127 的 33 个字符是用于打印和显示的格式控制符，称为控制符，其余 95 个为直接显示或打印字符。

表 1-4 七位 ASCII 码编码表

高 3 位 低 4 位	000	001	010	011	100	101	110	111
0000	NUL	DLE	空格	0	@	P	、	p
0001	SOL	DC1	!	1	A	Q	a	q
0010	STX	DC2	”	2	B	R	b	r
0011	ETX	DC3	#	3	C	S	c	s
0100	EOT	DC4	$	4	D	T	d	t
0101	ENQ	NAK	%	5	E	U	e	u
0110	ACK	SYN	&	6	F	V	f	v
0111	BEL	ETB	’	7	G	W	g	w
1000	BS	CAN	(	8	H	X	h	x
1001	HT	EM	)	9	I	Y	I	y
1010	LF	SUB	*	:	J	Z	j	z
1011	VT	ESC	+	;	K	[	k	{
1100	FF	FS	,	<	L	\	l	|
1101	CR	GS	-	=	M	]	m	}
1110	SO	RS	.	>	N	↑	n	-
1111	SI	US	/	?	O	—	o	DEL

【例 1】 分别用二进制数和十六进制数写出“GOOD!”的 ASCII 编码。

用二进制表示：01000111 01001111 01001111 01000100 00100001

用十六进制表示：47 4F 4F 44 21

2．BCD 码

BCD（Binary Coded Decimal）又称为“二-十进制编码”，专门解决用二进制数表示十进制数的问题。二-十进制编码方法很多，最常用的是 8421 编码，其方法是用四位二进制数表示一位十进制数，自左至右每一位对应的位权是 8、4、2、1。应该指出的是，四位二进制数有 0000～1111 共 16 种状态，而十进制数 0～9 只取 0000～1001 前 10 种状态，其余 6 种不用。8421 编码如表 1-5 所示。

表 1-5 8421BCD 编码

十进制数	8421 编码	十进制数	8421 编码
0	0000	4	0100
1	0001	5	0101
2	0010	6	0110
3	0011	7	0111

续表

十进制数	8421 编码	十进制数	8421 编码
8	1000	12	0001 0010
9	1001	13	0001 0011
10	0001 0000	14	0001 0100
11	0001 0001	15	0001 0101

【例 2】 写出十进制数 5803 的 8421BCD 编码。

十进制数 5803 的 8421 编码：0101 1000 0000 0011

由于需要处理的数字符号越来越多，为此又出现“标准六位 BCD 码”和八位的“扩展 BCD 码”（EBCDIC 码）。在 EBCDIC 码中，除了原有的 10 个数字之外，又增加了一些特殊符号，大、小写英文字母和某些控制字符。

1.3.4 汉字编码

在我国推广应用计算机，必须使其具有汉字信息处理能力。对于这样的计算机系统，除了配备必要的汉字设备和接口外，还应该装配有支持汉字信息输入、输出和处理的操作系统。汉字信息的输入、输出及其处理远比西文困难得多，原因是汉字的编码和处理实在太复杂了。经过多年的努力，我国在汉字信息处理的研制和开发方面取得了突破性进展，使我国的汉字信息处理技术处于世界领先地位。

1．国标码和汉字机内码

汉字也是一种字符，但它远比西文字符量多且复杂，常用的汉字就有 3 000～5 000 个，显然无法用一个字节的编码来区分。所以，汉字通常用两个字节进行编码。1980 年我国公布的《通用汉字字符集（基本集）及其交换码标准》GB2312-80，共收集了 7 445 个图形字符，其中汉字字符 6 763 个，并分为两级，即常用的一级汉字 3 755 个（按汉语拼音排序）和二级非常用汉字 3 008 个（按偏旁部首排序），其他图形符号 682 个。

GB2312-80 编码简称国标码，它规定每个图形字符由两个 7 位二进制编码表示，即每个汉字编码需要占用两个字节，每个字节内占用 7 位信息，最高位补 0。例如汉字“啊”的国标码为 3021H，即 00110000 00100001。

汉字内码是汉字在计算机内部存储、处理和传输用的信息代码，要求它与 ASCII 码兼容但又不能相同，以便实现汉字和西文的并存兼容。通常将国标码两个字节的最高位置“1”作为汉字的内码。以汉字“啊”为例，其内码为 B0A1H，即 10110000 10100001。

2．汉字输入码

在计算机系统处理汉字时，首先遇到的问题是如何输入汉字。汉字输入码又称为外码，是指从键盘输入汉字时采用的编码，主要有以下几类。

（1）数字编码

用一串数字代表一个汉字，最常用的是国标区位码，它实际上是国标码的一种简单变形。把 GB2312-80 全部字符集分为 94 个区，其中 1～15 区是字母、数字和图形符号区，16～55 区是一级汉字区，56～87 区是二级汉字和偏旁部首，每个区又分为 94 位，编号也是从 01～94。这样，每个字符便具有一个区码和一个位码。将区码置前、位码置后，组合在一起就成为区位码。

国标码与区位码是一一对应的。可以这样认为：区位码是十进制表示的国标码，国标码是十六进制表示的区位码。将某个汉字的区码和位码分别转换成十六进制后再分别加20H，即可得到相应的国标码。

例如，汉字“啊”在16区第01位，它的国标区位码为1601。在选择区位码作为汉字输入码时只要键入1601便输入了“啊”字。

使用区位码输入汉字或字符，方法简单并且没有重码，但是用户不可能把区位码背诵下来，查找区位码也不方便，所以难以实现快速输入汉字或字符，通常仅用于输入一些特殊字符或图形符号。

（2）拼音码

这是一种以汉语读音为基础的输入方法。由于汉字同音字较多，因此重码率较高，输入速度较慢。

（3）形码

系指根据汉字形状确定的编码。尽管汉字总量很多，但构成汉字的部件和笔画是有限的，把汉字的笔画部件用字母或数字进行编码，按笔画书写顺序依次输入，就能表示一个汉字。常用的五笔字形码和表形码就是采用这种编码方法。

（4）音形码

根据汉字的读音和字形进行编码。它的编码规则既与音素有关，又与形素有关，从而得到较好的输入效果。例如，双拼码和五十字元等。

不同的汉字输入方法有不同的汉字外码，但内码只能有一个。目前已有的汉字输入方法有很多种，但好的汉字输入编码方法应具备规则简单、易于记忆、操作方便、编码容量大、编码短和重码率低等特征。

3．汉字字形码

汉字字形码用在输出时产生汉字的字形，通常采用点阵形式产生，所以汉字字形码就是确定一个汉字字形点阵的代码。全点阵字形中的每一点用一个二进制位来表示，随着字形点阵的不同，它们所需要的二进制位也不同。例如，24×24的字形点阵，每字需要72字节；32×32的字形点阵，每字需要128字节。

4．各种编码之间的关系

汉字通常通过汉字输入码，并借助输入设备输入到计算机内，再由汉字系统的输入管理模块进行处理，将输入码转换成汉字机内码存入计算机中。当汉字需要在屏幕上显示或在打印机上输出时，要借助汉字机内码在字模库中找出汉字的字形码。这种代码的转换过程如图1-3所示。

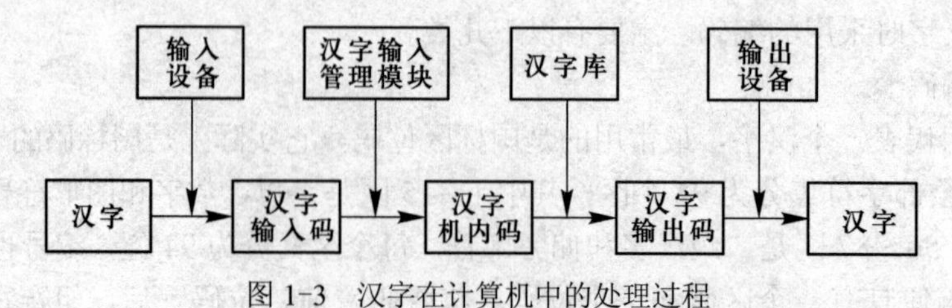

图1-3 汉字在计算机中的处理过程

1.3.5 数的编码

前面讨论了字符的编码，其实质是将字符（包括 ASCII 码字符和汉字）数码化后在计算机内表示成二进制数，这个数通常被称作“机器数”。字符是非数值型数据，从算术意义上说，它们不能参与算术运算，没有大小之分，也没有正负号之说。因此，字符编码时需要考虑因素相对较少。计算机中的数据除了非数值型数据外，还有数值型数据。数值型数据有大小、正负之分，能够进行算术运算。将数值型数据全面、完整地表示成机器数，应该考虑三个因素：机器数的范围、机器数的符号和机器数中小数点的位置。

1．机器数的范围

机器数的范围由硬件（CPU 中的寄存器的位数）决定。当使用 8 位寄存器时，字长为 8 位，所以一个无符号整数的最大值是 11111111B=255D，机器数的范围为 0～255；当使用 16 位寄存器时，字长是 16 位，所以一个无符号整数的最大值是 FFFFH=65535D，机器数的范围为 0～65 535。

2．机器数的符号

在计算机内部，任何数据都只能用二进制的两个数码“0”和“1”来表示；正负数的表示也不例外，除了用“0”和“1”组合来表示数值的绝对值大小外，其正负号也必须数码化，以 0 和 1 的形式表示。通常规定最高位为符号位，并用 0 表示正，用 1 表示负。这样，在一个 8 位字长的计算机中，数据的格式如图 1-4 所示。

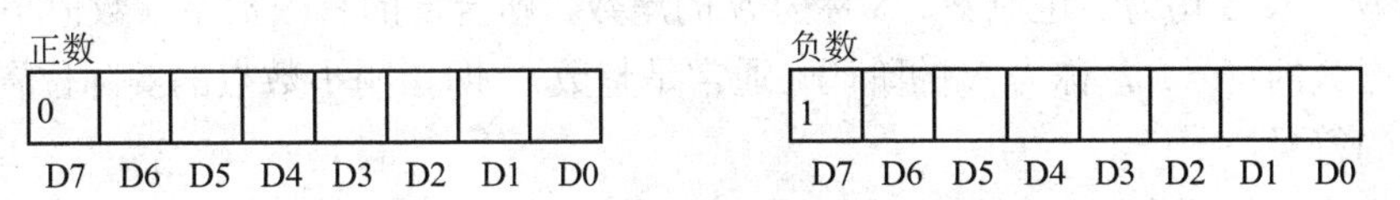

图 1-4 机器数的符号

最高位 D7 为符号位，D6～D0 为数值位。这种把符号数字化，并和数值位一起编码的方法，很好地解决了带符号数的表示方法及其计算问题。这类编码方法，常用的有原码、反码和补码三种。

3．定点数和浮点数

在计算机内部，小数点的位置是隐含的。隐含的小数点的位置可以是固定的，也可以是变动的，前者表现形式称为“定点数”，后者表现形式称为“浮点数”。

（1）定点数

在定点数中，小数点的位置一旦固定，就不再改变。定点数又有定点整数和定点小数之分。

对于定点整数，小数点的位置约定在最低位的右边，用来表示整数，如图 1-5 所示。对于定点小数，小数点的位置约定在符号位之后，用来表示小于 1 的纯小数，如图 1-6 所示。

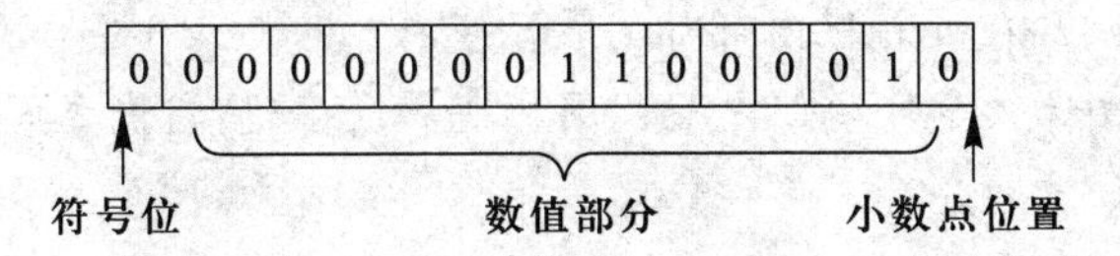

图 1-5 机器内的定点整数

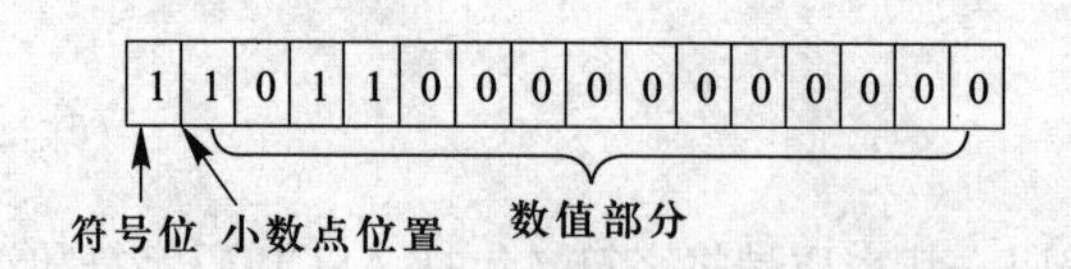

图 1-6　机器内的定点小数

【例 3】 设机器的定点数长度为两个字节，用定点整数表示 194D。

因为 194D = 11000010B，故机器内表示形式如图 1-5 所示。

【例 4】 用定点小数表示–0.6875D。

因为 –0.6875D = –0.101100000000000B，其机器内表示如图 1-6 所示。

（2）浮点数

如果要处理的数既有整数部分，又有小数部分，则采用定点数便会遇到麻烦。为此引出浮点数，即小数点位置不固定。

现在将十进制数 66.37、–6.637、0.6637、–0.06637 用指数形式表示，它们分别为：

0.6637×10^{2}、-0.6637×10^{1}、0.6637×10^{0}、-0.6637×10^{-1}

可以看出，在原数字中无论小数点前后各有几位数，它们都可以用一个纯小数（称为尾数，有正、负）与 10 的整数次幂（称为阶码，有正、负）的乘积形式来表示，这就是浮点数的表示法。

同理，一个二进制数 N 也可以表示为：$N=\pm S\times2^{\pm P}$

式中的 N、P、S 均为二进制数。S 称为 N 的尾数，即全部的有效数字（数值小于 1），S 前面的 ± 号是尾数的符号；P 称为 N 的阶码（通常是整数），即指明小数点的实际位置，P 前面的 ± 号是阶码的符号。

在计算机中一般浮点数的存放形式如图 1-7 所示。

阶符	阶码	尾符	尾数

图 1-7　浮点数的存放方式

在浮点数表示中，尾数的符号和阶码的符号各占一位，阶码是定点整数，阶码的位数决定了所表示的数的范围；尾数是定点小数，尾数的位数决定了数的精度。在不同字长的计算机中，浮点数所占的字长是不同的。

[思考与问答]

1. 解释下列概念：基数、进制、位权值。
2. 计算机中常用的数制有哪些，如何书写它们？
3. 二进制数的常用单位有哪些？它们之间如何换算？
4. 什么是 ASCII 码？在计算机内部如何表示字符？
5. 在汉字编码中，什么是外码、内码、国标码和区位码?它们之间的关系如何？
6. 一、二级汉字如何划分？
7. 简述汉字的处理过程。
8. 浮点数在计算机内部如何表示？

1.4 信息存储的基础知识

计算机管理着大量的信息，如程序、数字、文字、声音、图形、图像等，这些信息都以文件的形式存放在硬磁盘、光盘等外部存储器上。为了对这些文件进行有效管理，计算机操作系统都提供了文件管理功能。

1.4.1 文件

计算机系统使用的程序和数据都是以文件的形式存储在外存储器中的。

1．文件的概念

文件就是存放在某种外部存储介质（如软盘、硬盘、光盘等）上、具有名字的一组相关信息的有序集合。这个名字就是常说的文件名。

文件可分为两大类：一类是通常意义上的文件，它们存放于外存储器上，统称这类文件为磁盘文件；另一类文件所指的是系统的标准设备，称为设备文件。计算机中存储着大量的文件，为了对这些文件实现有效管理（如删除、建立、修改、归类、改名、移动、复制等），计算机操作系统提供了文件管理功能。

2．文件的命名

每个文件都必须有一个唯一的由字符构成的名字，以便在使用时“按名存取”。文件名由主文件名和扩展名两部分组成，且两部分之间用圆点“.”分隔，其一般格式是：

<主文件名>[.扩展名]

主文件名和扩展名由字符组成。使用扩展名是希望从文件的名字上直接区别文件的类型或文件的格式。在不同的操作系统中，能够用来命名文件的字符及文件名所包含的字符的个数是不同的，并规定在同一个文件夹（子目录）中，不允许有相同的文件名。

（1）MS-DOS 中文件名的规定

主文件名允许包含 8 个字符，扩展名允许包含 3 个字符，称为“8.3”规约，即主文件名不多于 8 个字符，扩展名不多于 3 个字符。可用于命名文件的字符包括：

① 英文字母：A～Z 和 a～z，共 52 个。

② 数字符号：0～9。

③ 特殊符号：$、#、&、@、(、)、-、{、}、<、>、～、|、^ 等。

例如，如下是正确的文件名：

CHAPl.DOC　　主文件名为 CHAPl，扩展名为 DOC

chl　　只有主文件名，没有扩展名

如下是不正确的文件名：

A12345678.BAT　　主文件名长度超过 8 位

chap3.best　　扩展名长度超过 3 位

ch ap.doc　　　　　　　　文件名中不能含有空格

$1,000.txt　　　　　　　　文件名中不能含有逗号

在中文 DOS 操作系统中，还允许使用汉字来命名文件。由于汉字采用双字节存储结构，因此文件名中的一个汉字将占据两个字符的位置。

（2）Windows 中文件名的规定

与 MS-DOS 操作系统相比，Windows 对文件名的规定是相当宽松的。Windows 对文件名有以下 6 点规定。

① 支持长文件名。

Windows 系统的文件名可以多达 255 个西文字符，但其中不能包含回车符。

② 可以使用多种字符。

文件名中可以包含数字字符 0～9、英文字符 A～Z 和 a～z，还可以使用多个其他 ASCII 字符，包括：~、!、$、%、^、#、&、(、)、-、_、{、}、+、,、;、[、]、=、.等。除了这些字符外，Windows 95/98 文件名中还允许包含空格，并忽略文件名开头和结尾的空格，但不能使用/、\、:、*、?。

③ 英文字母不区分大小写。

Windows 的文件名中可以分别使用大写和小写的英文字母而不会将它们变为同一种字母，认为大写和小写的英文字母具有同样的意义。

④ 可以使用汉字。

Windows 的文件名中可以使用汉字，一个汉字当作两个字符来计数。使用汉字的文件名只有在中文环境下才能识别。

⑤ 扩展名可以超过 3 个字符。

扩展名并不是必需的。扩展名可以至少一个字符，最多可以是几个字符。但在 Windows 中用上几十个字符是没问题的。通常扩展名用 3～5 个字符。

根据以上长文件名的规定，可以为文件选取更能反映其内容的名字。例如，“MyFile.txt”“report to boss.doc”“电脑.销售.计划(1999).Xls”。

⑥ 不能使用系统保留的设备名。

如果在保存文件时输入“con”作为主文件名时，系统会提示这是专用文件名。系统保留的设备名及其代表的设备如表 1-6 所示。

表 1-6　系统保留文件名

保留设备名	代表的设备
CON	控制台。输入是键盘，输出是显示器
AUX	音频输入端口
COM1～COM4	串行端口
PRN	打印机端口
LPT1～LPT4	打印机端口
NUL	虚拟设备。代表实际不存在的设备

表 1-7 是一些常见文件的扩展名。

表 1-7 常见文件扩展名及其含义

扩展名	文件类型	扩展名	文件类型
.bak	备份文件	.exe	可执行程序文件
.bas	Basic 源程序文件	.hlp	帮助文件
.bat	批处理文件	.html、.htm	网页文件
.bin	二进制程序文件	.lib	程序库文件
.bmp	画图文件	.txt	文本文件
.com	命令文件	.sys	系统配置或设备驱动文件
.doc	Word 文档文件	.xls	Excel 文档文件
.docx	Word 2010 文档文件	.ppt	PowerPoint 文档文件
.xlsx	Excel 2010 文档文件	.pptx	PowerPoint 2010 文档文件

（3）文件名中的通配符

在实际操作中，往往需要指定一批文件，这些文件的文件名具有某些共同的特征，如 fiel1.doc、file2.doc、file3.xls、file4.xls 等，这时可以这样来指定这 4 个文件：file?.*。这里用到了两个特殊的符号：星号“*”和问号“？”，这两个符号被称作通配符。其中，“*”在文件名中代表若干个不确定的字符，“？”在文件名中只代表一个不确定的字符。例如：

① *.DOC 代表扩展名为 DOC 的所有文件，如 ABC.DOC、ST.DOC、MY.DOC……

② M*.XLS 代表主文件名以 M 开头、扩展名为 XLS 的所有文件，如 MYTABLE.XLS、MAIN.XLS、M.XLS、ME.XLS 等。

③ A?.BMP 代表主文件名以 A 开头、共 2 个字符，扩展名为 BMP 的文件，如 AB.BMP、AD.BMP、AX.BMP 等。

需要强调说明的有两点：第一，通配符只用于指定已有名字的文件，不能用于为一个文件命名；第二，Windows 95/98 中通配符“*”的用法与 MS-DOS 中的用法有所不同：在 MS-DOS 中凡是“*”后面的字符都不起作用，也就是说文件名中只用一个“*”就够了；而 Windows 可以使用几个“*”通配符以便更准确地匹配文件名，例如“*技术.DOC”在 MS-DOS 中代表扩展名为 DOC 的所有文件，如 FILEl.DOC、FILENAME.DOC、TEXT.DOC 等；而在 Windows 中，则代表主文件名中包含“技术”二字、扩展名为 DOC 的所有文件，如“信息技术基础.DOC”“多媒体技术基础.DOC”“计算机网络技术.DOC”等。

1.4.2 文件系统的层次结构

文件是由文件系统来管理的。一个文件系统所管理的文件可以是成千上万的，如果没有良好的管理，文件的使用将是十分困难的。

现在，一般的操作系统都采用层次结构的文件系统来管理文件，MS-DOS、Windows 也不例外。

1. 层次型文件系统的特点

图 1-8 是层次结构文件系统示意图。从图中可以看出，层次结构的文件系统的主要特点包

括下面几个方面。

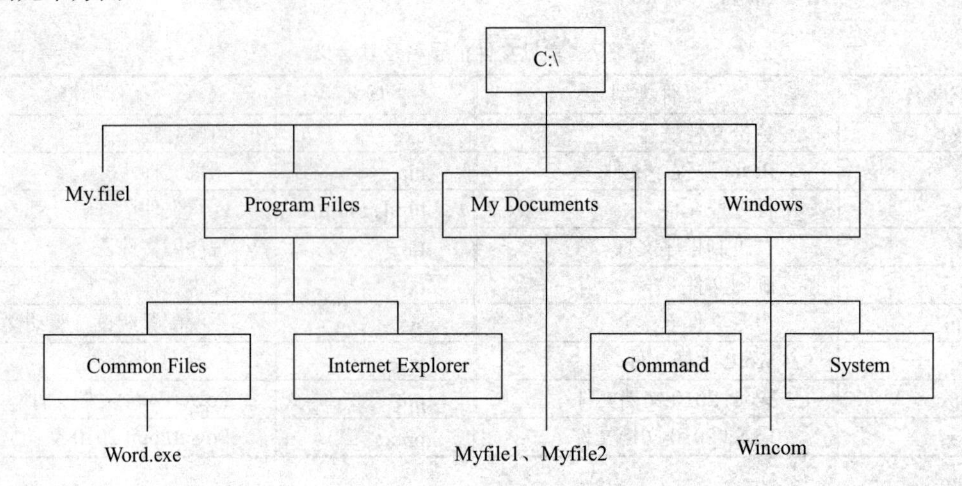

图 1-8　层次结构文件系统示意图

① 所有的磁盘文件都是按磁盘存放的。磁盘可以是物理磁盘，如软盘 A；也可以是逻辑磁盘，如硬盘上的 C 盘、D 盘等。磁盘用磁盘名加“:”号来表示。

② 每个磁盘都有一个唯一的根结点，称为根文件夹（MS-DOS 操作系统称为根目录）。根文件夹或根目录用斜杠“\”表示，C 盘的根文件夹就用“C:\”来表示。根文件夹是在磁盘格式化时自动建立的。

根结点向外可以有若干个子结点表示子文件夹。文件夹中有文件。每个子结点都可以作为父结点，再向下分出若干个子结点，即层次结构文件系统中文件夹是嵌套的。

③ 在根文件夹下可以直接存放文件，如图中的文件“MyFilel”等。

④ 根文件夹下有若干个文件夹，这些文件夹可以是系统自动生成的，也可以是用户自己创建的。图中的“Program Files”“Windows”等都是 Windows 系统自动生成的文件夹。文件夹的命名规则和文件名的规则相同。

⑤ 每个文件夹下可以再建立文件夹，也可以直接存放文件。当然，也可以不建立文件夹而直接存放文件。如图中“My Documents”文件夹下的文件“MyFilel”“MyFile2”。

⑥ 文件是层次结构文件系统的末端。不论哪个层次文件，文件之下都不会再有分支了。

层次结构文件系统也被称作树型结构文件系统，根文件夹或根目录就像树的根，各文件夹就像树的分支，而文件则是树的叶子。

2．层次型文件系统的优点

从用户角度来说，层次结构文件系统使用户可在磁盘中存放和使用大量的文件。层次结构文件系统有以下 3 个优点。

（1）用户在磁盘上可以存放任意个目标文件（仅受磁盘存储容量的限制）

如果除了根文件夹外没有任何其他的文件夹，用户只在根文件夹下存放文件，则可以存放文件的数量是很有限的。当存放文件的数目达到一定数量之后再新建文件或文件夹，系统就会给出错误信息。

采用层次结构后，这个问题就解决了。用户可将文件分散到各个文件夹中，文件夹下还可以有文件夹。这样，存放文件的数量就仅受到磁盘存储容量的限制了。

（2）用户可以合理地组织和管理自己的文件

在实际使用中用户可以根据文件的用途和类型将它们存放在不同的文件夹中，这样既便于查找，也便于使用。

Windows 在安装时，就将系统的文件存放在“Windows”文件夹中，将各种应用程序存放在“Program Files”中，而“My Documents”文件夹是用户用来存放自己的文档的。用户也可按照自己的需要创建文件夹，存放相应的文件，如可以创建“TEXT”文件夹，存放各种文本文件；新建“IMAGE”文件夹，存放各种图像文件等。

（3）不同文件夹下的文件可以重名

采用层次结构后，不同文件夹下的文件可以有相同的名字，操作系统仍然会把它们当作两个文件，而不会搞混，便于多个用户可以使用同一台计算机。

当几个用户共同使用一台计算机时，应该建立各自的文件夹，存放各自的文件，而不应该把文件都放在一个公共文件夹中，特别不能都放在根文件夹中。这样，即使不同的用户建立了同名的文件，由于文件被保存在不同的文件夹中，也就不会出现一个文件覆盖另一个文件的情况。

实际上，不仅文件可以重名，文件夹也可以重名。不仅不同分支文件夹可以重名，不同层次的文件夹也可以重名。

可见，操作系统区分文件不仅仅依靠文件的名字，还依靠文件的标识。

3．路径和文件标识

在层次结构的文件系统中，文件不只依靠文件名来区分的。在这种系统中，具体定位一个文件要依靠三个因素：文件存放的磁盘、存放的文件夹和文件名。

（1）磁盘和盘符

为了说明文件在层次结构中的具体位置，首先要说明该文件被保存在哪个磁盘上（物理磁盘和逻辑磁盘）。磁盘用一个英文字母来表示，软磁盘一般被称为 A 盘，硬磁盘被称为 C 盘，也可能还有 D 盘、E 盘等。

用磁盘名加上一个“：”号，就成为盘符，如 A:、C:、D:、E:等。盘符加上文件名就表示在某个磁盘上的文件，如 A:sample.txt 和 C:sample.txt。

（2）路径

定位一个文件，只用盘符和文件名还是不够，还需说明文件所存放的文件夹。因为文件夹可以重名，只说明文件夹的名字还不一定能够准确地定位，因此，引进了“路径”的概念。

所谓路径，就是当从某一文件夹出发（可以是根文件夹，也可以是子文件夹），去定位另一个文件夹或文件夹中的一个文件时，中间可能要经过若干层次的文件夹才能到达，所经过的这些文件夹名的顺序序列，就称为“路径”。各文件夹名后面要加一个“\”符号。

例如，在图 1-8 中从根文件夹到“My Documents”子文件夹下文件 MyFile2 的路径为“C:\My Document\MyFile2”。

路径有绝对路径和相对路径之分。在介绍绝对路径和相对路径之前，先介绍当前文件夹的概念。

在层次结构文件系统中，任何一个操作都需要知道系统当前所处的“位置”，也就是说要明确当前的操作是从哪一个文件夹出发的。把执行某一操作时系统所在的那个位置的文件夹称为“当前文件夹”。

从根文件夹开始所列出的路径称为绝对路径。这种表示方法与当前文件夹无关，也就是说无论当前文件夹是哪一个，都可以用绝对路径定位磁盘上的某一个文件。

如在图 1-8 中，用绝对路径定位文件 Word.exe 和文件 Wincom 的表示如下：

C:\Program Files\Common Files\Word.exe

C:\Windows\Wincom

不从根文件夹开始，而是从当前文件夹的下一级子文件夹或父文件夹开始表示的路径称为相对路径。因此，这种表示方法与当前文件夹密切相关。

如在图 1-8 中，设当前文件夹为 Program Files，用相对路径定位文件 Word.exe 和文件 Wincom 的表示如下：

Common Files\Word.exe

..\Windows\Wincom

其中，符号“..”代表当前文件夹的父文件夹。

通过上面讨论可以看出，在层次结构文件系统中具体定位一个文件要有盘符、路径和文件名三个要素，其一般表示形式为：

[盘符][路径]文件名

或者

[driver:][path]filename

这样的文件表示称为文件标识。它是层次结构文件系统中定位的完整描述。

[思考与问答]

1. 什么是文件？文件名如何组成？
2. MS-DOS 文件名命名规则与 Windows 有何异同？
3. 通配符“*”在 MS-DOS 操作系统与 Windows 系统下的使用有何不同？
4. 层次型文件系统的特点有哪些？有哪些优点？
5. 什么是路径，什么是绝对路径，什么是相对路径？什么是文件标识？

1.5 多媒体信息处理基础知识

多媒体技术是集文字、声音、图形、图像、视像和计算机技术于一体的综合技术。它以计算机软硬件技术为主体，包括数字化信息技术、音频和视频技术、通信和图像处理技术以及人工智能技术和模式识别技术等。因此，它是一门多学科多领域的高新技术。多媒体计算机是 21 世纪开发和研究的热点之一。

1.5.1　多媒体技术的概念

早期的计算机只能处理文字，然而在现实生活中，信息的载体除了文字外，还有能包含更大信息量的声音、图形、图像等。为了使计算机具有更强的处理能力，20 世纪 90 年代人们研究出了能处理多种信息载体的计算机，称为“多媒体计算机”。多媒体技术是 21 世纪信息技术研究的热点之一。

1. 媒体及其分类

媒体是信息标识和传输的载体。媒体在计算机领域可分为以下 5 类。

（1）感觉媒体

感觉媒体是直接作用于感知器官的，能直接感觉的媒体，如人类的各种语言、各种声音、音乐、图形、图像、视像、文字等。

（2）表示媒体

表示媒体是为了加工、处理和传输感觉媒体而人为构造出来的一类媒体。它是将感觉媒体数字化，主要指各种编码，如语言编码、文本编码、图像编码等。

（3）表现媒体

表现媒体是感觉媒体与计算机之间的界面，如键盘、摄像机、话筒、显示器、打印机等。

（4）存储媒体

存储媒体用于存储表示媒体及感觉媒体数字化之后的代码。常用的存储媒体有磁盘、磁带、光盘和半导体存储器等。

（5）传输媒体

传输媒体是用来传送媒体的物理载体，如双绞电缆、同轴电缆、光纤电缆、微波、红外线、卫星信道等。

2. 多媒体及其主要特征

多媒体是指计算机领域中的感觉媒体，主要包括文字、声音、图形、图像、视像、动画等。

多媒体计算机是指能对多媒体进行综合处理的计算机，它除了具有传统的计算机配置外，还必须增加大容量存储器（例如光盘、磁盘阵列等）、声音、图像等多媒体的输入输出接口和设备以及相应的多媒体处理软件。

多媒体计算机是典型的多媒体系统，因为多媒体系统强调三大特征：集成性、交互性和数字化。

集成性是指可对文字、图形、图像、声音、视像、动画等多种媒体进行综合处理，达到各种媒体的协调一致。

交互性是指人能方便地与系统进行交流，以便对系统的多媒体处理功能进行控制。例如，能随时点播辅助教学中的音频、视频片断，并立即将问题的答案输入给系统进行“批改”等。

数字化是指各种媒体的信息都以数字形式（即转换为“0”和“1”的方式）进行存储、处理和传输，而不是传统的模拟信号方式。

1.5.2 多媒体应用中的媒体元素

多媒体的媒体元素是指多媒体应用中可以展示给用户的媒体组成，目前主要包括文本、超文本、图形、图像、声音、动画和视像等媒体元素。下面对各种媒体元素的有关知识做一简单介绍。

1．文本

文本（Text）是指各种文字，包括各种字体、尺寸、格式及色彩的文字。文本是计算机文字处理的基础，也是多媒体应用程序的基础。通过对文本显示方式的组织，多媒体应用系统可以使显示的信息形式多样化，更易于理解。

文本的多样化主要是通过文字的属性，如格式（style）、对齐方式（align）、字体（font）、大小（size）、颜色（color）以及它们的各种组合而表现出来的。文本数据可以在文本编辑软件里制作，如字处理软件所编辑的文本文件可以直接导入到多媒体应用设计之中。但通常情况下，多媒体文本多直接在图形制作编辑软件或多媒体编辑软件中随其他媒体一起制作。

2．图形和静态图像

图形（Graphic）是指从点、线、面到三维空间的黑白或彩色几何图，也称矢量图（vector graphic）。图形主要由直线和弧线（包括圆）等线条实体组成，直线和弧线比较容易用数学的方法来表示，例如，线段可以用起点坐标和终点坐标来表示，圆可以用圆心和半径来表示，这使得图形的表示常常使用“矢量法”而不是采用位图来表示，从而使其存储量大大减少，也便于绘图仪输出时的操作。

图形有二维（2D）图形和三维（3D）图形之分。二维图形是指只有 x、y 两个坐标的平面图形，三维图形是指具有 x、y、z 三个坐标的立体图形。

图形的绘制需要专门的图形编辑软件。AutoCAD 是常用的图形设计软件，它使用的 DWG 图形文件就是典型的矢量化图形文件。在实际应用中，有些图形文件既可以存储矢量图形，也可以是位图，而有些图形文件里面存储的都是些绘图命令。

静态图像（Still Image）不像图形那样有明显规律的线条，因此在计算机中难以用矢量来表示，基本上只能用点阵来表示，其元素代表空间的一个点，称之为像素（pixel），这种图像也称位图。位图中的位（bit）用来定义图像中每个像素点的颜色和亮度。对于黑白图像常用一个二进制的位来表示，对灰度图像常用 4 个二进制的位（16 种灰度等级）或 8 个二进制的位（256 种灰度等级）表示该点的亮度，而彩色图像则有多种描述方法。位图图像适合于表现层次和色彩比较丰富、包含大量细节的图像。彩色图像则需要有硬件（显示卡）合成显示。位图图像可以用位图编辑软件（如 Windows 附件“图画”）获得，也可以用彩色扫描仪扫描照片或图片来获得，还可以用数码摄像机、照相机拍摄或帧捕捉设备获得数字化帧画面。

图形与图像在普通用户看来是一样的，而对多媒体信息制作来说是完全不同的。同样一幅图，例如一个圆，若采用图形媒体元素表示，则数据文件中只需记录圆心坐标点(x,y)、半径 r 及色彩编码；若采用图像元素表示，则数据文件中必须记录在哪些位置上有什么颜色的像素点。所以图形的数据信息要比图像数据更有效、更精确，且数据量小。矢量图形的另一个特点是，可以分别控制处理图形的各个部分，如在屏幕上移动、旋转、放大、缩小、扭曲而不失真，不同的图形实体还可以在屏幕上重叠并保持各自的特征，必要时仍可分开。因此，矢量图形主要用于线型图画和工程制图以及美术字等。矢量图形的主要缺点是处理起来比较复杂，处理的速度与数据存储结构密切相关。

图形技术的关键是图形的生成与再现，而图像的关键技术是图像的扫描、编辑、无失真压缩、快速解压和色彩一致性再现等。图像处理时一般要考虑 4 个因素。

（1）分辨率

分辨率影响图像质量，分辨率包括 3 个方面的内容。

① 屏幕分辨率：指计算机显示屏幕显示图像的最大显示区，以水平和垂直像素点表示，普通 PC 计算机 VGA 模式的全屏幕显示共有 640 像素/行×480 行＝307 200 个像素点。

② 图像分辨率：指数字化图像的大小，以水平和垂直像素点表示。图像分辨率和屏幕分辨率是两个截然不同的概念。例如，在 640×480 个像素点的显示屏幕上显示 320×240 个像素点的图像，“320×240”即为图像分辨率。

③ 像素分辨率：指像素的高宽比，一般为 1:1。在像素分辨率不同的机器间传输图像时会产生畸变。

（2）图像灰度

图像灰度是指每个图像的最大颜色数。屏幕上每个像素都用一个或多个二进制位描述其颜色信息，如单色图像的灰度为 1 位二进制码，表示亮与暗；每个像素用 4 个二进制位编码，表示支持 16 色；8 位支持 256 色；若采用 24 个二进制位表示一个彩色像素，则可以得到颜色数为 $2^8 \times 2^8 \times 2^8$＝1 677 万种，称为百万种颜色的“真彩色”图像。彩色图像的像素通常由红、绿、蓝（RGB）三种颜色搭配而形成。在这里 24 位被分为 3 组，每组 8 位，分别表示 RGB 三种颜色的色度，每种颜色分量可有 256 个等级。当 RGB 的三色以不同值搭配时，就形成了 1 600 多万种颜色。若 RGB 全部设置为 0，则为黑色；若全部设置为 255，则为白色。

（3）图像文件的大小

图像文件的大小用字节数来表示，其描述方法为：（水平像素数×垂直像素数×灰度位数）/8。例如，一幅能在 VGA（分辨率为 640×480）显示屏上作全屏显示显示的真彩色图像（即以 24 位表示），其所占存储空间为：

640 像素/行×480 行×24 位/像素÷8 位/字节＝921 600 B≈900 KB

而一张 3 英寸×5 英寸的彩色照片，经扫描仪扫描进入计算机中成为数字图像，若扫描分辨率达 1 200 DPI（点/英寸），则数字图像文件的大小为：5 英寸×1 200 点/英寸×3 英寸×1 200 点/英寸×24 位/点÷8 位/字节＝64 800 000 B≈62 MB。

可见数据量之庞大。因此对数据图像进行压缩，使它能以较小的存储量进行存储和传送，就成为关键问题。在多媒体设计中，一定要考虑图像文件的大小。

（4）图像文件类型

图像数字化后，可以用不同类型的文件保存在外部存储器中。最常用的图像文件类型有如下几种。

① BMP 文件：BMP 是 bitmap 的缩写，即位图文件。它是图像文件的原始格式，也是最通用的，但其存储量极大。Windows 95/98 的“墙纸”图像就是用的这种格式。

② JPG 文件：JPG 应该是 JPEG，代表一种图像压缩标准。这个标准的压缩算法用来处理静态图像，去掉冗余信息，比较适合用来存储自然景物的图像。它具有两大优点：文件占据的

存储空间小，具有较强的表示24位真彩色的能力；而且可用参数调整压缩倍数，以便在保持图像质量和争取文件尽可能小两个方面进行权衡。新的适合互相交换的JPEG文件格式则使用JIF作为扩展名。

③ GIF文件：GIF格式是由美国最大的增值网络公司CompuServe研制，是使用非常普遍的图像格式，适合在网上传输交换。它采用“交错法”来编码，使用户在传送GIF文件的同时，就可提前粗略地看到图像的内容，并决定是否要放弃传输，这在目前Internet传输还不够快时意义很大。GIF采用LZW法进行无损压缩，减少了传输量，但压缩倍数不大（压缩至原来的1/2～1/4）。

④ TIF文件：这是一个作为工业标准的文件格式，应用也较普遍。

此外，较常用的还有PCX、PCT、TGA、PSD等许多格式。

3．视频

视频（Video）是一种活动影像，它与电影（movie）和电视的原理是一样的，都是利用人眼的视觉暂留现象，将足够的画面（Frame，帧）连续播放，只要能够达到每秒20帧以上，人的眼睛就察觉不出画面之间的不连续性。电影是以每秒24帧的速度播放，而电视则依视频标准的不同，播放速度有25帧/秒（PAL制，中国用）和30帧/秒（NTSC制，北美用）之分。活动影像如果帧率在15帧/秒之下，则会产生明显的闪烁甚至停顿；相反，若提高至50帧/秒甚至100帧/秒，则感觉图像极为稳定。

视频的每一帧实际上是一幅静态图像，所以图像的存储量大的问题在视频中就显得更加严重。因为播放一秒钟视频就需要20～30幅静态图像。幸而，视频中的每幅图像之间往往变化不大，因此，在对每幅图像进行JPEG压缩之后，还可以采用移动补偿算法去掉时间方向上的冗余信息，这就是MPEG动态图像压缩技术。其中，MPEG-1压缩标准具有中等分辨率，其分辨率与普通电视接近，为VCD机采用，位速率在1.15～1.5 Mb/s。MPEG-2压缩标准的分辨率达到高清晰度水平，为DVD机所采用，位速率在4～10 Mb/s之间。

全屏、全速、全色的视频其数据量十分庞大。尽管在电视机中不采用RGB色彩空间，而采用YUV（亮度色差）色彩空间处理方法，数据量有所减少，但仍高达1 Mb/s以上。因此除了数据压缩，有时为了进一步减小存储量和网络传输量，把视频的尺寸（点阵数）缩小，从全屏显示减小至1/4屏，甚至1/16屏大小，帧率有时也作适当的降低。

视频影像文件的格式在PC机中主要有三种。

① AVI：AVI（Audio Video Interleaved，声音/影像交错）是Windows所使用的动态图像格式，不需要特殊的设备就可以将声音和影像同步播出。这种格式的数据量较大。

② MPG：MPG是MPEG（Motion Photographic Experts Group，活动图像专家组）制定出来的压缩标准所确定的文件格式，供动画和视频影像用。这种格式数据量较小。

③ ASF：ASF（Advanced Stream Format）是微软公司采用的流式媒体播放的格式，比较适合在网络上进行连续的视频播放。

视频输入计算机是通过摄像机、录像机或电视机等视频设备的AV输出信号，送至PC机内视频图像捕捉卡进行数字化而实现的。数字化后的视频通常以AVI格式储存，如果图像卡具有MPEG压缩功能，或用软件对AVI进行压缩，则以MPG格式储存。新型数字化摄像机可直接得到数字化图像，则不再需要通过视频捕捉卡，而直接通过PC的并行口、SCSI口或USB

口等数字接口，输入给计算机。

4．音频

音频（Audio）除音乐、语音外，还包括各种音响效果。将音频信号集成到多媒体应用中，可以获得其他任何媒体不能取代的效果，不仅能烘托气氛，而且增加活力。音频信息增强了对其他类型媒体所表达的信息的理解，例如一段配音讲述可加强对文本的理解与记忆，一段背景音乐可增强动画的效果。通常，声音信号是一种模拟的连续波形。声音在空气中传播，是声音强迫空气振动的结果。声音波形可以用两个参数来描述：振幅和频率。振幅的大小表示声音的强弱，频率的大小反映了音调的高低。由于声音是模拟量，需要通过采样将模拟信号数字化后才能利用计算机对其进行处理。所谓数字化，就是在捕捉声音时，要以固定的时间间隔对波形进行离散采样。这个过程将产生波形的振幅值，以后这些值可以重构原始波形。

声音数字化的质量与采样频率、采样精度和声道数密切相关。

（1）采样频率

采样频率等于波形被等分的份数，份数越多（即频率越高），质量越好。

人耳能听到的声音的频率范围为20～20 kHz，则根据香农定律，在对它进行数字化转化时采样频率不应低于40 kHz，在多媒体技术中常用的标准采样频率为44.1 kHz。

（2）采样精度

采样精度即每次采样的信息量。采样通常通过模/数转换器（A/D）将每个波形垂直等分，若用8位A/D转换器，可把采样信号分为256等份；而用16位A/D转换器，则可将其分为65 536等份。显然后者比前者音质好。

（3）声道数

声道数即为声音通道的个数。声道个数表明声音产生的波形数，一般分为单声道和多声道。为了获得立体声音响效果，有时需要进行“多声道”录音，最起码有左右两个声道（这就是通常意义上的立体声道），较好的则采用5.1或7.1声道的环绕立体声。所谓5.1声道，是指含左、中、右、左环绕、右环绕5个有方向性的声道，以及一个无方向性的低频加强声道。

采样频率越高，量化精度越高，声道数越多，则声音质量就越好，而数字化后的数据量也就越大。例如，在采用44.1 kHz采样频率，精度为16位（即2字节），左右2个声道的情况下，每秒声音所占数据量为：44.1k次/秒×2字节/次×2（声道）＝176.4 kB/s。

1秒钟的声音就占176 kB，这对存储和传输负担都很重，于是提出了数据压缩的问题。目前声卡支持多种语音压缩标准，压缩比约为4:1～6:1。

音频数据进入计算机的方法，通常是使用Windows中的录音程序（Sound Recorder）或专用录音软件进行录制。硬件方面则要求有声卡（音频输入接口）、麦克风或收音机、放音机的功能声源设备（使用line in输入口）。

采样后的声音以文件方式存储后，就可以进行声音处理了。声音文件有多种格式，目前常用的有4种。

① 波形音频文件（WAV）：是PC机常用的声音文件，它实际上是通过对声波（Wave）的高速采集直接得到的，无论声音质量如何，该文件所占存储空间都很大。

② 数字音频文件（MID）：MIDI（Musical Instrument Digital Interface，乐器数字接口）指音乐数据接口，这是MIDI协会设计的音乐文件标准。MIDI文件并不记录声音采样数据，而是

包含了编曲的数据，它需要具有 MIDI 功能的乐器（例如 MIDI 琴）的配合才能编曲和演奏。由于不存声音采样数据，所以所需的存储空间非常小。

③ 光盘数字音频文件（CD-DA）：其采样频率为 44.1 kHz，每个采样使用 16 位存储信息。它不仅为开发者提供了高质量的音源，还无需硬盘存储声音文件，声音直接通过光盘由 CD-ROM 驱动器经特定芯片处理后发出。

④ 压缩存储音频文件（MP3）：MP3（MPEG-1 Audio layer-3）是根据 MPEG-1 视频压缩标准中对立体声伴音进行第三层压缩的方法所得到的声音文件，它保持了 CD 激光唱盘的立体声高音质，压缩比达到 12∶1。MP3 音乐现在在市场上和网上都非常普及。

5. 动画

动画（Animation）也是一种活动影像，最典型的是“卡通”片。它与视频影像不同的是：视频影像一般是生活上所发生的事件的记录，而动画通常是人工创作出来的连续图形所组合成的动态影像。

动画也需要每秒 20 帧以上的画面。每个画面的产生可以是逐幅绘制出来的（例如卡通画片），也可以是实时“计算”出来的（如中央电视台新闻联播节目片头）。前者绘制工作量大，后者计算量大。二维动画相对简单，而三维动画就复杂得多，它要经过建模（指产生飞机、人体等三维对象的过程）、渲染（指给以框架表示的动画贴上材料或涂上颜色等）、场景设定（定义模型的方向、高度，设定光源的位置、强度等）、动画产生等过程，常需要高速的计算机或图形加速卡及时地计算出下一个画面，才能产生较好的立体动画效果。

FCI/FLC 是 Autodesk 设计的动画文件格式，Autodesk 的产品 Animator、3D Studio MAX、Animator Pro 等都支持这种格式。MPG、AVI 也可以用于动画。最有名的三维动画制作软件要数 3DS MAX 和 MAYA（玛雅，由 Alias/Wavefront 公司研制）。

尽管各媒体元素种类不少，表现形式繁多，但并非毫无目的地将不同形式的媒体元素用各种方式拼凑在一起就是多媒体。只有按设计要求进行创意和精心的组织与安排，充分发挥各媒体所长，才能形成一个高质量的、完美的多媒体应用，否则充其量只不过是“混媒体”而已。

6. 超文本

现实生活中的知识与知识之间、信息与信息之间是相互关联和交叉引用的，这种联想式的网状关系用普通的文本文件无法表示，因为计算机文本文件是一种顺序（线性）结构。为了丰富文档的内容，实现联想式的信息表示，科学家们提出了“超文本”（HyperText）的概念。就本质而言，超文本是一种非线性的信息组织与表达方式，这种方式类似人类思维中的“联想”，超文本所建立的连接，往往是网状连接，一个文本可以直接跳转到另一个文本或第三个文本，也可以被别的文本所调用。从实现手段看，超文本也是一种文本文件，与普通文本文件不同的是，它在文本的适当位置处建有连接信息（通常称为“超链点”），用来指向和文本相关的内容，使阅读者仅对感兴趣内容进行跳跃式的阅读。通常的做法是只需用鼠标单击超链点，就可以直接转移到与该超链点相关联的内容。

与超链点相关联的内容可以是普通的文本，也可以是图像、声音、图形、动画、视频等多媒体信息，甚至可以是相关资源的网络站点。此时，超文本的概念就被延伸成超媒体。超媒体需要使用专门的解释工具，根据超媒体中的命令规定的格式，将图、文、影、音等多媒体信息显示出来，并能按照超文本文件中提供的链接，实现媒体间的跳转。

Windows 95/98 的“帮助”文件是超文本应用的一个实例。阅读“帮助”文件时，鼠标单击“目录”对话框标签，并将鼠标指针移动到“目录”纲目上，此时鼠标指针就会变成手形指针，同时纲目的颜色变成蓝色，并自动加上下画线，这就暗示读者此处建有一个连接，单击鼠标左键，与该超链点相关联的内容就会立刻呈现出来。Internet 的 WWW（World Wide Web）网页使用了一种超媒体的文件格式，称为超文本标记语言（Hyper Text Markup Language，HTML），该文件具有规定的扩展名 html 或 htm。利用这种格式，除了可以将文字、音频、视频、动画、图形等媒体集成在一起外，还可以通过网络通信协议，将本网页的内容提供给远方的网络用户，或访问互联网上其他网络站点的资源。

用字处理软件，按照超文本语法规范可以建立超文本，这样做不仅效率低，而且易于出错。因此，一般采用可视化的超文本编辑工具，如 Help Builder for Windows、Word、FrontPage 等来创建超文本。

1.5.3 多媒体信息处理的关键技术

多媒体与纯文字的情况不同。多媒体有极大的数据量并要求媒体之间高度协调（例如声、像完全同步）。因此，对多媒体的处理和在网络上的传输，在技术上是比较复杂的。多媒体技术就是指多媒体信息的输入、输出、压缩存储和各种信息处理方法，及多媒体数据库管理、多媒体网络传输等对多媒体进行加工处理的技术。

1. 数据压缩技术

科学实验表明，人类从外界获取的知识中，有 80%以上都是通过视觉感知获取的。然而，数字图像中包含的数据量十分巨大，如分辨率为 640×480、全屏幕显示、真彩色（24 位）、全动作（25～30 帧/秒）的图像序列，播放 1 秒钟的视频画面的数据量为：640×480×30×24/8＝27 648 000 字节，相当于存储 1 000 多万个汉字所占用的空间。如此庞大的数据量，给图像的传输、存储以及读出造成了难以克服的困难。为此，需要对图像进行压缩处理。图像压缩就是在没有明显失真的前提下，将图像的位图信息转变成另外一种能将数据量缩减的表达形式。数据压缩算法可分为无损压缩和有损压缩两种。

（1）无损压缩

无损压缩用于要求重构的信号与原始信号完全相同的场合。一个常见的例子是磁盘文件的压缩存储，它要求解压缩后不能有任何差错。根据目前的技术水平，无损压缩算法可以把数据压缩到原来的 1/2 到 1/4。一些常用的无损压缩算法有哈夫曼（Huffman）算法和 LZW 压缩算法。

（2）有损压缩

有损压缩适用于重构信号不一定非要与原始信号完全相同的场合。例如，对于图像、视像和音频数据的压缩就可以采用有损压缩，这样可以大大提高压缩比（可达 10:1 甚至 100:1），而人的感官仍不至于对原始信号产生误解。

目前应用于计算机的多媒体压缩算法标准有如下两种。

（1）压缩静止图像的 JPEG 标准

这是由联合图像专家组（Join Photographic Expert Group，JPEG）制定的静态数字图像数据压缩编码标准。它既适合于灰度图像，也适合于彩色图像。JPEG 常用的一种基于 DCT（离散余弦变换）的有损压缩算法，其压缩比可用参数调节，在压缩比达 25∶1 时，压缩后还原的图像与原始图像相比较，一般人难以找出它们之间的差异。

（2）压缩运动图像的 MPEG 标准

这是由运动图像专家组（Motion Photographic Expert Group，MPEG）制定的用于视频影像和高保真声音的数据压缩标准。MPEG-1 具有较低的数据传输速率（1.5 Mb/s）和中等分辨率（相当于家用录像机的质量），被广泛用于 VCD 光盘中。MPEG-2 具有相当于广播级较高分辨率的高质量图像，但同时需要有较大的数据传输速率（4～10 Mb/s），现在被广泛应用于 DVD 光盘中。MPEG-4 是一种数据传输速率很低的标准，主要适用于利用低速网（如电话网）传送图像。MPEG-7 的主要目标则是支持多媒体信息基于内容的检索，支持用户对多媒体资料的快速和有效的查询。

2．大容量光盘存储技术

数据压缩技术只有和大容量的光盘、大容量的硬盘相结合，才能初步解决语音、图像和视频的存储问题。近几年快速发展的光盘存储器 CD（Compact Disk），由于其原理简单、存储容量大、便于批量生产、价格低廉和易于长期保存，而被广泛应用于多媒体信息和软件的存储。

（1）光盘存储原理

光盘的存储原理很简单，在其螺旋形的光道上，刻上能代表“0”和“1”的一些凹坑；读取数据时，用激光去照射旋转的光盘片，从凹坑和非凹坑处得到的反射光，其强弱是不同的，根据这样的差别就可以判断出存储的是“0”还是“1”。

（2）常用光盘标准

① CD-ROM 光盘。光盘在 10 多年的发展过程中，制定了许多标准。目前常用的 CD-ROM 光盘，其存储容量达 650 MB。

② VCD 光盘。VCD 光盘可存储 70 分钟的 MPEG-1 影视节目。对于数据量更大的高质量 MPEG-2 节目和时间更长的节目，VCD 仍然不能满足需要。

③ DVD 光盘。MPEG-2 的成熟，促使具有更高密度、更大容量的 DVD 光盘的产生。数字视频/多用途光盘 DVD（Digital Video/Versatile Disk）采用与普通 CD 相类似的制作方法，但具有更密的数据轨道、更小的凹坑和较短波长的红光。DVD 的存储容量有很大的提高，单面单层的存储容量可达 4.7 GB（可存储 133 分钟 MPEG-2 标准的视频），单面双层的容量可达 8.5 GB，双面双层的存储容量可达 17 GB（相当于 25 片 CD 盘）。DVD 技术现正在飞速发展中。

④ 可擦写光盘 CD-R 和一次写光盘 CD-WO。CD-ROM 光盘、VCD 光盘和 DVD 光盘都是只读式光盘，也就是说，信息一旦写入上述光盘之中，就不能对其进行修改，光盘只能一次性使用。为了用户能方便地制作多媒体软件和多媒体节目，又研制了用户可擦写光盘 CD-R（Recordable-Compact Disk）和一次写入光盘 CD-WO（Write One Compact Disk）的光盘存储器，其制作成本目前比大批量模压生产的 CD 盘要高出许多。

（3）光盘读出速度

光盘的读出速度也是光盘技术的重要部分。光盘从最早的 150 kB/s 读出速度，发展到 2 倍速、4 倍速、8 倍速，至今已达 56 倍速，即 8 MB/s。它已从原来的与软盘相当的读出速度，发展到现在与硬盘的速度接近，这对多媒体的网络应用至关重要。

3. 多媒体网络技术

目前，多媒体单机系统已相当成熟，但是多媒体网络通信还有许多问题需要解决。早期的计算机网络主要用来在用户间传送文本，为了传输多媒体，对计算机网络提出了更高的要求：带宽要高，以解决多媒体信息量大的问题；延时要小，以满足多媒体信息中声像同步、实时播放的要求。

随着计算机网络技术和通信技术的迅猛发展，出现了一些比较适合于传输多媒体数据的网络体系结构，比如环型网络 FDDI（光纤分布式数据接口）、基于信元交换的 ATM（异步传输模式）技术、千兆以太网（Gaga bit Ethernet）技术和全光网络技术等。

4. 超大规模集成电路制造技术

音频和视频信号的压缩处理需要进行大量的计算和处理。输入和输出往往要实时完成，要求计算机有很高的处理速度，因此要求有高速运算的 CPU 和大容量内存储器 RAM 以及多媒体专用的数据采集和还原电路，对数据进行压缩和解压缩等高速数字信号处理器 DSP（Digital Signal Processor），这些都依赖于超大规模集成电路（VLSI）制造技术的发展和支持。

具有多媒体扩展指令集 MMX 的 CPU 大大提高了对多媒体数据的处理能力，通过 CPU 由软件完成 MPEG-1 视像的解压缩编码进入实用阶段。新近推出的酷睿系列第四代 CPU，由于采用最新的铜线技术，其主频可达到 2～3 GHz。

RAM 作为计算机的内存储器，也由于 VLSI 技术的发展而大大提高了容量，降低了成本。PC 机的 RAM 配置 1 GB 甚至 2 GB 已相当普遍，使 PC 机能够更快地处理多媒体数据。

CPU 和 RAM 的快速发展为多媒体技术的普及铺平了道路。但是，更快、更好、专业级的多媒体处理是普通 CPU 所不能胜任的，必须依赖于专用的多媒体处理芯片。

目前，多媒体专用芯片主要包括三大类：第一类是对多媒体信号的采集和播放，它包括模数转换装置（A/D）和数模转换装置（D/A）；第二类是具有固定功能的高速信息处理芯片，其内部固化了某种算法，能对语音和视频数据进行压缩和存储；第三类是可编程的信息处理芯片，通过编程实现不同的处理功能，如各种压缩、解压算法等。

5. 多媒体数据库技术

随着多媒体数据应用需求的迅速扩大，对传统的数据库技术提出了严峻的挑战，这是因为传统数据库与多媒体数据库之间有很大的差别，如表 1-8 所示。

表 1-8 传统数据库与多媒体数据库之比较

数据库 比较内容	传统数据库	多媒体数据库
数据类型	主要是数值型和字符型。类型单一，长度确定的结构化数据	包括图、文、声、像和视频。类型复杂、长度不一的非结构化数据
体系结构	网状模型、层次模型和关系模型	还没有完善的多媒体数据模型
检索方法	处理精确的概念和查询，通过字符进行查询	非精确匹配和相似查询，通过语义进行查询，即进行基于内容的检索

现在有许多传统的数据库，例如 Oracle、Sybase、DB2 等，都声称自己能全面支持多媒体数据的管理。但实际上它们是在传统的关系模型数据库上，进行某些多媒体数据管理功能的扩

展。通常的做法是将多媒体数据作为一个独立的文件与数据库文件分离保存在外部存储器中，而数据库中仅保存这个文件的存放位置信息。这种标题与内容分离的做法，容易产生系统的安全性和事物的完整性问题。

开发面向对象的多媒体数据库是多媒体数据管理的发展方向，这是由于“类”的概念和面向对象的数据库模型非常适合多媒体数据。

1.5.4　多媒体的应用

多媒体的应用越来越广泛，它给人们的工作和生活增添了异彩。同时，新的应用又在不断开发之中。对多媒体应用的分类多种多样，为了使不同类型的用户对多媒体应用有比较全面的了解，下面将从技术领域和市场领域两大方面来阐述多媒体的应用。

1．多媒体应用技术领域

从多媒体应用技术的角度，目前可以列出如下几类应用：电子出版技术、多媒体数据库技术、可视通信技术、网络多媒体技术、虚拟现实技术、信息家电技术等。

（1）电子出版技术

电子出版是多媒体最早的应用，现在已经相当普及。它解决了传统的纸张印刷出版的设备笨重、生产周期长、作品信息密度低、成本高等许多缺点，而具有快速出版、图文声像并茂、信息密度高、成本低、流通快等许多优点。

（2）多媒体数据库技术

多媒体数据库技术应用需求已越来越大，例如，高品质数字音频点播 AOD（Audio On Demand）、数字视频点播 VOD（Video On Demand）；公共多媒体资源库，例如博物馆艺术藏品多媒体资料库、多媒体百科全书、多媒体电子地图、旅游资料库等；教学素材库，内含从幼儿园到大学教学中用到的各学科的多媒体教学素材，例如图片、动画、录音、影视片断等。

（3）可视通信技术

人类对于通信的要求是永无止境的，从电话和移动电话的迅速普及就可见一斑。根据对通信媒体的使用，可以分为 3 个层次，即文字通信、语音通信、视像通信。现在文字通信虽然仍在使用，但已大大减少，而语音通信则得到了世界范围的空前普及，人们已进一步追求着更高层次的能直接看到对方视像的可视通信。

多媒体应用在可视通信方面，包括视频会议系统、可视电话技术等，因为有广阔的市场，所以也成为多媒体研究的热点之一。

（4）网络多媒体技术

多媒体应用于网络之中，有其许多独特的需要解决的技术问题，这是因为网络的带宽（或传输速度）总是满足不了要求。尽管网络带宽一再扩容，但仍赶不上网络用户增加和多媒体网络传输的要求。网络多媒体技术的热点问题之一是以尽量小的带宽传输高质量多媒体信息，关键是确保声像同步、声音优先等质量要求。

（5）虚拟现实技术

虚拟现实（Virtual Reality）也称“人工现实”或“灵境”技术，是多媒体应用的最高境界。

它是利用计算机技术生成一个集视觉、听觉甚至嗅觉为一体的感觉世界，让人得到一种逼真的体验。它将在模拟训练、科学可视化、娱乐等领域推广应用。

2．多媒体应用市场领域

多媒体应用的市场领域十分广泛，下面列举几个主要的领域。

（1）娱乐与家庭

娱乐与家庭所涉及的信息家电和信息消费始终是最大的国际市场，它不但提高了现代家庭生活素质，也大大促进了多媒体信息家电和消费信息的发展。这些应用主要包括：多媒体游戏、可视电话、视频点播和网上购物等。

（2）教育与培训

多媒体在教育中的应用是多媒体最重要的应用之一，也有着非常巨大的市场，多媒体教学主要包括多媒体计算机辅助教学（CAI）和远程交互式视像教学。计算机、多媒体和网络的引入使得以往必须在同一时间、同一地点、被动式的学习，变为可以自选时间的远程学习，而且是主动式的学习，有效地提高了人们的主观能动性，使“虚拟学校”和“全球学校”成为可能。

（3）办公与协作

① 多媒体办公环境：多媒体办公环境包括办公室设备和管理信息系统等。由于增加了图、声、像、视频的处理能力，增进了办公自动化程度，比起单纯的文字处理能更加增进人们对工作的兴趣，提高工作效率，这也是社会进步的一个重要的标志。

② 视像会议：社会发展到现在，已进入世界范围的合作阶段。计算机支持的协同工作（CSCW）环境，使得一个群体能通过多媒体计算机网络协同完成一项共同的任务，例如工业产品的协同设计制造、医疗上的远程会诊、学术上的共同研究与探讨、师生间的协同式教与学。视像会议是多媒体协同工作重要的手段，它同时提供了几乎是面对面的图文声像的交流。

（4）电子商务

电子商务是多媒体应用的又一巨大市场，现在它在全世界还刚刚起步，但已展现出飞速发展的态势。多媒体技术的应用使得客户可以通过网络联机方式，对公司的产品信息和服务信息、产品开发速度、产品演示以及实时更新的多媒体目录进行交互式访问。同时它还特别适合于公司通过联机方式销售自己的产品。多媒体还比较适合于提供可视的网上售后服务，增加顾客的满意程度。

[思考与问答]

1. 什么是媒体？什么是多媒体？多媒体的主要特征有哪些？
2. 多媒体应用中，常用的媒体元素有哪些？它们主要的特点有哪些？
3. 列出多媒体发展中的至少 4 种关键技术。
4. 最常用的图像压缩标准是什么？压缩文件的大小可调吗？
5. 最常用的动态图像压缩标准有哪些？压缩后数据量为多大？
6. 列出至少 4 个多媒体应用的技术领域和至少 4 个多媒体应用的市场领域。

1.6 信息安全基础知识

在信息化社会里，信息网络技术的应用日益普及，信息资源已成为信息化社会的核心。而因特网所具有的开放性、国际性和自由性在增加应用自由度的同时，对实体安全、运行安全和信息资产安全提出了更高的要求。

1.6.1 信息安全的基本概念

信息安全的根本目标是使一个国家的社会信息化状态不受外来的威胁和侵害，使一个国家的信息技术体系不受外来的威胁和侵害。

1. 信息安全的基本特征

信息入侵者不管采用何种手段，他们都是通过攻击信息的下列4个特征来达到目的。所谓“信息安全”，在技术上的含义就是保证在客观上杜绝对信息4个特征的安全威胁，使得信息的拥有者在主观上对其信息的本源性放心。

（1）完整性

完整性（Integrity）即信息在存储或传输过程中保持不被修改、不被破坏和不丢失的特性。信息的完整性是信息安全的基本要求。破坏信息的完整性是影响信息安全的常用手段。目前对于动态传输的信息，许多通信协议确保信息完整性的方法大多是误码重传、丢弃后续包。但黑客可以改变信息包内部的内容。

（2）可用性

可用性（Availability）是指信息可被合法用户访问并按要求的特性使用，即当需要时能否存取所需信息。例如在网络环境下破坏网络和有关系统的正常运行就属于对可用性的攻击。

（3）保密性

保密性（Confidentiality）是指信息不泄露给非授权的个人和实体，或供其利用的特性。

（4）可控性

可控性（Controllability）是指对信息的传播及内容具有控制能力。任何信息都要在一定传输范围内可控，如密码的托管政策。托管政策即将加密算法交由第三方或第四方管理，在使用时要严格按有关管理规定执行。

2. 信息安全的意义

安全，是人类有序生存的前提条件，它构成了国家存在的最重要的理由。对安全的追求，在任何国家、任何时候都享有最优先的地位。

信息，是人类社会宝贵的智力资源，也是国家的关键战略资源。善于开发利用这种资源，就能有效地促进经济和社会的发展。特别是信息革命正在世界范围内广泛兴起的今天，大力发展利用信息资源，发展信息事业，对于繁荣本国经济、强大国防和军事力量、促进社会安定和发展、提高国家综合实力和在国际社会中的地位等都具有十分重要的意义。

如今，信息和信息基础设施已成为国民经济快速发展和强大国防的关键，必须保证信息安全。信息安全直接关系到国家的安全和政权的巩固。国家、国防信息的命根就在于安全。

1.6.2 信息安全的基本内容

信息安全不能独立于信息系统，其基本内容包括实体安全、运行安全、信息资产安全和人员安全等几个部分。

1．实体安全

实体安全就是计算机设备、设施（含网络）以及其他媒体免遭地震、水灾、有害气体和其他环境事故破坏的措施和过程。它包括三个方面：

① 环境安全：指对计算机信息系统所在环境的安全保护。

② 设备安全：指对计算机信息系统设备的安全保护，如设备的防盗和防毁、防止电磁信息泄露、防止线路截获、抗电磁干扰以及电源保护等。

③ 媒体安全：指对媒体的安全保管，目的是保护存储在媒体中的信息。其安全功能可归纳为两个方面：一是媒体的防盗；二是媒体的防毁，如防霉和防砸等。

2．运行安全

运行安全是信息安全的重要环节，是为保障系统功能的安全实现，提供一套安全措施（风险分析、审计跟踪、备份与恢复、应急等）来保护信息处理过程的安全。

① 风险分析：指对计算机信息系统进行人工或自动的风险分析。它首先是对系统进行静态的分析（尤指系统设计前和系统运行前的风险分析），旨在发现系统的潜在安全隐患；其次对系统进行动态分析，即在系统运行过程中测试、跟踪并记录其活动，旨在发现系统运行期的安全漏洞；最后是系统运行后的分析，并提供相应的系统脆弱性分析报告。

② 审计跟踪：指对计算机信息系统进行人工或自动的审计跟踪。保存审计记录和维护详尽的审计日志。其安全功能可归纳为三个方面：记录和跟踪各种系统状态变化，如提供对系统故意入侵行为的记录和对系统安全功能违反的记录；实现各种安全事故的定位，如监控和捕捉各种安全事件；保存、维护和管理审计日志。

③ 备份与恢复：指对系统设备和系统数据的备份和恢复，对系统数据的备份和恢复可以使用多种介质（如磁介质、纸介质、光碟、微缩载体等）。其安全功能也可归纳为 3 个方面：提供场点内高速度、大容量自动的数据存储、备份和恢复；提供场点外的数据存储、备份和恢复，如通过专用安全记录存储设施对系统内的主要数据进行备份，提供对系统设备的备份。

④ 应急：指在紧急事件或安全事故发生时，保障计算机信息系统继续进行或紧急恢复。其安全功能同样可以归纳为三个方面：紧急事件或安全事故发生时的影响分析；应急计划的概要设计或详细指定；应急计划的测试与完善。

3．信息资产安全

信息资产包括文件、数据、程序等，其安全是防止信息资产被故意或偶然的非授权泄露、更改、破坏或信息被非法的控制，即确保信息的完整性、保密性、可用性和可控性。信息资产安全包括 7 个方面：

① 操作系统安全：指对计算机信息系统的硬件资源和软件资源的有效控制，能够为所管理的资源提供相应的保护。它们或是以底层操作系统所提供的安全机制为基础构造安全模块，或者完全取代底层操作系统，目的是为建立安全信息系统提供一个可信的安全平台。

② 数据库安全：指对数据库系统所管理的数据和资源提供安全保护。它一般采用多种安

全机制与操作系统相结合，实现对数据库的安全保护。一是选择安全数据库系统，即从系统设计、建设、使用和管理等各个阶段都遵循一套完整的系统安全策略的安全数据库系统。二是以现有数据库系统所提供的功能为基础构造安全模型，旨在增强现有数据库系统的安全性。

③ 网络安全：指提供访问网络资源或使用网络服务的安全保护。网络安全管理是为网络的使用提供安全管理，如帮助协调网络的使用，预防安全事故的发生；跟踪并记录网络的使用，监测系统状态的变化；实现对各种网络安全事故的定位，探测网络安全事件发生的确切位置；提供某种程度的对紧急事件或安全故障排除能力。

④ 病毒防护：指提供对计算机病毒的防护。病毒防护包括单机系统的防护和网络系统的防护。单机系统病毒的防护侧重于防护本地计算机资源，而网络系统病毒的防护则侧重于防护网络系统资源。计算机病毒防护产品是通过建立系统保护机制预防、监测和消除病毒。

⑤ 访问控制：指保证系统的外部用户或内部用户对系统资源的访问以及对敏感信息的访问符合组织安全策略。主要包括：出入控制，主要是阻止非授权用户进入机构或组织，一般是以电子技术、生物技术或者这两种技术结合阻止非授权用户进入；存储控制，指主体访问客体时的存储控制，如通过对授权用户存取系统敏感信息时进行安全检查，以实现对授权用户的存取权限的控制。

⑥ 加密：即提供数据加密和密钥管理。对数据的加密包括三个方面：对文字的加密、对语音的加密、对图像图形的加密。密钥管理包括：密钥的分发或注入、密钥的更新、密钥回收、密钥归档、密钥恢复、密钥审计。

⑦ 鉴别：即提供身份鉴别和信息鉴别。身份鉴别是提供对信息接收方（包括用户、设备和进程）真实身份的鉴别，主要用于阻止非授权用户对系统资源的访问。信息鉴别是提供对信息的正确性、完整性和不可否认性的鉴别。信息完整性鉴别的目的在于证实信息内容未被非法修改和遗漏；不可否认鉴别使得信息发送者不可否认对信息的发送和信息接收者不可否认对信息的接收。

4．人员安全

人员安全主要是信息系统使用人员的安全意识、法律意识、安全技能等。

1.6.3 信息安全机制与安全服务

信息安全除了涉及一些基本技术，如网络技术、密码技术外，还要根据信息资源的特点和攻击者可能攻击的目标、技术手段以及造成的后果采用一些安全机制，并提供与安全机制相适应的安全服务。

1．安全机制

安全机制是保证信息安全、提供安全服务的技术措施，某一种安全机制可以用于多种安全服务。下面介绍一些常用的安全机制。

① 加密机制：用来加密数据或通信中的信息。它既可以单独使用，也可以与其他机制联合使用。加密算法一般分为对称加密算法和非对称加密算法。

② 数字签名机制：该机制由两个过程组成，对信息进行签名的过程和对已签名的信息进行证实的过程。前者要使用签名者的私有信息（私有密钥）；后者使用公开的信息（如公开密钥）和过程，以鉴定签名是否由签字者的私有信息所产生。数字签名机制必须保证签名只能由签字

者的私有信息产生。

③ 访问控制机制：根据实体的身份及安全策略来决定该实体的访问权。分自主访问控制和牵制访问控制。这种机制的实现常常基于某一或某几个措施：控制数据库、认证信息（如用户口令）、安全标签等。

④ 数据完整性机制：在通信中，发送方根据要发送的数据产生额外的信息（如校验码），加密后随数据一同发出；接收方获得数据后，产生额外的信息，并与接收到的额外信息进行比较，以判断在通信过程中数据是否被篡改过。

⑤ 认证交换机制：根据认证信息、加密技术和实体所具有的特性来实现。

⑥ 业务流分析机制：通过填充冗余的业务流来防止攻击者进行流量分析，填充的信息要加密保护才能实现。

⑦ 路由控制机制：为了使用安全的子网、中继站和链路，既可以预先安排网络中的路由，也可以动态地进行选择。安全策略可以禁止带有某些安全标签的信息通过某些子网、中继站和链路。链接的请求者也可以规定一些路由要求，如要避开某些网络成分。

⑧ 公证机制：由第三方（公证方）参与的数字签名。它是基于通信双方对第三方的绝对信任，让公证方备有适用的数字签名、加密或完整性机制等。当实体间互相通信时，就由公证方利用其所提供的上述机制进行公证。有的公证机制可以在实体连接期间进行实时证实，有的则在连接结束后进行非实时证实。公证机制既可以防止接收方伪造签名，或否认收到过发给它的信息，又可以戳穿发送方对所签发的信息的抵赖。

2. 安全服务

安全服务是指网络为其应用提供的某些功能或辅助业务。安全机制是安全服务的基础，也是信息系统获得安全的基础。常见的安全服务有对象认证安全服务、访问控制安全服务、数据保密性安全服务、数据完整性安全服务和抗抵赖安全服务等。

① 对象认证安全服务：是辨明使用对象身份合法性的过程。它是针对主动攻击的主要防护措施，它的主要功能是识别和鉴别，其中识别是辨明一个对象的身份，鉴别是证明该对象的身份就是其声明的身份。

② 访问控制安全服务：就是防止越权使用信息。它是针对越权使用资源和非法访问的防御措施，可分为自主访问控制和强制访问控制。

③ 数据保密性安全服务：是针对信息泄漏、窃听等被动威胁的防范措施，这组安全服务又分为信息保密、选择段保密和业务流保密。

④ 数据完整性安全服务：即防止非法篡改信息、文件和业务流，即资源的可获得性。

⑤ 抗抵赖安全服务：是针对对方进行抵赖的防范措施，可用来证实已发生过的操作。这组安全服务又分为：防发送方抵赖，即防止信息发送者否认发送过信息；防接收方抵赖，即防止信息接收者否认接收过信息；公证，即通信双方互不信任，但对第三方绝对信任，于是依靠第三方证实已发生过的操作。

1.6.4 网络黑客与防火墙

网络的拥有者和建设者都希望自己的网络在实现既定目标的同时，能够避开被破坏的危险。然而，随着网络应用的深入，计算机犯罪日益严重，遭受计算机犯罪侵害的领域越来越广泛，危害的程度也将更加深刻，因而成为世界各国共同面临的重大技术问题和社会问题。

在计算机犯罪主体中，有很大一部分是计算机黑客。他们对电子信息交流和网络实体具有极大的威胁性和严重的危害性，可以说是网络安全的大敌。为了有效防范黑客的攻击，在网络应用中采用多种安全措施，防火墙技术就是其中的一种，并已成为有效的网络安全手段。

1．黑客的概念和类型

（1）黑客的概念

黑客来源于英语单词 Hack，意为“劈砍、乱砍”，是英语单词 Hacker 的音译，其引申含义为“干了一件很漂亮的工作”。由于汉语对“黑”赋予了传统的贬义思维，变成了网络犯罪的代名词。

黑客成为与计算机及网络相关的名词，起源于 20 世纪 50 年代美国麻省理工学院的实验室。被称为黑客的，是一群喜欢钻研机械和计算机系统技术奥秘并从中增长个人才干的人。

1969 年，当 ARPAnet 的实验刚开始时，一个由计算机程序设计专家和网络名人组成的高技术天才群体，赋予了 Hacker 新的含义。为了计算机网络技术发展，他们不断挑战技术极限，创造了各种新的软件和新的应用，是他们建立了因特网，是他们创造出被人们广泛使用的 UNIX 操作系统，是他们将用户新闻组子 Usenet 投入使用，是他们让万维网（World Wide Web）运行起来。在 20 世纪 70 年代，黑客们具有渊博的知识和高尚的品格，其技术水平是当时计算机网络发展水平的重要标志。他们不满足于拥有因特网这一伟大的发明，而把它作为新的创造和发明的实验基地，不断发现和突破计算机及因特网的系统缺陷，从而带动计算机网络技术的发展，被人们赋予“网上骑士”桂冠。

但自 20 世纪 80 年代以来，随着计算机网络系统的不断发展，活跃在其中的黑客队伍也迅速壮大起来。他们大多是 15 岁至 30 岁的年轻人，并出现分化和演变，而且鱼龙混杂，其成员及动机变得日益复杂起来。这个被人们称为“黑客”和自诩为“黑客”的特殊群体，产生了一种共同伦理观，认为信息、技术和诀窍都应当为用户共享，而不能为个人或集体所垄断。基于这种意识形态，绝大多数黑客已经不是先进技术的代表，其中很多人具有反传统文化的色彩甚至反社会的心理态度，蜕化为信息时代的一股逆流。

关于黑客的概念，不同人有不同的理解。例如，在兰登书屋出版的《韦氏字典》第二版中，将黑客定义为“一个计算机狂热者，他特别精通计算机技术”，或者“试图获取计算机系统非法授权，访问计算机的用户”。在另一本字典中，将黑客定义为“一个未获得计算机系统访问权的、非法或滥用计算机访问权（使用权）的人，他热衷于研究计算机操作系统”。

鉴于黑客在当前已嬗变为一个动机和目的十分复杂的社会群体，有必要从技术和法学上对当代黑客的概念加以界定。目前普遍认为，所谓黑客，就是利用计算机技术、网络技术，非法侵入、干扰、破坏他人（国家机关、社会组织和个人）的计算机系统，或擅自操作、使用、窃取他人的计算机信息资源，对电子信息交流和网络实体安全具有程度不同的威胁性和危害性的人。

（2）黑客的类型

为了区别对待黑客，有必要对他们进行分类。黑客分类的方法很多，从黑客的动机、目的以及对社会造成的危害程度来分类，可以分成：技术挑战性黑客、戏谑取趣性黑客和捣乱破坏性黑客三种类型。

① 技术挑战性黑客。简称挑战性黑客，指对任何计算机操作系统的奥秘都有强烈兴趣的人。他们大多数是深谙计算机程序，具有操作系统和程序设计方面的丰富知识，为了证实自己的能力，不断挑战计算机技术的极限，居于猎奇好胜的心理而非法侵入他人的计算机系统，试图从中发现系统中的漏洞及其原因，并公开他们的发现与其他人分享。这类黑客虽然擅自侵入他人计算机系统，但不实施破坏性行为。

在这类黑客中有很多是年幼无知的少年，他们对成年人有着逆反心理，认为长辈们小看了自己，总想露一手给他们看看，特别是对计算机权威很不服气。这类少年黑客虽无捣乱破坏的主观恶意，但因他们年纪太小，对自己行为的破坏性往往缺乏认识能力和控制能力，容易泄密甚至被别人利用，他们也是一个十分可怕的群体，其危险性是不可低估的。

② 戏谑取趣性黑客。简称戏谑性黑客。这类黑客进入他人网络以删除某些文字或图像，篡改网址主页信息来显示自己高超的网络技巧。通常凭借自己掌握的高技术手段，以在网上搞恶作剧或骚扰他人为乐，故又称为恶作剧黑客。

这些人对计算机系统中的数据并不感兴趣，也不打算去浏览和截取其中的机密文件，只是专在网络上玩弄计算机技术取乐。按照我国法律，这类黑客是介于违法与犯罪之间的一个群体，随时都可能跌入犯罪的深渊。

③ 捣乱破坏性黑客。简称捣乱性黑客。是英文称作 Cracker（破坏者）的人，也有人译作“骇客”。这种人利用自己精湛的计算机技术，专在网络空间捣乱，破坏他人计算机信息系统，扰乱信息交流秩序。捣乱破坏性黑客都是计算机犯罪分子，必须运用刑法手段严惩不贷。

在这类黑客中，有不少人专干盗窃国家机密或商业机密，进行网上敲诈勒索，盗窃电子货币，实施网络诈骗，危害电子商务和公共安全。在军事领域，各种保密程度的军事秘密大量在计算机信息系统中存储、处理和传输，黑客使这些军事秘密的安全遭受很大的威胁。制作、传播计算机病毒等破坏性程序，是黑客危害网络社会和攻击他人计算机信息系统的一种常用手段。

2. 防火墙技术

（1）防火墙的概念

古时候，人们常在寓所之间砌起一道砖墙，一旦火灾发生，它能够防止火势蔓延到别的寓所。现在，如果一个网络（内网）接到了因特网（外网）上面，它的用户就可以访问外网并与之通信。但同时，外网也同样可以访问内网并与之交互。为安全起见，可以在内网与外网之间插入一个中介系统，竖起一道安全屏障。这道屏障的作用是阻断外部对内网的威胁和入侵，提供扼守内网的安全和审计的关卡，它的作用与古时候的防火砖墙有类似之处，因此业界把这个屏障也叫做防火墙。

所谓“防火墙”，是指一种将内网和外网分开的方法，它实际上是一种隔离技术。防火墙是在两个网络通信时执行的一种访问标准，它能允许网络管理员“同意”的用户或数据进入网络，同时将“不同意”的用户或数据拒之门外，阻止来自外部网络的未授权访问，防止黑客对内部网络中的电子信息和网络实体的攻击和破坏。

（2）防火墙的组成

防火墙作为访问控制策略的实施系统，它的组成主要分为以下 4 个部分。

① 网络访问控制策略。通常，防火墙的设计有两个基本策略。其一，拒绝访问除明确许可外的任何一种服务，是指防火墙只允许通过在系统中已经认可的服务，而拒绝其他所有未做

规定的服务；其二，允许访问除明确拒绝以外的任何一种服务，指防火墙将系统中确定为“不许可”的服务拒绝，而允许其他所有未做规定的服务。前者造成能够实现的服务种类受到过度限制的不良后果，后者则会使得一些有危险可能的服务未被拒绝，对这两种策略的选择会直接影响防火墙系统的设计、安装和使用的效果。

② 身份认证工具。由于传统口令系统的弱点，即使用户使用了难于猜想的口令并确保不泄密，黑客也可以借助于监视等手段来获取明文传送的口令。因此，必须采用先进的认证措施克服传统口令的缺陷。认证技术虽然各不相同，但都是为了实现保密性强的口令，且要保证这些口令不能被黑客通过监视等手段获取。由于防火墙可以集中控制网点的访问，所以将先进的认证软件或硬件安装在防火墙中是一个恰当的选择，这种将各种认证措施集中到防火墙的做法更切合实际，便于管理。

③ 包过滤。IP 包过滤一般是通过包过滤路由器来实现，信息包在流经路由器的接口时被筛选过滤。包过滤路由器通常可实现包含有下列信息组的信息包：源 IP 地址、目标 IP 地址、TCP/UDP 源端口、TCP/UDP 目标端口。借助包过滤可实现封锁与特定主机系统或网络的连接，也可实现封锁特定端口的连接。

④ 应用网关。由于包过滤路由器有一定的弱点，诸如过滤规则复杂且其正确性难于测试、不具备记录能力等，防火墙需要应用软件来转发和过滤类似于 Telnet 和 FTP 等服务连接，这类应用称之为代理服务，而运行代理服务软件的主系统就是应用网关。一般情况下，应用网关与包过滤路由器的结合使用，能够获得大大高于单独使用两者时的安全性和灵活性。

[思考与问答]

1. 信息安全的目的是什么？信息安全的基本特征主要包括哪些？
2. 信息安全的基本内容包括哪些？
3. 常用的信息安全机制有哪些？与这些机制相应的安全服务有哪些？
4. 什么是黑客，黑客分为几类？
5. 什么是防火墙，其作用是什么，由几部分组成？

第2章

微型计算机系统基础知识

20世纪70年代以来，随着大规模和超大规模集成电路的发展，微型计算机性能不断提高，价格不断降低，软件也不断推陈出新。多媒体技术和网络技术的产生和发展，使微型计算机不仅能处理数据、文字、图形，还可以处理音频、视频、动画，在因特网上浏览信息，发送、接收电子邮件等，因此微型计算机的应用越来越广泛。本章将重点介绍微型计算机系统的有关知识。

2.1 微型计算机系统的基本组成

微型计算机系统由硬件系统和软件系统两大部分组成。硬件系统指构成计算机系统的物理实体或物理装置。软件系统指在硬件基础上运行的各种程序、数据及有关的文档资料。通常把没有软件系统的计算机称为“裸机”。

2.1.1 微型计算机的硬件系统简介

微型计算机采用总线结构将CPU、主存储器和输入、输出接口电路连接起来，其基本结构如图2-1所示。

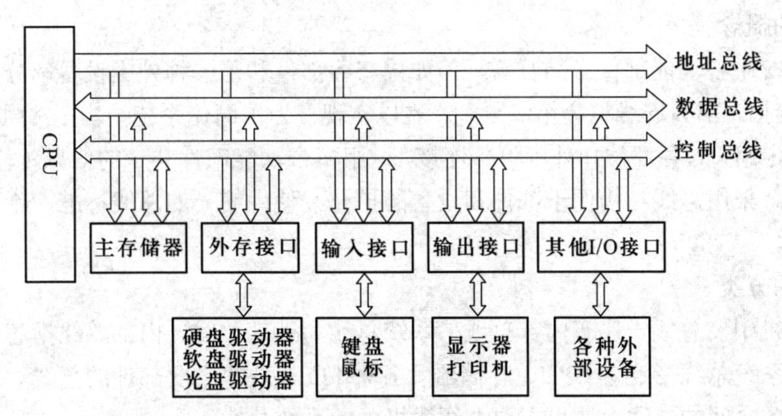

图2-1 微型计算机硬件系统基本结构图

微型计算机的硬件系统一般由安装在主机箱内的CPU、主板、内存、显示卡、硬盘、软驱、电源及显示器、键盘、鼠标等组成，为使计算机具有多媒体处理能力，还可以配备光驱和声卡等设备。如需联网和发送传真，还可以配置调制解调器、网卡、传真卡等。

2.1.2 微型计算机的软件系统简介

微型计算机的软件系统由系统软件和应用软件组成，如图1-2所示。

微型计算机的系统软件包括操作系统、语言处理系统、数据库管理系统、服务性程序等。

操作系统有DOS、Windows、Windows NT、UNIX、NetWare、Linux、MacOS等。

语言和语言处理系统有Fortran、Basic、Pascal、C、Java及其相应的编译系统等。

数据库管理系统有Visual FoxPro、Access、Oracle、Sybase等。

服务性程序有对系统实施监控、调试、故障诊断的程序及各种工具软件。

常用的应用软件有文字处理软件、辅助设计软件、图形图像处理软件、网页制作软件、网络通信软件、各种应用软件包、套装软件等。

[思考与问答]

1. 微型计算机系统由几部分组成?分别说明各部分的内容。
2. 画出微型计算机的基本结构图。

2.2 微型计算机的硬件系统

随着半导体集成电路集成度的不断提高，微型计算机的硬件发展越来越快，其发展规律遵循“摩尔定律”，即每18个月，其集成度提高一倍，速度提高一倍，价格降低一半。微型计算机的硬件系统采用冯·诺依曼体系结构，即由运算器、控制器、存储器、输入设备和输出设备组成。本节将对微型计算机的硬件系统做详细介绍。

2.2.1 总线

1. 总线的概念

计算机系统中各功能部件必须互联，但如果将各部件和每一种外围设备都分别用一组线路与CPU直接连接，那么连线将会错综复杂，难以实现。为了简化系统结构，常用一组线路，配以适当的接口电路，与各部件和外围设备连接，这组多个功能部件共享的信息传输线称为总线，如图2-1所示。采用总线结构便于部件和设备的扩充。使用统一的总线标准，不同设备间互联将更容易实现。

2. 总线的分类

微型计算机中，总线一般有内部总线、系统总线和外部总线。内部总线指芯片内部连接各元件的总线。系统总线指连接CPU、存储器和各种I/O模块等主要部件的总线。外部总线则是微机和外部设备之间的总线。这里主要介绍微机中的系统总线。

3．系统总线

系统总线根据传送内容的不同，分为数据总线、地址总线、控制总线。

（1）数据总线

数据总线（Data Bus，DB）用于CPU与主存储器、CPU与I/O接口之间传送信息。数据总线的宽度（根数）决定每次能同时传输信息的位数，因此数据总线的宽度是决定计算机性能的主要指标。计算机数据总线的宽度等于计算机的字长。目前，微型计算机采用的数据总线有16位、32位、64位等几种类型。

（2）地址总线

地址总线（Address Bus，AB）用于给出源数据或目标数据所在的主存单元或I/O端口的地址。地址总线的宽度决定CPU的寻址能力。若微型计算机采用n位地址总线，则该计算机的寻址范围为$0\sim2^n-1$。

（3）控制总线

控制总线（Control Bus，CB）用来控制对数据总线和地址总线的访问和使用。

4．常用的总线标准

（1）ISA总线

ISA（Industrial Standard Architecture）总线标准是IBM公司1984年为推出PC/AT机而建立的系统总线标准，所以也叫AT总线。它的时钟频率为8 MHz，宽度为16位，最大传输速率为33 MB/s。

（2）EISA总线

EISA（Extended Industrial Standard Architecture）总线是1988年由Compaq等9家公司联合推出的总线标准。它是在ISA总线的基础上发展起来的高性能总线。EISA总线完全兼容ISA总线信号，它的时钟频率为8.33 MHz，数据总线和地址总线都是32位，最大传输速率为33 MB/s。

（3）VESA总线

VESA（Video Electronics Standard Association）总线简称为VL（VESA Local Bus）总线。它定义了32位数据总线，且可扩展到64位，使用33 MHz时钟频率，最大传输率达132 MB/s。VESA总线可与CPU同步工作，是一种高速、高效的局部总线。VESA总线可支持386SX、386DX、486SX、486DX及奔腾微处理器。

（4）PCI总线

PCI（Peripheral Component Interconnect）总线是当前最流行的总线之一。它是由Intel公司推出的一种局部总线，它定义了32位数据总线，且可扩展为64位，传输速率可达132 MB/s，64位的传输速率为264 MB/s，可同时支持多组外围设备。PCI总线不能兼容现有的ISA、EISA、MCA（Micro Channel Architecture）总线，但它不受制于处理器，是基于奔腾等新一代微处理器的总线。

5．系统总线的性能指标

（1）总线的带宽

总线的带宽指的是单位时间内总线上可传送的数据量，即通常所说的每秒钟传送的字节数，它与总线的位宽和总线的工作频率有关。

（2）总线的位宽

总线的位宽指总线能同时传送的数据位数，即数据总线的位数。

（3）总线的工作频率

总线的工作频率也称为总线的时钟频率，以 MHz 为单位。工作频率越高速度越快，总线带宽越宽。

总线带宽＝总线位宽/8×总线工作频率（MB/s）

2.2.2 中央处理器

1．概念和功能

中央处理器（Central Processing Unit，CPU）又被称作微处理器（Micro Processing Unit，MPU），是微型计算机的核心部件。它主要由运算器、控制器、寄存器等组成，并采用超大规模集成电路制成芯片。运算器的主要功能是完成各种算术运算、逻辑运算。控制器的主要功能是从内存中读取指令，并对指令进行分析，按照指令的要求控制各部件工作。寄存器是在处理器内部的暂时存储部件，寄存器的位数是影响 CPU 性能与速度的一个重要因素。目前 CPU 的主要生产厂家有 Intel 公司（80386、80486、Pentium 系列、Core 系列）、AMD 公司（K5、K6、K7 系列）和 Cyrix 公司等。Intel 公司是目前全球最大的 CPU 供应商。

2．CPU 的主要性能指标

（1）字与字长

计算机内部作为一个整体参与运算、处理和传送的一串二进制数，称为一个“字”（Word）。字是计算机内 CPU 进行数据处理的基本单位。一般将计算机数据总线所包含的二进制位数称为字长。字长的大小直接反映计算机的数据处理能力，字长越长，一次可处理的数据二进制位越多，运算能力就越强，计算精度就越高。目前，微型计算机字长有 8 位、16 位、32 位和 64 位之分。

（2）主频

主频就是 CPU 的时钟频率（CPU Clock Speed）。主频越高，一个时钟周期里完成的指令数也越多，CPU 的运算速度也越快。但由于内部结构不同，并非所有时钟频率相同的 CPU 性能都一样。目前 CPU 的主频可达 2 GHz 以上。

（3）时钟频率

时钟频率即 CPU 的外部时钟频率（即外频），它直接影响 CPU 与内存之间的数据交换速度。数据带宽＝（时钟频率×数据宽度）/8。时钟频率由电脑主板提供。目前 Intel 公司的芯片组 BX 提供 100 MHz 以上的时钟频率。

（4）地址总线宽度

地址总线宽度决定了 CPU 可以访问的物理地址空间，简单地说就是 CPU 能够使用多大容量的内存。假设 CPU 有 n 根地址线，则其可以访问的物理地址为 2^n。目前，微型计算机地址总线有 8 位、16 位、32 位、64 位之分。

（5）数据总线宽度

数据总线负责整个系统的数据流量的大小，数据总线宽度决定了 CPU 与二级高速缓存、内存以及输入输出设备之间一次数据传输的信息量。

（6）内部缓存（L1、L2 Cache）

封闭在CPU芯片内部的高速缓存，用于暂时存储CPU运算时的部分指令和数据，存取速度与CPU主频一致。L1、L2缓存的容量单位一般为KB。L1缓存越大，CPU工作时与存取速度较慢的L2缓存和内存间交换数据的次数越少，计算机的运算速度相对越快。

3．Intel 酷睿系列 CPU简介

酷睿2英文Core 2 Duo，是英特尔推出的新一代基于Core微架构的产品体系之一，于2006年7月27日发布。酷睿2是一个跨平台的构架体系，包括服务器版、桌面版、移动版三大领域。它采用全新的Core架构，全部采用65 nm制造工艺，全线产品为单核心、双核心、四核心。目前为止，L2缓存容量存在2 MB和4 MB两个版本，上市时曾出现过2 MB缓存容量。主要产品为Xeon 5100系列、E6000系列和E4000系列。

E6000系列处理器主频从1.8 GHz到2.67 GHz。频率虽低，但由于优秀的核心架构，Conroe处理器的性能表现优秀。此外，Conroe处理器还支持Intel的VT、EIST、EM64T和XD技术，并加入了Sup-SSE3指令集，也就是常说的SSSE3指令集。由于Core的高效架构，Conroe不再提供对HT的支持。

酷睿的i系列产品是英特公司CPU的最新产品。第一代i3、i5、i7是2010年推出的，i3、i5均为双核四线程，i7为四核八线程，常见型号有Core i3 530、Core i5 661、Core i5 750、Core i7 860、Core i5 920等。

2.2.3 内存储器

微机内部直接与CPU交换信息的存储器称主存储器或内存储器，其主要功能是存放计算机运行时所需要的程序和数据。内存储器是计算机中最主要的部件之一，它的性能在很大程度上影响计算机的性能。

1．内存储器的分类

微机的内存储器分为随机存储器（Random Access Memory，RAM）、只读存储器（Read Only Memory，ROM）、高速缓冲存储器（Cache）。

（1）随机存储器（RAM）

RAM中的内容随时可读、可写，断电后RAM中的信息全部丢失。RAM用于存放当前运行的程序和数据。根据制造原理不同，RAM可分为静态随机存储器（SRAM）和动态随机存储器（DRAM）。DRAM较SRAM电路简单，集成度高，但速度较慢，微机的内存一般采用DRAM。目前微机中常用的内存以内存条的形式插于主机板上，常用的容量为32 MB、64 MB、128 MB、256 MB、1 GB、2 GB、4 GB等。

（2）只读存储器（ROM）

ROM中的内容只能读出，不能随意删除或修改，断电后信息不会丢失。ROM主要用于存放固定不变的信息，在微机中主要用于存放系统的引导程序、开机自检、系统参数等信息。目前常用的只读存储器还有可擦除和可编程的ROM（EPROM）和可电擦除、电改写的ROM（EEPROM）、闪烁存储器（Flash Memory）等类型。

（3）高速缓冲存储器（Cache）

随着微电子技术的不断发展，CPU的主频不断提高。主存由于容量大、寻址系统繁多、读写电路复杂等原因，造成了主存的工作速度大大低于CPU的工作速度，直接影响了计算机的性能。为了解决主存与CPU工作速度上的矛盾，设计者们在CPU和主存之间增设一级容量不大但速度很高的高速缓冲存储器（Cache）。Cache中存放常用的程序和数据。当CPU访问这些程序和数据时，首先从高速缓存中查找，如果所需程序和数据不在Cache中，则到主存中读取数据，同时将数据写入Cache中。因此采用Cache可以提高系统的运行速度。Cache由静态存储器（SRAM）构成，常用的容量为128 KB、256 KB、512 KB。在高档微机中为了进一步提高性能，还把Cache设置成二级或三级。

2. 内存的性能指标

对存储器的主要要求有：存储容量大，存取速度快，稳定可靠，经济性能好。存储器的性能指标主要有以下几项。

（1）存储容量

存储器可以容纳的二进制信息量称为存储容量，通常以RAM的存储容量来表示微型计算机的内存容量。存储器的容量以字节（Byte，B）为单位，一个字节为8个二进制位（bit）。常用的单位还有KB、MB、GB、TB等。

（2）存取周期

存取周期指存储器进行两次连续、独立的操作（读写）之间所需的最短时间，单位为ns（纳秒）。存储器的存取周期是衡量主存储器工作速度的重要指标，这个指标反映了存储器耗电量的大小，也反映了发热程度。功耗小，对存储器的工作稳定有利。

2.2.4 主机板

主机板（Main Board）又称为系统主板（System Board），用于连接计算机的多个部件，它安装在主机箱内，是微型计算机最基本、最重要的部件之一。主机板主要包括：CPU的Socket插座或Slot插槽、内存插槽、总线扩展槽、各种接口（硬盘和光驱的IDE或SCSI接口、软驱接口、串行口、并行口、USB接口、键盘、鼠标接口）、BIOS芯片、CMOS芯片、DIP开关等。目前新型的主板还集成了显卡、声卡、网卡、调制解调器等接口。

1. CPU插座及插槽

CPU与主板的接口形式根据CPU的不同分为：Socket插座和Slot插槽。常用的Socket插座有Socket 7、Socket 370。Socket 7插座支持Intel奔腾、奔腾MMX、K6-Ⅱ、K6-Ⅲ 等CPU；Socket 370与Socket 7插座外形相似，只不过有370个孔，主要适用于Intel赛扬（Celeron）、奔腾Ⅱ、奔腾Ⅲ处理器。常用的Slot插槽有Slot 1，它是一个狭长的242引脚的插槽，支持采用SEC（Single-Edge Connector，单边连接器）封装技术的奔腾和赛扬CPU。目前支持P4 CPU的主板采用Socket 478（即478针脚的CPU）。

2. 内存插槽

内存插槽用来安装内存条。内存插槽可分为30线、72线、168线几类，分别适用于相应的内存条。目前生产的主板都是168线的内存插槽。

3. 总线扩展槽

总线扩展槽主要用于扩展微型计算机的功能，也称为I/O插槽。在它上面可以插入许多的标准选件，如显示卡、声卡、网卡等。根据总线的不同，总线扩展槽可分为：ISA、EISA扩展槽、VESA 扩展槽、PCI 扩展槽、AGP 插槽（用来插 AGP 显卡）。当前主板上常见的扩展槽有 ISA（黑色、长度较长）、PCI（白色、长度较短）。

4. BIOS 芯片

BIOS 即基本输入输出系统（Basic Input/Output System），它保存着计算机系统中的基本输入/输出程序、系统信息设置、自检程序和系统启动自举程序。现在主板的 BIOS 还具有电源管理、CPU 参数调整、系统监控、病毒防护等功能。BIOS 为计算机提供最低级、最直接的硬件控制功能。

早期的 BIOS 通常采用 EPROM 芯片，用户不能更新版本。目前主板上的 BIOS 芯片采用闪烁只读存储器（Flash ROM）。由于闪烁只读存储器可以电擦除，因此可以更新 BIOS 的内容，升级十分方便，但也成为主板上唯一可被病毒攻击的芯片，BIOS 中的程序一旦被破坏，主板将不能工作。

5. CMOS 芯片

CMOS 用来存放系统硬件配置和一些用户设定的参数。参数丢失系统将不能正常启动，必须对其重新设置。设置方法是：系统启动时按设置键（通常是 Delete 键）进入 BIOS 设置窗口，在窗口内进行 CMOS 的设置。CMOS 开机时由系统电源供电，关机时靠主板上的电池供电。即使关机，信息也不会丢失，但应注意更换电池。

6. 各种接口

（1）IDE 接口

IDE（Integrated Device Electronics，集成设备电子部件）是由 Compaq 公司开发并由 Western Digital 公司生产的控制器接口，主要连接 IDE 硬盘和 IDE 光驱。现在主板上都留有 IDE 接口，通过 40 线扁平电缆与 IDE 硬盘驱动器相连。主板上有两组 IDE 设备接口，分别标识为 IDE 1 和 IDE 2。IDE 1 多用于连接系统引导硬盘，IDE 2 多用于接入光驱。

（2）软盘接口

软盘驱动器通过 34 线扁平电缆与主板上的软盘驱动器接口相连。一个软盘驱动器接口可以连接两台软盘驱动器。

（3）串行接口

串行接口（Serial Port）主要用于连接鼠标器、外置 Modem 等外部设备。串口是所有计算机都具备的 I/O 接口，主板上的串口一般为两个 10 针双排插座，分别标注为 COM1 和 COM2。

（4）并行接口

并行接口（Parallel Port）主要用于连接打印机等设备。主板上的并行接口为 26 针的双排插座，标识为 LPT 或 PRN。

许多主板为了方便用户正确连接电缆，将接口的最后未用的一根针脚去掉，形成不规则形状的插座。

（5）USB 接口

USB（Universal Serial Bus）即通用串行总线，是一种新型的接口。USB 接口可以连接键盘、鼠标、数码相机、扫描仪等外部设备。USB 接口为 D 型 4 针接口，2 根为电源线，2 根为信号线。USB 接口主要有如下特点：连接简单、支持热插拔、传输速率高。

（6）键盘、鼠标接口

PS/2 键盘接口为圆形 6 针插座，用于连接键盘。PS/2 鼠标接口为 6 针插座，用于连接鼠标器。

（7）跳线开关

跳线开关主要用于改变主板的工作状态，如改变 CPU 的工作频率、工作电压等。不同的主板跳线方式与位置不相同，只有通过产品说明书才能正确的配置。最常见的跳线开关主要有 2 针和 3 针。目前许多主板采用免跳线技术，除了主板上用于清除 CMOS 信息的跳线之外，再无任何跳线，主板会自动识别 CPU 的频率和工作电压。

2.2.5 外存储器

外存储器又称为辅助存储器，用来长期保存数据、信息。主要包括硬盘存储器、光盘存储器。

1．硬盘存储器

（1）硬盘的组成

硬盘存储器由于采用了温彻斯特技术，所以又称“温盘”。一块完整的硬盘由磁性盘片、驱动盘片转动的驱动系统、读写系统以及控制系统组成，这四部分密封在金属盒中。硬盘的盘片由多个平行的圆形磁盘片组成，每片磁盘都装有读写磁头，在控制器的统一控制下沿着磁盘表面径向同步移动，因此可以将几层盘片上具有相同半径的磁道看成是一个“柱面”（Cylinder）。

硬盘的存储容量＝磁头数×柱面数×每磁道扇区数×每扇区字节数（512 字节）。

硬磁盘盘片直径有 1.8 英寸、2.5 英寸、3.5 英寸、5.25 英寸四种，3.5 英寸的硬盘常用于台式机中。

（2）硬盘的主要性能指标

① 转速：单位是 r/min，目前硬盘主轴电机的转速为 5400～7200 r/min。

② 平均访问时间：指磁头从开始到目标磁道的时间，单位是 ms，硬盘的平均寻道时间为 8～12 ms。

③ 数据传输率：指硬盘读写数据的速度，单位是 Mb/s。目前硬盘的最大外部传输率不低于 16.6 Mb/s。

（3）硬盘使用注意事项

① 硬盘转动时不要关闭电源。

② 防止震动、碰撞。

③ 防止病毒对硬盘数据的破坏，应注意对重要数据的备份。

④ 未经允许严禁对硬盘进行低级格式化、分区、高级格式化等操作。

2．光盘存储器

随着多媒体技术的发展，计算机采用光盘存储器存储声音、图像等大容量信息。光盘存储器由光栅、光盘驱动器和接口电路组成。

（1）光盘

光盘又称 CD（Compact Disk，压缩盘），由于其容量大（600 MB～7.8 GB）、存储成本低、易保存，因此在微机中得到了广泛的应用。光盘一般采用丙烯树脂做基片，表面涂布一层碲合金或其他介质的薄膜，通过激光在光盘上产生一系列的凹槽来记录信息。常见的光盘有以下 3 种。

① 只读型光盘 CD-ROM（Compact Disk ReadOnly Memory）。

CD-ROM 由基底层、记录层、保护层组成，直径为 120 mm，中心定位孔为 15 mm，厚 1.2 mm。CD-ROM 中的程序或数据预先由生产厂家写入，用户只能读出，不能改变其内容。

② 一次写入型光盘 CD-R（CD-Recordable）。

CD-R 是一种一次性写入，多次读的光盘，信息的存放格式与只读光盘 CD-ROM 相同，其材质中多了一层刻录层，可以用 CD-R 刻录机通过刻录软件向 CD-R 中一次性写入数据。

③ 可重写刻录型光盘 CD-RW（CD-Rewriteable）。

CD-RW 技术先进，可以重复刻录，但价格较贵。

（2）CD-ROM 驱动器

① CD-ROM 驱动器的结构和原理。

CD-ROM 驱动器也称光驱，由光头、驱动机构、CD 盘驱动机构、控制线路以及处理光学读出头读出信号的电子线路等组成。它利用光头聚焦在约 1 mm^2 大小的区域，根据 CD-ROM 上的凹槽的反射激光能量的不同来识别“0”或“1”。

数据传输率是光驱的基本参数，指光驱在 1 秒内所能读出的最大数据量。早期的光驱数据传输率为 150 kB/s，称为“单倍速光驱”，目前的光驱已达到了 50、72 倍速，甚至更高。

② CD-ROM 驱动器与计算机接口

CD-ROM 驱动器与计算机的接口主要有增强 IDE 接口和 SCSI 接口两种。

增强 IDE 接口是目前流行的 CD-ROM 驱动器接口，大部分硬盘通常采用这种接口。利用微机上已有的标准硬盘接口就可把 IDE 接口的光驱接上。

SCSI 接口是一种用于小型计算机系统的接口标准，它具有速度快、兼容性好等优点。但是 SCSI 接口需要一块专门的 SCSI 接口卡，且价格昂贵，因此 SCSI 接口多用于小型机或服务器。

（3）DVD（Digital Video Disc，数字视频盘）

DVD 与现在的光盘大小相同，是新一代的主导光盘。单面单层的 DVD 光盘容量达 4.7 GB，双面双层的 DVD 光盘的容量达 17.8 GB。

（4）光盘使用注意事项

① 将光盘放入光驱和光盘保护盒中时要小心轻放。

② 光盘用后最好装在光盘保护盒中，以免盘面划伤。

③ 光盘处于高速旋转状态，中途不能按面板上的 Eject 键，因中途取出光盘有可能损坏盘片。

④ 不要用油渍、污垢的手拿光盘。

2.2.6 输入设备

输入设备是向计算机输入信息的设备，是人与计算机对话的重要工具。常用的输入设备有键盘、鼠标、扫描仪、数码相机、数字化仪等。

1．键盘

键盘（如图 2-3 所示）是最常用的输入设备，它可以将英文字母、汉字、数字、标点符号等输入到计算机中，从而向计算机输入数据、文本、程序和命令。

（1）键盘的组成

键盘由触位开关、检测电路与编码电路三部分组成。每个键对应一个轻触开关。当用户按下键帽时，检测电路发现开关闭合，编码电路根据开关的物理位置转换成键位编码，经过处理后，再通过键盘接口传送给计算机。

（2）键盘的分类

① 按接触方式可以分为机械式键盘和电容式键盘。机械式键盘的按键中有一个触点，当键帽被按下时触点接通，释放时触点断开。这种键盘结构简单，成本低，但寿命短。电容式键盘是一种无触点开关，内部由固定电极和活动电极组成电容器，当键帽按下时引起电容量的改变，依此判断开关的状态。目前常用的键盘是电容式键盘。

② 按按键的多少可分为 83 键、101 键、102 键和 104 键等。早期的键盘使用 83 键，目前常用的键盘是 101 键盘。102 键盘用一个键切换多国文字，一般不用。104 键盘多出的 3 个键用于调出 Windows 的系统菜单。除此之外，还有一些其他类型的键盘，如无线键盘、多媒体键盘等。

③ 按按键的接口可分为 AT 接口（大口插头）键盘和 PS/2 接口（6 针小口插头）键盘。目前常用的是 PS/2 接口键盘。

（3）键盘的结构

键盘按其按键的功能和排列位置可分为打字机键、功能键、光标控制键和数字小键盘四部分，如图 2-2 所示。

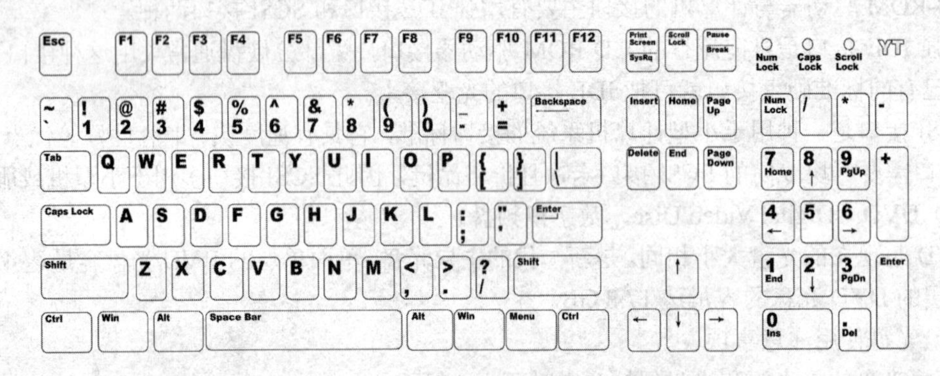

图 2-2 键盘图

① 打字机键：主要包括字母、数字、各种符号（!、;、%、*等）及一些控制键（Ctrl 键、Alt 键、Enter 键等）。这些键当中有些是双字符键，即一个键上有两个字符，直接按下时输入的是下档字符，要想输入上档字符必须和其他键（Shift 键）一起使用。

② 功能键：指位于键盘上方的 F1～F12 键，其功能由操作系统或软件决定。

③ 编辑键：位于打字机键和右侧小键盘之间，主要用于光标的定位和编辑。主要有四个方向的箭头、Home、End、Print Screen、ScrollLock，Pause/Break 键等。

④ 小键盘：位于键盘的右侧，主要用于大量输入数字。小键盘上的双字符键具有数字键和编辑键的双重功能。通过小键盘上的数字锁定键 NumLock 则可在数字键和编辑键之间进行切换。

（4）常用键的使用

Esc 键：称为释放键，按下该键则是取消当前进行的操作。

Shift 键：称为上档键。按下 Shift 键不释放，再按下某个双字符键，即可输入该键的上档字符。在输入英文串符时，按下 Shift 键，再按下英文字符键，则可输入与键盘大、小写状态相反的英文字符。

Alt 键：称为控制键，和其他键配合使用才有意义。

Ctrl 键：称为控制键，功能与 Alt 键相似。

CapsLock 键：称为大小写字母转换键。此键在键盘右上角对应一指示灯，按一次此键，对应的指示灯点亮，输入大写英文字符；再按一次此键，指示灯熄灭，输入小写英文字符。

Enter 键：称为回车键。它的功能是执行键入的命令或结束一行的输入，并将光标移至下一行。

Backspace 键：称为退格键。用此键可以删除光标左边的一个字符，同时光标及其右边的字符自动左移。

Tab 键：称为跳格键。每按一次，光标向右跳过若干个字符的位置，这与应用软件的设置有关。

Home 键：是光标快速移动键。按此键光标移动到行首。

End 键：是光标快速移动键。按此键光标移动到行尾。

PageUp/PgUp 键：按此键屏幕或窗口向前翻一页。

PageDown/PgDn 键：按此键屏幕或窗口向后翻一页。

Insert 键：称为插入/改写键。插入状态时键入的字符插入到当前光标的位置，改写状态时键入的字符将替换原光标处的字符。

Delete/Del 键：称为删除键。按下此键则删除当前光标所在位置的字符。

PrintScreen 键：称为打印屏幕键。按下此键可把屏幕上显示的内容在打印机上输出。

ScrollLock 键：称为屏幕锁定键。按下此键屏幕停止滚动，再按一次则继续滚动。

Pause/Break 键：称为暂停键。按下此键可暂停程序或命令的执行，按下 Ctrl+Break 键可终止程序执行。

NumLock 键：称为数字锁定键。按下此键，NumLock 指示灯亮后，小键盘为数字输入键盘；当 NumLock 指示灯熄灭时，右侧键盘为光标控制键。

2．鼠标器

随着 Windows 操作系统的普及和发展，鼠标已经成为微机常用的输入设备，特别是在图形界面操作方式下，鼠标的使用给人们的操作带来了极大的方便。鼠标常见的有：机械式、光电式和无线遥控鼠标，目前常用的是机械式鼠标。

（1）机械式鼠标

鼠标内有一个圆的实心橡皮球，在它的上下方和左右方各有一个转轮和它相接触，这两个转轮各连接着一个光栅轮，光栅轮的两侧各有一个发光二机管和光敏电阻。当鼠标移动时，橡皮球滚动，并带动两个飞轮转动，光敏电阻便感受到光线的变化，并把信号传送给主机。

（2）光电式鼠标器

光电鼠标的内部有红外光发射和接收装置，它利用光的反射来确定鼠标的移动。当光电式鼠标在特定的反射板上移动时，光源发出的光经反射后，再由鼠标接收，并将鼠标移动的信息转换为编码信号送入计算机。

（3）无线遥控鼠标器

无线遥控式鼠标又可分为红外无线型鼠标和电波无线型鼠标。红外无线型鼠标一定要对准红外线发射器后才可以活动自如，而电波无线型鼠标较为灵活，但价格贵。

随着网络的发展，Microsoft 公司发布了新一代多功能鼠标——滚轮鼠标，它在原有两键鼠标的基础上增加了一个滚轮键，它拥有特殊的滑动和放大功能，手指轻轻滑动滚轮就可以使网页上下翻动。

2.2.7 输出设备

1. 显示器

显示器又称为“监视器”，是计算机中标准的输出设备。

（1）显示器的分类

① 按显示的色彩分类：分为单色显示器和彩色显示器。单色显示器只能显示黑白两色，彩色显示器可以显示多达 1 600 多万种颜色。目前微机多为彩色显示器。

② 按显示器件分类：分为阴极射线管显示器（CRT）和液晶（LCD）、发光二极管（LED）、等离子体（PDP）、荧光（VF）等平板型显示器。目前微机上常用的是 LED 显示器，笔记本电脑常用的是 LCD 显示器。由于 LCD 显示器具有体积小、省电、无闪烁、不产生辐射等特点，因此越来越多的微机上也使用 LCD 显示器。

③ 按显示方式分类：分为字符显示方式和图形显示方式两种。

字符显示方式是把要显示字符的编码送入主存储器中的显示缓冲区，再由显示缓冲区送往字符发生器（ROM 构成），将字符代码转换成字符的点阵图形，最后通过视频控制电路送给显示器显示。字符显示的最大分辨率为 80×25。图形显示方式是直接将显示字符或图形的点阵送往显示缓冲区，再由显示控制电路送到显示器显示。这种显示方式的分辨率可高达 1 600×1 200，甚至更高。

（2）显示器的主要技术参数

① 屏幕尺寸：指显示器对角线长度，以英寸为单位（1 英寸＝2.54 cm），常见的显示器为 15"、17"、19"、21"等。

② 点距：点距指屏幕上相邻像素点之间的距离。点距越小，显示器的分辨率越高。常见显示器的点距有 0.20 mm、0.25 mm、0.26 mm、0.28 mm 等。

③ 显示分辨率：指显示屏幕上可以容纳的像素点的个数，通常写成“水平点数×垂直点数”的形式。例如，800×600、1 024×768 等。显示器的分辨率受点距和屏幕尺寸的限制，也和显示卡有关。

④ 灰度和颜色深度：灰度指像素点亮度的级别数，在单色显示方式下，灰度的级数越多，

图像层次越清晰。颜色深度指计算机中表示色彩的二进制位数，一般有 1 位、4 位、8 位、16 位、24 位，24 位可以表示的色彩数为 1 600 多万种。

⑤ 刷新频率：指每秒钟内屏幕画面刷新的次数。刷新频率越高，画面闪烁越小。通常是 75～90 Hz。

⑥ 扫描方式：水平扫描方式分为隔行扫描和逐行扫描。隔行扫描指在扫描时每隔一行扫一行，完成一屏后再返回来扫描剩下的行；逐行扫描指扫描所有的行。隔行扫描的显示器比逐行扫描闪烁得更厉害，也会让使用者的眼睛更疲劳。现在的显示器采用的都是逐行扫描方式。

（3）显示适配器

显示适配器又称显卡，它是连接 CPU 与显示器的接口电路。显卡的工作原理是：CPU 将要显示的数据通过总线传送给显示芯片；显示芯片对数据进行处理后，送到显示缓存；显示缓存读取数据后将其送到 RAMDAC 进行数/模转换，然后通过 VGA 接口送到显示器显示。

① 显卡的结构。显卡主要由显示芯片、显示内存、RAMDAC 芯片、显卡 BIOS、连接主板总线的接口组成。

显示芯片：显示芯片是显卡的核心部件，它决定了显卡的性能和档次。现在的显卡都具有二维图像或三维图像的处理功能。3D 图形加速卡将三维图形的处理任务集中在显示卡内，减轻了 CPU 的负担，提高了系统的运行速度。

显示内存：用来存放显示芯片处理后的数据，其容量、存取速度对显卡的整体性能至关重要，它还直接影响显示的分辨率及色彩的位数。

RAMDAC 芯片：RAMDAC 芯片将显示内存中的数字信号转换成能在显示器上显示的模拟信号。它的转换速度影响着显卡的刷新频率和最大分辨率。

显卡 BIOS：显卡上的 BIOS 存放显示芯片的控制程序，同时还存放着显卡的名称、型号、显示内存容量等。

总线接口：是显卡与总线的通信接口。目前最多的是 PCI 和 AGP 接口（插入主板的 AGP 插槽中）。

② 显卡的分类。

按采用的图形芯片分为：单色显示卡、彩色显示卡、2D 图形加速卡、3D 图形加速卡。

按总线类型分为：ISA 显卡、VESA 显卡、PCI 显卡和 AGP 显卡。

按显示的彩色数量分为：伪彩色卡（用 1 个字节表示像素，可显示 256 种颜色）、高彩色卡（用 2 个字节表示像素，可显示 65 536 种颜色）、真彩色卡（用 3 个字节表示像素，可显示 1 600 多万种颜色）。

按显示卡发展过程分为：MDA（Monochrome Display Adapter）卡（即单色字符显示卡）、CGA（Color Graphics Adapter）卡（即彩色图形显示卡）、EGA（Enhanced Graphics Adapter）卡（即增强图形显示卡）、VGA（Video Graphics Array）卡（即视频图形阵列显示卡）、SVGA（SuperVGA）卡（即超级视频图形阵列显示卡）、XGA（Extended Graphics Array）卡（即增强图形阵列显示卡）。

③ 显卡的选购。

选择具有更高 3D 性能的图形加速卡。

选择大容量的显示存储器。目前较好显卡的显示内存为 32 MB 或 64 MB。

选择高速的 RAMDAC，以提高显示速度和刷新频率。

2．打印机

打印机用于将计算机运行结果或中间结果打印在纸上。利用打印机不仅可以打印文字，也可以打印图形、图像。因此打印机已成为微机中重要的输出设备。

（1）打印机的分类

① 按输出方式分为：逐行打印机和逐字打印机。逐行打印机是按“点阵”逐行打印，打印机自上而下每次动作打印一行点阵；逐字打印机则是按“字符”逐行打印，打印机自左至右每次动作打印一个字符的一列点阵。微型计算机中使用最多的针式打印机（即点阵打印机）属于逐字打印机。

② 按打印颜色分为：单色打印机和彩色打印机。

③ 按工作方式分为：击打式打印机和非击打式打印机。击打式打印机噪音大、速度慢、打印质量差，但是价格便宜，常用的有针式打印机。非击打式打印机的噪音小、速度快、打印质量高，但价格较贵，常用的有激光打印机、喷墨打印机。

（2）打印机的工作原理及特点

① 针式打印机。其工作原理是，在指令的控制下，打印针不断敲打在循环的色带上，将色带的墨打印在纸上。针式打印机一般有 9 针、24 针，常用的是 24 针。针式打印机的特点是：噪声大、精度低，但价格便宜、对纸张的要求低。

② 激光打印机。其工作原理是，打印机控制器把来自主机的信息经过处理后，转换成点阵图像；半导体激光器产生激光束将点阵图像写在感光鼓上，形成潜像；带有电荷的着色剂（粉墨）对潜像进行着色；当纸张经过感光鼓时，着色剂就会被吸附到纸上，再经过加热使着色剂融化，固定在纸上。激光打印机的特点是：分辨率高、打印质量好、打印速度快，但对纸张的要求高，耗材贵。

③ 喷墨打印机。其工作原理是，利用电阻加热喷墨打印机的喷头，使其中的墨水气化，将墨水喷在打印纸上。喷墨打印机的墨水存储在墨盒中。喷墨打印机的特点是：打印速度较高，分辨率较高。

（3）打印机主要技术参数

① 打印分辨率：用 DPI（点/英寸）表示。激光和喷墨打印机一般都达到 600 DPI。

② 打印速度：可用 CPS（字符/秒）或“页/分钟”表示。

③ 打印纸最大尺寸：一般打印机是 A4 幅面。

[思考与问答]

1. 简述 CPU 的组成及各部分的功能。
2. CPU 的性能参数主要有哪些？Intel CPU 有哪些型号？

3. 内存的分类有哪几种，各有什么特点？
4. 微机的主机板上主要包括哪些部件？
5. 什么是总线？微机中的总线分哪几种？
6. 简述硬盘的组成和工作原理。
7. 显示适配卡按总线可以分为哪几种？
8. 打印机主要有哪几种？各有什么特点？
9. 光盘常用的有哪几种？各有什么特点？

2.3 微型计算机的软件系统

微型计算机的性能能否充分发挥，很大程度上决定于软件的配置是否完善、齐全。微型计算机常用的软件可分为系统软件和应用软件两大类，下面分别加以介绍。

2.3.1 微型计算机常用系统软件

1．微型计算机常用操作系统

随着微型计算机硬件技术的不断发展，微型计算机的操作系统已不断更新。以下简要介绍微机常用的操作系统及其发展。

（1）DOS 操作系统

IBM 公司在 1981 推出个人电脑的同时，也推出了其 DOS 操作系统 PC-DOS 1.0。此后在 1983、1984、1988 年分别推出 MS-DOS 2.0、MS-DOS 3.0、MS-DOS 4.0，在 1991 年推出了 MS-DOS 5.0，1993 年推出 MS-DOS 6.0，1994 年推出 MS-DOS 6.22。DOS 操作系统是基于字符界面的单用户、单任务的操作系统。

（2）Windows 3.*x*

Microsoft 公司 1985 年推出第一个 Windows 操作系统版本，1987 年推出了 Windows 2.0，1990 年推出了 Windows 3.0，1992 年推出了 Windows 3.1。Windows 3.*x* 是基于图形界面的 16 位的单用户、多任务操作系统。但它们都只能在 DOS 上运行，必须与 DOS 共同管理硬件资源和文件系统，因此还不能算是一个完整的操作系统。

（3）Windows 95 和 Windows 98

1995 年 Microsoft 公司推出真正的 32 位操作系统 Windows 95，它提供了全新的桌面形式，对系统各种资源的浏览和操纵变得更加容易，提供了“即插即用”功能和允许长文件名，支持抢先式多任务和多线程，在网络、多媒体、打印机、移动计算等方面具有了较强的管理功能。

Windows 98 是 Windows 95 的升级版，它继承了 Windows 95 的多媒体、通信、网络等多种功能，并增强了在因特网上的应用，使用户在享受方便、快捷、高效的前提下，同时享受多媒体与因特网所带来的交互信息。

（4）Windows NT

Windows NT 是 Microsoft 公司 1993 年推出的 32 位的多用户、多任务的操作系统，它包括 Windows NT Server 和 Windows NT Workstation。

（5）Windows XP

Windows XP 是微软公司发布的一款视窗操作系统，它发行于 2001 年 10 月 25 日，原来的名称是 Whistler。微软最初发行了两个版本：家庭版（Home）和专业版（Professional）。家庭版的消费对象是家庭用户，专业版则在家庭版的基础上添加了新的面向商业设计的网络认证、双处理器等特性。家庭版只支持 1 个处理器，专业版则支持 2 个。XP 表示英文单词的“体验”（EXperience）。

（6）Windows 7

2009 年 7 月 14 日，Windows 7 正式开发完成，并于同年 10 月 22 日正式发布。10 月 23 日，微软于中国正式发布 Windows 7。2015 年 1 月 13 日，微软正式终止了对 Windows 7 的主流支持，但仍然继续为 Windows 7 提供安全补丁支持。2015 年，微软宣布自 2015 年 7 月 29 日起一年内（除企业版外），所有版本的 Windows 7 SP1 均可以免费升级至Windows 10，升级后的系统将永久免费。

Windows 7 操作系统是目前最常用的操作系统。Windows 7 操作系统一共有 4 个版本，分别是：Windows 7 家庭普通版、Windows 7 家庭高级版、Windows 7 专业版与 Windows 7 旗舰版。

（7）Linux 操作系统

Linux 是由芬兰赫尔辛基大学学生 Linus Torvalds 创建并由众多软件爱好者共同开发的操作系统，它的源代码是公开的，可以从互联网上免费得到。Linux 的主要特性是：

① Linux 是多用户、多任务的操作系统。

② Linux 支持多种类型的文件系统，可对不同文件系统的文件进行访问。

③ Linux 的内核可根据需要定制。Linux 的内核由很多过程组成，可以方便地增加一个新的模块或卸载一个模块。

④ 硬件环境要求低，在 8 MB 内存的 486 微机上可以很好地运行。

⑤ 强大的网络通信功能。Linux 支持多种网络协议：IPv4、IPX、DDP、X.25 和 SLIP 等。因此 Linux 作为服务器操作系统具有广泛的发展前景。

2．微型计算机常用的语言及语言处理系统

计算机语言按发展过程可以分为：机器语言、汇编语言和高级语言。机器语言和汇编语言都是面向机器的低级语言，而高级语言采用面向问题的自然语言，比机器语言和汇编语言具有通用性和可移植性。目前微型计算机上常用的高级语言有：BASIC 语言、FORTRAN 语言、Pascal 语言、C/C++语言、Java 语言等。

（1）BASIC 语言

BASIC 语言是微机上广泛使用的编程语言，它具有语法通俗易懂，错误处理机制完善，跟踪调试简单，易于编程等特点。常用的版本有 True BASIC、Quick BASIC 和 Turbo BASIC。进入 20 世纪 90 年代后，随着 Windows 操作系统的普及，Microsoft 公司推出基于 Windows 平台的高级语言 Visual BASIC。Visual BASIC 是面向对象的可视化开发工具，不仅可以用于数学计算、数据处理，而且可以开发通信软件、多媒体软件、Internet/Intranet 软件。目前许多高校都开设了 Visual BASIC 语言课。

（2）FORTRAN 语言

FORTRAN 语言诞生于 1957 年，是世界上最早出现的高级编程语言，主要用于工程计算，常用的版本有 FORTRAN 77 和 FORTRAN 90。经过多年的发展，伴随着 FORTRAN 语言多次版本的更新及相应开发系统的出现，其功能不断完善，最新版本 Visual FORTRAN 在图形界面编程、数据库等方面几乎具备了 Visual C++、Visual BASIC 的所有功能。

（3）Pascal 语言

Pascal 语言是由瑞士的沃思教授于 1971 年提出的。Pascal 语言与早期的 FORTRAN 语言相比，具有语法规则简单、易懂，数据类型丰富实用，表达式简洁灵活，程序结构严谨清晰，编译运行效率高等特点。Pascal 语言主要用于计算机程序设计的入门教学语言，主要的版本是 Borland 公司的 Turbo Pascal。

（4）C 和 C++语言

C 语言是 1973 年由美国 AT&T 公司贝尔实验室设计而成，它在很多方面继承和发扬了 20 世纪 60 年代高级语言的特色和成功经验。它是一种结构化语言，层次清晰，易于调试和维护。C++是一种在 C 语言基础上发展起来的面向对象的语言，它是贝尔实验室在 20 世纪 80 年代设计并实现的。C++保持了 C 语言的紧凑、灵活、高效以及移植性强等优点，增加了对象和数据封装的支持，成为当前面向对象程序设计的主流语言。

（5）Java 语言

Java 是 Sun 公司 1995 年 5 月推出的面向对象的跨平台语言，主要用于网络环境的程序设计。Java 语言的基本特点是：简捷易学、面向对象、适用于网络分布环境、具有一定的安全性。由于 Java 具有以上特性，随着计算机网络的不断发展，Java 语言将在各应用领域中发挥更大的作用。

3．数据库管理系统

数据库（Database）是为了一定的目的而组织起来的记录或文件等数据的集合。数据库管理系统（DBMS）是组织、管理和处理数据库中数据的计算机软件系统。传统的数据库系统有 3 种类型：关系型、层次型和网络型。使用较多的是关系型数据库。目前常用的中小型数据库有 FoxPro、Access 等，大型数据库有 Oracle、Sybase、SQL Server、Informix 等。

（1）Access

Access 是 Windows 环境下的关系型数据库，它基本上具备了大型数据库的功能，支持事务处理、数据库加密、数据压缩、数据备份和恢复等功能，是目前使用非常广泛的中小型数据库。

（2）Oracle

Oracle 是当今最大的数据库公司 Oracle 公司的一个数据库产品，它采用标准的 SQL 结构化查询语言，支持多种数据类型，提供面向对象存储的数据支持，具有第四代语言开发工具，支持 UNIX、Windows NT 等多种平台。目前我国许多行业和部门的管理信息系统都使用 Oracle 数据库。

（3）Sybase

Sybase 公司成立于 1984 年 11 月，是数据库软件厂商的后起之秀，它推出了“客户/服务器”体系结构的数据库系统。Sybase 数据库可以运行在多种操作系统平台上，采用标准的 SQL 结构化查询语言。Sybase 数据库也是市场上较受欢迎的数据库产品之一。

（4）Informix

Informix 关系数据库管理系统也是近年来国内外广泛使用的数据库软件系统。它具有很好的开放性，支持标准的 SQL 结构化查询语言，可以在 UNIX、Windows、Windows NT、NetWare、MacOS 等多种操作系统环境下运行，其用户分布在企业、商业、金融、通信、政府机关等各个领域。

（5）SQL Server

Microsoft SQL Server 是一个运行于 Windows NT 服务器上的支持“客户机/服务器”结构的数据库管理系统。Microsoft SQL Server 不提供直接的客户开发平台和工具，只提供两个接口：Microsoft 开放式数据库连接（ODBC）和 DB-library。通过接口可以采用第三方的开发工具通过 SQL 语言访问数据库中的数据。SQL Server 与 Sybase 的数据库完全兼容。

2.3.2 微型计算机常用应用软件

1．字处理软件

字处理软件主要用于对文档进行编辑、排版、存储、打印。目前常用的字处理软件有 Microsoft Word 2010、WPS 等。

Word 2010 是 Microsoft 公司办公自动化软件包 Office 2010 中的一个重要组件，主要用于制作各种文档，如书刊、公文、简历和传真等。此外，为了适应网络应用的要求，还可以利用 Word 2010 制作 Web 网页。

WPS 是我国金山公司研制的自动化办公软件，它具有文字处理、多媒体演示、电子邮件发送、公式编辑、表格应用、样式管理、语音控制等多种功能。

2．辅助设计软件

目前，计算机辅助设计已广泛用于机械、电子、建筑等行业。常用的辅助设计软件有 AutoCAD、Protel 等。

AutoCAD 是美国 Autodesk 公司推出的计算机辅助设计与绘图软件，它提供了丰富的作图和图形编辑功能，功能强、适用面广、便于二次开发，是目前国内使用广泛的绘图软件。

Protel 是具有强大功能的电子设计 CAD 软件，它具有原理图设计、印制电路板（PCB）设计、层次原理图设计、报表制作、电路仿真以及逻辑器件设计等功能，是电子工程师进行电子设计的最常用的软件之一。

3．图形图像、动画制作软件

图形图像、动画制作软件是制作多媒体素材不可缺少的工具，目前常用的图形图像软件有Adobe 公司发布的 Photoshop、PageMaker，及 Macromedia 发布的 Freehand 和 Corel 公司的CorelDraw 等。动画制作软件有 3D Studio MAX、Softimage 3D、Maya、Flash 等。

Photoshop 是 Adobe 公司推出的优秀的平面图形图像处理软件，它可任意设计、处理各种图像，是美术设计、摄影和印刷专业人员理想的数字图像处理工具软件。

3D Studio MAX 是美国 Autodesk 公司的三维动画软件，利用它可以建立高分辨率 3D 模型并对模型进行材质编辑、着色投影、动画处理以及后期制作剪辑。目前 3D Studio MAX 广泛应用于广告、建筑、机械制造、影视娱乐、医疗卫生、生物化学工程、军事领域等各个行业和部门。

CorelDraw 是加拿大 Corel 公司的产品，它是一个矢量绘图软件，功能强大、界面简洁、明快，是广告设计人员必须掌握的一种工具。利用 CorelDraw 可以轻而易举地设计出专业级的美术作品。

Flash 是美国 Macromedia 公司推出的矢量图编辑和多媒体创作专业软件，主要用于网页设计和多媒体创作等领域。它功能强大、效果独特、文件容量小、可以任意缩放，网页设计人员可以用它制作各种漂亮的导航栏按钮、动态插件、网页动画等。

4．网页制作软件

目前微机上流行的网页制作软件有 FrontPage 和 Dreamweaver。

FrontPage 是 Microsoft 公司的网页开发工具，它具有“所见即所得”的制作方式，用户可以像使用一个简单的字处理软件那样轻松自如地创建、编辑、发布和维护自己的 Web 页面或站点。利用 FrontPage 还可以在网页中加入 ActiveX 控件、插件、Java 小程序以及 JavaScript 和VBScript 等高级内容，使网站变得更加生动。目前常用的版本为 FrontPage 2003。

Dreamweaver 是 Macromedia 公司开发的一个专业的编辑与维护 Web 网页的工具，它是一个“所见即所得”式的网页编辑器，不仅提供了可视化网页开发工具，同时又不会降低对 HTML源代码的控制。它能让用户准确无误地切换于预览模式与源代码编辑器之间。Dreamweaver 是一个针对专业网页开发者的可视化网页设计工具。

5．网络通信软件

目前网络通信软件的主要功能是浏览 WWW（万维网）和收发电子邮件（E-mail）。常用的WWW 浏览器有：Microsoft 公司的 Internet Explorer、Netscape 公司的 Netscape Navigator、360浏览器、QQ 浏览器、傲游浏览器等，它们都具有浏览信息、收发邮件、网上聊天等功能。常用的电子邮件收发软件有：Outlook Express、Internet Mail、Foxmail 等。

6．常用的工具软件

微机中常用的工具软件很多，主要有压缩/解压缩软件（WinZip、ARJ 等）、杀毒软件（金山毒霸、瑞星杀毒软件等）、翻译软件（金山词霸、东方快车）、多媒体播放软件（金山影霸、PPStream 等）、图形图像浏览软件（ACDSee 等）。

[思考与问答]

1. 微型计算机常用的操作系统有哪些？各有什么特点？
2. 微型计算机上常用的高级语言有哪些？各有什么特点？
3. 微型计算机上常用的数据库管理系统有哪些？各有什么特点？
4. 微型计算机上常用的软件有哪些？

2.4 微型计算机的分类与主要性能指标

近年来，微型计算机的发展日新月异，下面介绍其分类、主要性能指标等。

2.4.1 微型计算机的分类

微型计算机按不同的分类标准有不同的分类方法。

1. 按CPU字长分类

微型计算机按字长可以分为8位机、16位机、32位机、64位机，其发展过程如表2-1所示。

表2-1 Intel CPU 的发展过程

CPU 字长(位)	时 间	主要 CPU 型号
8	1973—1977年	Intel 8080
16	1978—1980年	Intel 8086
32	1981—1992年	Intel 80386、80486
64	1993—现在	Core i3、Core i5、Core i7

2. 按结构分类

按结构可以分为单片机、单板机、多板机。

① 单片机把微处理器、存储器、输入输出接口都集成在一块集成电路芯片上，它的最大优点是体积小，输入输出接口简单，功能较低。

② 单板机将计算机的各个部件都组装在一块印刷电路板上。单片机和单板机主要用于设备和仪表的控制部件或用于生产过程。

③ 多板机是由多个功能不同的电路板组成的计算机，目前的微机都属于多板机。

3. 按用途分类

按用途可分为工业控制机、数据处理机。

4. 按CUP型号分类

按CPU的型号可以分为286机、386机、486机、Pentium机等。

2.4.2 微型计算机的主要性能指标

1. 字长

字长是CPU的主要参数，指计算机内部一次可以处理的二进制位数，字长越长，则计算机的数据处理速度越快，计算精度越高。

2．运算速度

计算机的运算速度指每秒所能执行的指令数。由于不同类型的指令所需要的时间不同，所以一般以平均值计算，单位为 MIPS（百万条指令每秒）。

3．时钟频率

时钟频率即 CPU 的外部时钟频率（即外频），它直接影响 CPU 与内存之间的数据交换速度，因此也是计算机运算速度的重要指标。

4．内存容量

内存容量是衡量计算机存储信息量大小的重要指标。目前微机的内存容量一般为 256 MB～2 GB。

[思考与问答]

1. 简述微型计算机的分类。
2. 微型计算机的主要性能指标有哪些？

2.5 多媒体计算机基本知识

多媒体计算机（Multimedia Personal Computer，MPC）指能够处理多媒体信息的计算机。多媒体计算机系统由多媒体硬件系统和多媒体软件系统组成。多媒体硬件系统由主机系统、多媒体卡和多媒体外部设备等组成。多媒体软件系统包括操作系统、多媒体驱动程序、多媒体制作、开发软件和应用软件。

2.5.1 多媒体计算机的硬件系统

1．多媒体主机

多媒体主机通常由主机板、CPU、内存、硬盘驱动器、光盘驱动器等组成。由于多媒体计算机系统需要交互地综合处理文字、声音、图形、图像、动画等大信息量的媒体，因此，多媒体计算机的主机系统要求中央处理器的速度快、存储器的容量大、输入输出接口及系统总线速度尽可能快。

2．多媒体卡

(1) 声卡

声卡是多媒体计算机的标准配件之一，是实现声波/数字信号相互转换的硬件电路，其主要功能是录制和播放数字声音、编辑合成 MIDI 音乐等。

① 声卡的组成。

声卡主要由数字声音处理器（Digital Sound Processor）、FM 音乐合成器、M1DI 接口控制器组成。它与外设的连接是通过声卡侧面的插孔和 D 形连接器进行连接的。

插孔包括：线路输入（Line in）插孔，用于连接外部音频输入端口；麦克风（MIC）输入插孔，用来连接话筒；线路输出插孔（Line out 或 Speaker），用来连接耳机、扬声器或功率放大器等设备。

D形连接器：该连接器是15芯D形接口，可以用来连接游戏操纵杆或MIDI合成器。

② 声卡的工作原理。

声卡从话筒中获取声音模拟信号，通过模/数转换器（ADC），将声波振幅信号采样转换成数字信号，进行处理后，存储到计算机中。当播放声音时，将数字信号送到数/模转换器（DAC），还原为模拟波形，放大后输出。

③ 声卡的主要性能指标。

采样频率：是模拟信号转化为数字信号时单位时间内获得数字数据样本的次数。采样频率越高，所存储的数字数据越接近于原始数据。常用的采样频率是44.1 kHz。

采样精度：参考1.5.2。

声道数：参考1.5.2。

信噪比：指音频信号振幅与噪声信号振幅的比率，用分贝来衡量。声卡应具有优良的信噪比。

音效：一个性能优越的声卡应具有良好的声音效果。

（2）视频卡

视频卡就是多媒体计算机系统中用于对视频进行采集、处理、播放的部件。视频卡按功能的不同可以分为视频采集卡、电视编码卡、电视接收卡、MPEG解压卡、DVD解压卡。

① 视频采集卡。

视频采集卡用来把摄像头、录像机、激光视盘中的视频信号转换为数字信号，把视频图像以数字的形式采集到计算机的存储设备中。

② 电视编码卡。

电视编码卡可将计算机显示器上的信号转换成标准电视视频信号，这样就可以利用电视来显示计算机显示器上的画面。

③ 电视接收卡。

多媒体计算机利用电视接收卡来接收和播放电视节目。

④ MPEG解压卡。

MPEG解压卡用于对采用MPEG标准压缩的视频数据进行解压缩，如VCD影碟。586以下的计算机大多配置有MPEG解压缩卡，现在的计算机运算速度大大提高了，因而可以通过软件解压，不需要附加专门的MPEG解压卡。

⑤ DVD解压卡。

DVD解压卡是对DVD视盘的视频数据进行解码的专用部件。现在计算机上同样可以依靠软件解压。

3．多媒体输入设备

多媒体计算机系统的输入设备除键盘、鼠标之外，还包括图像输入设备（如扫描仪、数码相机等）、视频输入设备（如摄像机、录像机等）。

（1）扫描仪

扫描仪是将照片、文字或图片获取下来，以图片文件的形式保存在计算机中的一种设备。

① 扫描仪的分类。目前扫描仪的种类很多，依照不同的标准，有不同的分类。

按工作原理，可将扫描仪分为平板式扫描仪、手持式扫描仪和滚筒式扫描仪。目前常用的是平板式扫描仪。

按可扫描幅面的大小，可以分为小幅面的手持式扫描仪、中等幅面的台式扫描仪和大幅面的工程图扫描仪。

按色彩方式，可以将扫描仪分为单色扫描仪和彩色扫描仪。单色扫描仪又可分为黑白扫描仪和灰度扫描仪，一般的灰度扫描仪均可以兼容黑白扫描仪工作方式。

按与计算机的接口，可分为 SCSI、EPP 和 USB 3 种。SCSI 扫描仪传输率高，数据传输率可达到 20 Mbps，但必须通过专用的 SCSI 接口卡与多媒体计算机系统相连；EPP 扫描仪通过打印机并口与计算机连接，扫描仪的数据传输速率较慢；USB 扫描仪具有较快的数据传输速率，可达到 12 Mbps，且支持热插拔技术，安装使用非常方便。目前常见的扫描仪大都是此类。

② 扫描仪的组成和原理。扫描仪主要由光电传感器、机电同步机构、数据传输电路 3 部分组成。扫描仪的原理是，将光学图像传送到光电转换器中变为模拟信号，然后模拟信号通过模数转换器转换为数字信号，通过计算机接口送到计算机中。它的工作原理与传真机的工作原理相似。

③ 扫描仪的主要性能指标。

光学分辨率：指扫描仪的光学系统可以采集的实际信息量，常见的光学分辨率有 300×600、600×600、600×1 200、1 200×2 400（单位为 DPI，每英寸点数）。分辨率越高，扫描出的图像也越清晰。一般来说，300 DPI 的分辨率就能够满足日常工作的需要。

色彩分辨率：表示色彩所用的二进制位数，单位为 bit（位），色彩位越多，所能表示的色彩数就越多，色彩也就越丰富。一般扫描仪的色彩分辨率都可以达到 24 位真彩色或更高。

（2）触摸屏

随着多媒体应用系统的普及，单纯使用键盘或鼠标进行输入已经不能满足各行各业的要求，于是出现了触摸屏。触摸屏是一种定位设备，和鼠标、键盘一样，属于输入设备。由于它具有使用方便、交互性强等特点，因此广泛应用于宾馆、银行、车站等公共场所。

① 触摸屏的组成。触摸屏系统一般由触摸传感器、触摸屏控制卡、驱动程序 3 部分组成。触摸传感器安装在监视器前端，用来检测用户的触摸位置，并将信息传递给触摸屏控制卡。触摸屏控制卡的作用是将接收到的触摸信息转化为数字信息送给主机。驱动程序控制触摸屏屏幕做出相应的动作。

② 触摸屏的分类。按触摸屏的原理可以分为：

红外线式触摸屏：将红外线发射管及接收管安装在屏幕的四周，利用手指对红外线的遮挡来检测并定位用户的触摸。

电阻式触摸屏：外层设计为一个导电层，内层设计成均匀电场，当手指接触屏幕时，两层之间就会出现一个接触点，控制器根据两个方向的电压及电流，计算出触摸的位置。

表面声波触摸屏：表面声波触摸屏的四角分别安装竖直和水平方向超声波换能器及接收换能器，当手指接触屏幕时，便会吸收一部分声波能量，计算机依据减弱的信号计算出触摸点的位置。

电容式触摸屏：电容式触摸屏是在玻璃屏幕上镀一层透明的薄膜导体层，在附加的触摸屏四边均镀上狭长的电极。用户触摸屏幕时，手指与屏体层间会形成一个耦合电容，从而改变触摸屏的电场，控制器根据检测到的电场变化，计算出触摸点的位置。

应力式触摸屏：在屏幕外盖有一块四角装有应力计的玻璃，在外力作用下能够产生电压或电阻等电气特性的变化。当触摸动作发生时，通过每个角电气特性的变化计算出触摸点。

（3）数码相机

也称为数字式相机，是一种将图像以数字方式记录在存储器中的照相机。它的核心部件是CCD（电荷耦合元件）图像传感器，可将光线作用转化为电荷，再通过模数转换芯片转换成数字信号，经过压缩以后存储在内部存储器中。

（4）摄像机

摄像机由摄像头、摄像管、同步电信号发生电路、放大电路组成。其原理是，被摄物体在摄像管上形成光学图像，经摄像管转换成电信号，以视频信号输出。

4. 多媒体输出设备

常用的多媒体输出设备除了显示器和打印机外，音箱是多媒体计算机音频输出的重要设备。

（1）多媒体音箱的组成

多媒体音箱主要由箱体、放大器、扬声器组成，音箱的箱体一般由木质或塑料组成；放大器部分对音频信号加以放大，推动扬声器正常发声；扬声器把音频信号转换成声波。

（2）多媒体音箱的分类

按照音箱箱体的材质不同，一般分为塑质音箱与木质音箱。木质音箱的效果要好于塑质音箱；按有无功率放大器可分为有源音箱与无源音箱。有源音箱将功率放大器和喇叭合成一体，不用再单独配置功率放大器。

（3）多媒体音箱的主要性能指标

① 输出功率：指音箱放大器对音频信号的放大功率。当然，输出功率越大，音箱所发出的声音越大。

② 频响范围：指音箱对音频的响应能力。一般为40 Hz～20 MHz。频响范围越大，音箱的性能越好。

③ 灵敏度：指音箱输入给定功率的音频信号时，音箱所能发出声音的强度。普通音箱的灵敏度在70～80 dB，高档音箱可达80～90 dB。

④ 失真度：指输入信号与输出的声波信号相比，电声信号转换时的失真大小。其数字越小越好。

2.5.2 多媒体计算机的软件系统

多媒体计算机系统的软件同样分为系统软件和应用软件。系统软件主要包括多媒体操作系统和各种多媒体硬件的驱动程序，应用软件主要包括多媒体的制作、开发和应用软件。

1. 多媒体操作系统

系统软件中，操作系统是多媒体计算机系统的核心，它除了具有一般操作系统的功能外，还具有管理多媒体硬件和多媒体数据的功能。Microsoft 公司的 Windows 9*x* 和 Windows 2000 是

32 位、多任务、具有强大多媒体功能的操作系统，因此是多媒体计算机中广泛使用的操作系统。

2．多媒体数据库系统

多媒体数据库管理系统（MDBMS）是能够处理文字、数值、声音、图像、视频等多种媒体信息的数据库管理系统。传统的数据库主要处理文字、数值等信息，却难以处理图形、声音、图像等数据，因此需要采用新的方法来管理多媒体数据。目前所采用的主要方法是在原有的基础上扩充数据库的功能。例如，目前大多数先进的关系数据库将二进制对象（BLOB）作为新的数据类型，用于保存图像和其他的二进制数据。

3．多媒体数据的采集和制作

（1）多媒体音频数据的采集

多媒体音频处理主要包括声音的录制、声音的编辑及声音的合成。计算机中音频主要包括波形声音（WAV）和 MIDI 音频（MID）。波形声音的来源可以是麦克风、录音机、电视等设备。MIDI 音频的主要来源是外部的电子乐器，如电子琴等。通过 Windows 系统自带的“录音机”程序，可以完成波形声音的采集和简单的编辑。通过一些专业的声音编辑软件可以达到更好的效果。目前广泛使用的音频编辑软件有 Sound Forge、Cool Edit 等。

（2）多媒体图像、视频的采集和编辑

图像的来源主要有：用工具软件绘制图像，通过扫描仪或数码相机获取图像。常用的编辑软件有 Photoshop、CorelDraw 等。

视频采集主要是通过视频卡，配以相应的编辑软件来完成，如 VidCap、VidEdit 等。

（3）动画的制作

常见的动画文件格式有：GIF 格式，这种动画多用于网上；FLC 格式，由 Animator Pro 软件制作；SWF 格式，这种格式的动画存储空间小，广泛应用于网上；AVI 格式，是 Video for Windows 格式文件。在众多的动画制作软件中，3D Studio 以其友好方便的界面、细腻的画面、出色的渲染等特色，为用户提供了具有专业水准的三维动画制作工具。3D Studio 广泛应用于影视节目、广告制作、教学模拟演示以及多媒体应用系统开发等方面。

4．多媒体开发制作工具

（1）多媒体开发工具的功能

① 支持各个硬件设备与文件格式，可以方便地将图形、文字、动画、视频等多媒体信息组织到一起。

② 提供各种对象的显示顺序及导航顺序。

③ 能提供良好的面向对象的编程环境，方便用户对多媒体信息进行控制。

④ 提供超级链接能力，可以从一个对象跳到另一个对象。

⑤ 提供应用程序的链接能力，可以将外部的应用程序与所创作的多媒体应用系统连接。

⑥ 具有友好、易学易用的界面。

（2）Authorware 多媒体制作软件的功能

Authorware 是一套使用广泛的多媒体制作软件，它不用编写程序，而是使用流程线以及一些工具图标来实现分支流程、判断流程、循环流程等。此外，Authorware 还可以方便地将 3D Studio、Photoshop 等软件制作的动画和图像集成在一起。该软件还可以直接在屏幕上编辑文字、图形等对象。因此，使用 Authorware 可以方便、快捷地建立自己的多媒体应用系统。

[思考与问答]

1. 多媒体计算机与一般微机相比，增加了哪些功能?
2. 多媒体计算机常用的输入、输出设备有哪些?
3. 常用的多媒体制作系统有哪些?各有什么特点?

2.6 计算机病毒基本知识

随着信息资源共享规模的日益扩大，计算机系统的安全越来越受到重视。目前对计算机信息安全威胁最大的就是计算机病毒。本节主要讨论计算机病毒的特征、分类及其预防。

2.6.1 计算机病毒及其主要特征

1. 计算机病毒的概念

“计算机病毒”（Computer Virus）一词最早是由美国计算机病毒研究专家提出的。在《中华人民共和国计算机信息系统安全保护条例》中明确定义：“计算机病毒是指编制或者在计算机程序中插入的破坏计算机功能或者毁坏数据，影响计算机使用，并能自我复制的一组计算机指令或者程序代码。”

2. 计算机病毒的主要特征

① 传染性：传染性是计算机病毒的重要特征。计算机病毒一旦进入计算机并得以执行，它就会搜寻符合其传染条件的程序或存储介质，并将自身代码插入其中，达到自我繁殖的目的。而被感染的文件又成了新的传染源，在与其他机器进行数据交换或通过网络，病毒会继续进行传染。

② 隐蔽性：病毒一般是具有很高编程技巧，短小精悍的程序，通常附在正常程序中或磁盘较隐蔽的地方，用户难以发现它的存在。其隐蔽性主要表现在：传染的隐蔽性和自身存在的隐蔽性。

③ 寄生性：病毒程序嵌入到宿主程序中，依赖于宿主程序的执行而生存，这就是计算机病毒的寄生性。宿主程序一旦执行，病毒程序就被激活，从而可以进行自我复制和繁衍。

④ 潜伏性：计算机病毒侵入系统后，一般不会立即发作，而具有一定的潜伏期。当病毒触发条件一旦满足便会发作，进行破坏。计算机病毒的种类不同，触发条件不同，潜伏期也不同。

⑤ 不可预见性：不同种类的病毒，它们的代码千差万别，且随着计算机病毒制作技术的不断提高，使人防不胜防。病毒永远超前反病毒软件。

⑥ 破坏性：不同计算机病毒的破坏情况表现不一，有的干扰计算机的正常工作，有的占用系统资源，有的则修改或删除文件及数据，有的破坏计算机硬件。

3. 网络时代计算机病毒的特点

① 通过网络和邮件系统传播。从当前流行的计算机病毒来看，许多病毒都是通过邮件系统和网络进行传播的。

② 传播速度极快、难以控制。由于病毒主要通过网络传播，因此一种新病毒出现后，通过国际互联网可以迅速传到世界各地。如“爱虫”病毒在一两天内迅速传播到世界各地的主要计算机网络。

③ 利用 Java 和 ActiveX 技术。Java 和 ActiveX 的执行方式是把程序代码写在网页上，当用户访问网站时，浏览器就执行这些程序代码，这就为病毒制造者提供了可乘之机。当用户浏览网页时，利用 Java 和 ActiveX 编写的病毒程序就会在系统里执行，使系统遭到不同程度的破坏。

④ 具有病毒、蠕虫和黑客程序的功能。随着网络技术的发展，病毒也在不断变化和提高。现在的计算机病毒除了具有传统病毒的特点外，还具有蠕虫的特点，可以利用网络进行传播，如利用 E-mail 传播。同时，有些病毒还具有了黑客程序的功能，一旦侵入计算机系统后，病毒可以从入侵的系统中窃取信息，远程控制系统。

2.6.2 计算机病毒的分类

计算机病毒的分类方法很多，常用的有以下几种。

1．按破坏性

计算机病毒按破坏性可分为良性病毒和恶性病毒。

① 良性病毒：良性病毒并不破坏系统中的数据，而是干扰用户的正常工作，导致整个系统运行效率降低，系统可用内存总数减少，使某些应用程序不能运行，如显示信息、奏乐、发出声响等。

② 恶性病毒：恶性病毒发作时以各种形式破坏系统中的数据，如删除文件、修改数据、格式化硬盘或破坏计算机硬件（如 CIH 病毒）。

2．按传染方式

计算机病毒按传染方式可分为引导型病毒、文件型病毒和混合型病毒。

① 引导型病毒：引导型病毒将自身或自身的一部分隐藏于系统的引导区中，系统启动时，病毒程序首先被运行，然后才执行原来的引导记录。这样每次启动后，病毒程序都得以执行，并伺机发作。

② 文件型病毒：一般传染磁盘上以 COM、EXE 或 SYS 为扩展名的文件，在用户执行染毒的文件时，病毒首先被运行，然后病毒驻留内存伺机传染其他文件或直接传染其他文件。宏病毒是使用 Word 宏语言编写的病毒，它攻击的文件类型为 DOC 或 DOT 的 Office 文档。

③ 混合型病毒：兼有以上两种病毒的特点，既传染引导区又传染文件。这样的病毒通常都具有复杂的算法，同时使用了加密和变形算法。

3．按连接方式

计算机病毒按连接方式可以分为源码型病毒、入侵型病毒、操作系统型病毒、外壳型病毒。

① 源码型病毒：它攻击的对象是高级语言编写的源程序，在源程序编译之前插入其中，并随源程序一起编译、连接成可执行文件。因此可执行文件刚刚生成便已经带毒了。

② 入侵型病毒：将自身连接入正常程序之中。这类病毒难以被发现，清除起来也较困难。

③ 操作系统型病毒：可用其自身部分加入或替代操作系统的部分功能，使系统不能正常运行。

④ 外壳型病毒：将自身连接在正常程序的开头或结尾。文件型病毒大都属于此类。

2.6.3 计算机病毒的预防

1．计算机病毒的传播途径

计算机病毒的传播途径主要有以下几种：

① 通过不可移动的计算机硬件设备进行传播，如计算机硬盘。

② 通过移动存储设备来传播，如光盘、U盘等。

③ 通过计算机网络进行传播。大多数计算机病毒都是通过这类途径传播。

④ 通过点对点通信系统和无线通道传播。目前虽然不十分广泛，但随着信息时代的发展，这种途径很可能与网络传播途径成为病毒扩散的两大“时尚渠道”。

2．计算机病毒的预防

计算机病毒的预防主要应从管理和技术两方面入手，主要的预防措施有：

① 不要随便使用在别的机器上使用过的可擦写存储介质（如硬盘、U盘等）。

② 严禁运行来历不明的程序或使用盗版软件。

③ 对于重要的系统盘、数据盘以及硬盘上的重要信息要经常备份。

④ 定期对系统进行病毒检查，发现病毒，及时消除。

⑤ 安装计算机防病毒卡或防毒软件。及时对系统进行监视，以防病毒的侵入。

⑥ 网络用户应遵守网络软件的使用规定，不要轻易下载、使用免费的软件，不要轻易打开来历不明的电子邮件的附件。

⑦ 网络环境应设置“病毒防火墙”，防止系统受到本地或远程病毒的侵害，也防止本地的病毒向网络或其他介质扩散。

[思考与问答]

1. 什么是计算机病毒?它有哪些特征?
2. 计算机病毒分为哪些类型?
3. 如何预防计算机病毒?

第3章

计算机网络技术基础知识

在信息交流与通信中，经常要通过计算机网络进行文字、图表、图像、声音及指令等信息的传递和交流，使信息能够克服地理上的限制。本章概要地介绍信息通信中的网络技术及其应用，如果读者想深入了解通信网络的更多理论，请阅读有关的专业书籍。

3.1 计算机网络概述

本节主要介绍计算机网络的含义、分类等。

3.1.1 计算机网络的含义

计算机网络源于计算机技术与通信技术的紧密结合，始于20世纪50年代，近20年来发展迅猛。随着通信与计算机技术的迅猛发展以及人们对信息需求的要求越来越高，网络在社会各个方面都得到了广泛的应用。可以说，网络社会化、社会网络化已经成为当今社会发展的必然趋势。

1. 计算机网络的定义

计算机网络是指把分布在不同地理区域的计算机与专门的外部设备用通信线路互连成一个规模大、功能强的网络系统，从而使众多的计算机可以方便地互相传递信息，共享硬件、软件、数据等资源。

2. 计算机网络的功能

计算机网络的主要功能包含下列几个方面：

① 数据通信：计算机网络为用户提供了通信功能，利用网络可以很方便地实现远程文件和多媒体信息的传输。

② 资源共享：网络中的资源包括软件、硬件及数据。

③ 信息分布式处理：在计算机网络中，可以将某些大型处理任务转化成小任务而由网络中的各计算机分担处理，还可以利用网络技术将许多小型机或微机连接成具有高性能的计算机系统，使其具有解决复杂问题的能力，从而降低费用。

④ 提高计算机系统的可靠性和可用性：当一台机器出现故障时，可以通过网络寻找其他

机器代替本机工作。

⑤ 负载均衡：当网络中某一台机器的处理负担过重时，可以将其作业转移到其他空闲的机器上去执行。

3．计算机网络的组成

计算机网络属于通信网络的范畴，从通信网络组成的观点来分析，计算机网络由硬件和软件两部分组成。硬件的基本要素包括计算机、通信设备、通信线路等，软件包括通信协议、操作系统、网络管理软件以及各种应用软件等。

3.1.2 计算机网络的分类

对于计算机网络，依据划分方法的不同可以有不同的分类，最常见的有以下几种分类方法。

1．按地理范围分类

按地理位置分类，可以将计算机网络分为局域网、城域网和广域网。

（1）局域网（Local Area Network）

局域网一般在几十米到几千米范围内，一个局域网可以容纳几台至几千台计算机。局域网具有如下特性：

① 局域网分布于比较小的地理范围内。因为可以采用不同传输能力的传输媒介，如光纤和双绞线，因此不同的局域网的传输距离和传输速度差别很大。

② 局域网往往用于某一群体，比如一个公司、一个单位、某一幢楼等。

（2）城域网（Metropolitan Area Network）

城域网是规模局限在一座城市的范围内的区域性网络。城域网的速度一般比广域网快，符合宽带趋势，因此现在发展很快。与局域网相比，城域网具有分布地理范围广的特点，一般来说，城域网的覆盖范围为 10～100 km。

（3）广域网（Wide Area Network）

广域网是将分布在各地的局域网络连接起来的网络，是“网间网”（网络之间的网络）。广域网的范围非常大，可以跨越国界、洲界甚至全球范围，网络之间可通过特定方式进行互联，实现了局域资源共享与广域资源共享相结合，形成了地域广大的远程处理和局域处理相结合的网际网系统。世界上第一个广域网是 ARPAnet 网，它利用电话交换网互联分布在美国各地的不同型号的计算机和网络。ARPAnet 的建成和运行成功，为接下来许多国家和地区的远程大型网络提供了经验，也使计算机网络的优越性得到证实，最终产生了 Internet，Internet 是现今世界上最大的广域计算机网络。

2．按通信介质分类

按照网络的传输介质分类，可以将计算机网络分为有线网络和无线网络两种。局域网通常采用单一的传输介质，而城域网和广域网通常采用多种传输介质相结合。

（1）有线网络

有线网络是指网络中的通信介质全部为有线介质的网络，常见的介质有同轴电缆、双绞线、光缆、电话线等。有线网络技术成熟、产品较多、实施方便、成本较低、受气候环境的影响较小，是目前最常见的联网方式。

（2）无线网络

无线网络是采用无线电波、卫星、微波、红外线、激光等无线形式来传输数据的网络，即网络中的节点之间没有线缆的连接。它的优点是具有高移动性，保密性较强，抗干扰性较好，架设与维护容易，支持移动计算机。但是目前技术发展较慢，费用较高，易受环境因素的影响，安装实施要求的技术高。

3．其他分类方法

① 按使用网络的对象来分，可以分为公用网络和专用网络。公用网络是为全社会所有的人提供服务的网络。专用网络则只为拥有者提供服务，一般不向本系统以外的人提供服务。

② 按网络的连接方式来分，有全连通型网络、交换型网络和广播型网络。全连通型网络是指所有节点之间的相互通信均可通过相邻的节点实现，可靠性最好。交换型网络中，两个节点间可以通过中间节点（即转接节点）实现连接。广播型网络仅有一条通信信道，由网络上的所有机器共享。

③ 按照通信子网的交换方式，可分为公用电路交换网、报文交换网、分组交换网、ATM交换网等。

3.2 计算机网络基础体系结构

计算机网络系统是由各种各样的计算机和终端设备通过通信线路连接起来的复杂系统。在这个系统中，由于计算机类型、通信线路类型、连接方式、同步方式、通信方式等的不同，给网络各节点的通信带来诸多不便。要使不同的设备真正以协同方式进行通信是十分复杂的。要解决这个问题，势必涉及通信体系结构设计和各厂家共同遵守约定标准等问题，这也是计算机网络体系结构问题。

为了使不同体系结构的计算机网络都能互联，国际标准化组织（ISO）于 1977 年成立了一个专门的机构来研究该问题。不久就提出一个试图使各种计算机在世界范围内互联成网的标准框架，即著名的开放系统互联基本参考模型 OSI（Open Systems Interconnection Reference Model）。在 OSI 中采用了如图 3-1 所示的 7 个层次的体系结构。OSI 采用这种层次结构可以带来很多好处，如：

① 各层之间是独立的。某一层并不需要知道它的下一层是如何实现的，而仅仅需要知道该层的接口（即界面）所提供的服务。由于每一层只实现一种相对独立的功能，因而可将一个难以处理的复杂问题分解为若干个较容易处理的更小一些的问题。这样，整个问题的复杂程度就下降了。

② 灵活性好。当任何一层发生变化时（例如技术的变化），只要层间接口关系保持不变，则在这层以上或以下各层均不受影响。

③ 结构上可分割开。各层都可以采用最合适的技术来实现。

④ 易于实现和维护。这种结构使得实现和调试一个庞大而又复杂的系统变得易于处理，因为整个系统已被分解为若干个相对独立的子系统。

⑤ 能促进标准化工作。因为每一层的功能及其所提供的服务都已有了精确的说明。

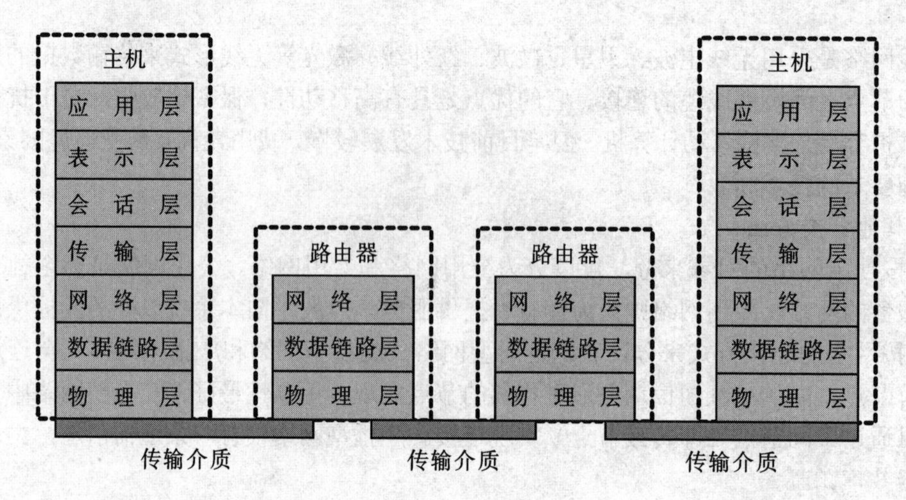

图 3-1 OSI 参考模型

1．物理层

物理层传输数据的单位是比特。物理层不是指连接计算机的具体的物理设备或具体的传输媒体是什么，因为它们的种类非常多，物理层的作用是尽可能地屏蔽这些差异，对它的高层（即数据链路层）提供统一的服务。所以物理层主要关心的是在连接各种计算机的传输媒体上传输数据的比特流。为了达到这个目的，物理层在设计时涉及的主要问题有：

① 用多大的电压代表“1”或“0”，以及当发送端发出比特“1”时，在接收端如何识别出这是比特“1”而不是比特“0”。

② 确定连接电缆材质、引线的数目及定义、电缆接头的几何尺寸、锁紧装置等。

③ 指出一个比特信息占用多长时间。

④ 采用什么样的传输方式。

⑤ 初始连接如何建立。

⑥ 双方结束通信如何拆除连接。

综上所述，物理层提供为建立、维护和拆除物理链路所需要的机械的、电气的、功能的和规程的特性。

2．数据链路层

数据链路层传输数据的单位是帧。数据帧的帧格式中包括的信息有：地址信息部分、控制信息部分、数据部分、校验信息部分。数据链路层的主要作用是通过数据链路层协议（即链路控制规程），在不太可靠的物理链路上实现可靠的数据传输。

数据链路层把一条有可能出差错的实际链路，转变成为让网络层向下看起来好像是一条不出差错的链路。为了完成这一任务，数据链路层还要解决如下一些主要问题：

① 代码透明性的问题。由于物理层只是接收和发送一串比特流信息而不管其是什么含义。

② 流量控制的问题。在数据链路层还要控制发送方的发送速率必须使接收方来得及接收。当接收方来不及接收时，就必须及时地控制发送方的发送速率，即在数据链路层要解决流量控制的问题。

3. 网络层

网络层传送的数据单位是报文分组。在计算机网络中，进行通信的两个计算机之间可能要经过许多个节点和链路，也可能还要经过好几个路由器所连接的通信子网。网络层的任务就是要选择最佳的路由，使发送站的传输层所传下来的报文能够正确无误地按照目的地址找到目的站，并交付给目的站的传输层。这就是网络层的路由选择功能。路由选择的好坏在很大程度上决定了网络的性能，如网络吞吐量（在一个特定的时间内成功发送数据包的数量）、平均延迟时间、资源的有效利用率等。

路由选择是广域网和网际网中非常重要的问题，局域网则比较简单，甚至可以不需要路由选择功能。路由选择的含义是根据一定的原则和算法在传输通路上选出一条通向目的节点的最佳路径。一个好的路由选择应有以下特点：

① 信息传送所用时间最短。

② 使网络负载均衡。

③ 通信量均匀。

路由选择算法应简单易实现，不致因拓扑的变化而影响报文正常到达目的节点。

另外，在网络层还要解决拥塞控制问题。在计算机网络中的链路容量、交换节点中的缓冲区和处理机等，都是网络资源。在某段时间，若对网络中某一资源的需求超过了该资源所能提供的可用部分，网络的性能就要变坏，这种情况叫拥塞。网络层也要避免这种现象的出现。

Internet 所采用的 TCP/IP 协议中的 IP（网际协议）协议就是属于网络层协议。

4. 传输层

OSI（开放式系统互联）所定义的传输层正好是 7 层的中间一层，是通信子网（下面 3 层）和资源子网（上面 3 层）的分界线，它屏蔽通信子网的不同，使高层用户感觉不到通信子网的存在。它完成资源子网中两节点的直接逻辑通信，实现通信子网中端到端的透明传输。传输层信息的传送单位是报文。传输层的基本功能是从会话层接收数据报文，并且当所发送的报文较长时，在传输层先要把它分割成若干个报文分组，然后再交给下一层（即网络层）进行传输。另外，这一层还负责报文错误的确认和恢复，以确保信息的可靠传递。

传输层在高层用户请求建立一条传输的虚拟连接时，通过网络层在通信子网中建立一条独立的网络连接，但如果高层用户要求有比较高的吞吐量时，传输层也可以同时建立多条网络连接来维持一条传输连接请求，这种技术叫“分流技术”。有时为了节省费用，对速度要求不是很高的高层用户请求，传输层也可以将多个传输通信合用一条通信子网的网络连接，也即“复用技术”。传输层除了有以上功能和作用外，它还要处理端到端的差错控制和流量控制的问题。

互联网所采用的 TCP/IP 协议中的 TCP（传输控制协议）协议就是属于传输层协议。

5. 会话层

如果不看表示层，在 OSI 开放式系统互联的会话层就是用户和网络的接口，这是进程到进程之间的层次。会话层允许不同机器上的用户建立会话关系，目的是完成正常的数据交换，并提供对某些应用的增强服务会话，也可被用于远程登录到分时系统或在两个机器间传递文件。会话层对高层提供的服务主要是“管理会话”。一般，两个用户要进行会话，首先双方都必须要接受对方，以保证双方有权参加会话；其次是会话双方要确定通信方式，即会话允许信息同时双向传输或任一时刻仅能单向传输，若是后者，会话层将记录此刻由哪一个用户进程来发送数据，为了保证单向传输的正确性，即在某一个时刻仅能一方发送，会话层提供了令牌管理，令牌可以在双方之间交换，只有持有令牌的一方才可以执行发送报文这样的操作。会话层提供的另一种服务叫“同步服务”。综上所述，会话层的主要功能归结为：允许在不同主机上的各种进程间进行会话。

6. 表示层

在计算机与计算机的用户之间进行数据交换时，并非是随机地交换数据比特流，而是交换一些有具体意义的数据信息，这些数据信息有一定的表示格式，例如表示人名用字符型数据，表示货币数量用浮点数数据等。那么不同的计算机可能采用不同的编码方法来表示这些数据类型和数据结构。为让采用不同编码方法的计算机能够进行交互通信，能相互理解所交换数据的值，可以采用抽象的标准表示法来定义数据结构，并采用标准的编码形式。

表示层管理这些抽象数据结构，并且在计算机内部表示和网络的标准表示法之间进行转换，也即表示层关心的是数据传送的语义和语法两个方面的内容。但其仅完成语法的处理，而语义的处理是由应用层来完成的。

表示层的另一功能是数据的加密和解密。为了防止数据在通信子网中传输时被敌意地窃听和篡改，发送方的表示层将要传送的报文进行加密后再传输，接收方的表示层在收到密文后，对其进行解密，把解密后还原成的原始报文传送给应用层。表示层所提供的功能还有文本的压缩功能，文本压缩的目的是为了把文本非常大的数据量利用压缩技术使其数据量尽可能地减小，以满足一般通信带宽的要求，提高线路利用率，从而节省经费。

综上所述，表示层是为上层提供共同需要数据或信息语法的表示变换。

7. 应用层

应用层是 OSI 网络协议体系结构的最高层，是计算机网络与最终用户的界面，为网络用户之间的通信提供专用的程序。OSI 的 7 层协议从功能划分来看，下面 6 层主要解决支持网络服务功能所需要的通信和表示问题，应用层则提供完成特定网络功能服务所需要的各种应用协议。应用层要解决的一个主要问题是虚拟终端问题。世界上有上百种互不兼容的终端，要把它们组装成网络，即让一个厂家的主机与另一个厂家的终端通信，就不得不在主机方设计一个专用的软件包，以实现异种机、终端的连接。如果一个网络中有 N 种不同类型的终端和 M 种不同类型的主机，为实现它们之间的交互通信，要求每一台主机都得为每一种终端设计一个专用的软件包，需要配置 $M\times N$ 个专用的软件包，显然这种方法实现起来很困难。为此，可采用建立一个统一的终端协议方法，使所有不同类型的终端都能通过这种终端协议与网络主机互联。这种终端协议就称为虚拟终端协议。

应用层的另一个功能是文件传输协议 FTP。计算机网络中各计算机都有自己的文件管理系统，由于各台机器的字长、字符集、编码等存在着差异，文件的组织和数据表示又因机器而各不相同，这就给数据、文件在计算机之间的传送带来不便，有必要在全网范围内建立一个公用的文件传送规则，即文件传送协议。应用层还有电子邮件的功能，电子邮件系统是用电子方式代替邮局进行信件传递的系统。信件泛指文字、数字、语音、图形等各种信息，利用电子手段将其由一处传递至另一处或多处。

3.3 局 域 网

本节主要介绍局域网的拓扑结构、传输介质、网络互联设备等。

3.3.1 局域网的拓扑结构

网络的拓扑（Topology）结构是指网络中通信线路和站点（计算机或设备）相互连接的几何形式。按照拓扑结构的不同，可以将网络分为星型网络、环型网络、总线型网络 3 种基本类型。在这 3 种类型的网络结构基础上，可以组合出树型网、簇星型网、网状网等其他类型拓扑结构的网络。

1. 总线型拓扑结构

这种网络拓扑结构中所有设备都直接与总线相连，它的结构示意图如图 3-2 所示。总线型拓扑结构的总线大都采用同轴电缆或光缆。总线上的信息多以基带信号形式串行传送。

某个站点发送报文，其传送的方向总是从发送站点开始向两端扩散，如同广播电台发射的信息一样。在总线网络上的所有站点都能接收到这个报文，但并不是所有的站点都接收，而是每个站点都会把自己的地址与这个报文的目的地址相比较，只有与这个报文的目的地址相同的站点才会接收报文。

总线型拓扑结构的优点是组网费用低，网络用户扩展较灵活，结构可靠性高，维护较容易。缺点是故障隔离困难，一次仅能一个端用户发送数据，其他端用户必须等待到获得发送权。

2. 环型拓扑结构

这种结构的网络形式主要应用于令牌网中。在这种网络结构中各设备是直接通过电缆来串接的，最后形成一个闭环，整个网络发送的信息就在这个环中传递，通常把这类网络称为“令牌环网”。这种拓扑结构示意图如图 3-3 所示。

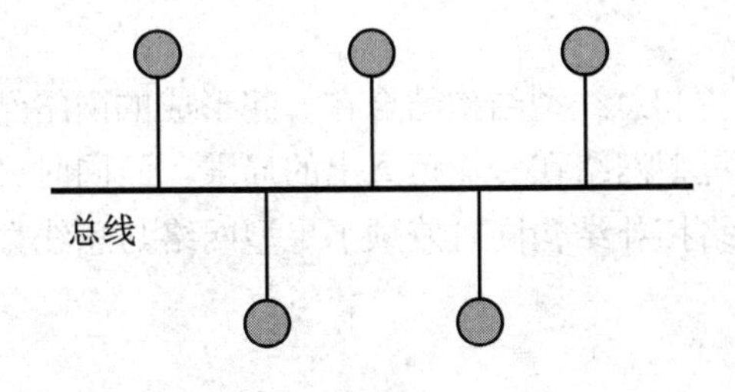

图 3-2 总线型拓扑结构

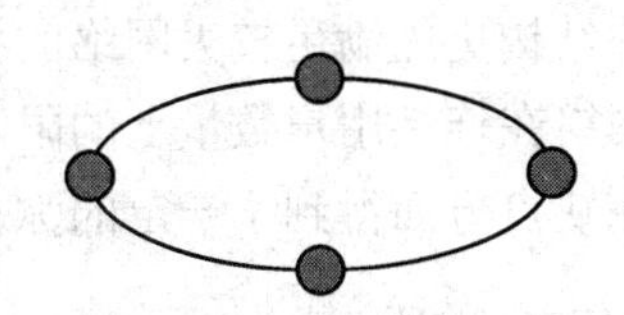

图 3-3 环型拓扑结构

图 3-3 是一种示意图，实际上大多数情况下这种拓扑结构的网络不会是所有计算机真的要连接成物理上的环型。一般情况下，环的两端是通过一个阻抗匹配器来实现环的封闭的，因为在实际组网过程中因地理位置的限制不方便真的做到环的两端物理连接。

这种拓扑结构的网络主要有如下几个特点：

（1）实现非常简单，投资最小

可以从其网络结构示意图看出，组成这个网络除了各工作站就是传输介质——同轴电缆，以及一些连接器材，没有价格昂贵的节点集中设备，如集线器和交换机。但也正因为这样，所以这种网络所能实现的功能最为简单，仅能当作一般的文件服务模式。

（2）传输速度较快

在令牌网中允许有 16 Mb/s 的传输速度，它比普通的 10 Mb/s 以太网要快许多。当然随着以太网的广泛应用和以太网技术的发展，以太网的速度也得到了极大提高，目前普遍都能提供 1 000 Mb/s 的网速，远比 16 Mb/s 要高。

（3）维护困难

从其网络结构可以看到，整个网络各节点间是直接串联，这样任何一个节点出了故障都会造成整个网络的中断、瘫痪，维护起来非常不便。另一方面，因为同轴电缆所采用的是插针式的接触方式，所以非常容易造成接触不良，网络中断，而且这样查找起来非常困难。

（4）扩展性能差

也是因为它的环型结构，决定了它的扩展性能远不如星型结构的好。如果要新添加或移动节点，就必须中断整个网络，在环的两端做好连接器才能连接。

3．星型拓扑结构

这种结构是目前在局域网中应用得最为普遍的一种，在企业网络中几乎都是采用这一方式。星型网络几乎是 Ethernet（以太网）网络专用，它是因网络中的各工作站节点设备通过一个网络集中设备（如集线器或者交换机）连接在一起，各节点呈星状分布而得名，如图 3-4 所示。它的优点是由于每个设备都用一根线路和中心节点相连，如果这根线路损坏，或与之相连的工作站出现故障时，不会对整个网络造成大的影响，而仅会影响该工作站。而且节点扩展、移动方便。节点扩展时只需要从集线器或交换机等集中设备中拉一条线即可，而要移动一个节点只需要把相应节点设备移到新节点即可，而不会像环型网络那样“牵其一而动全局”。缺点是过分依赖中心节点。

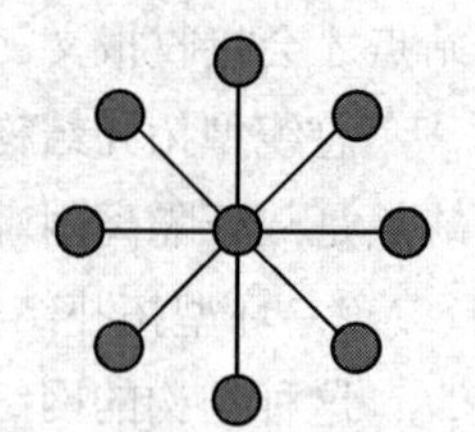

图 3-4 星型拓扑结构

4．混合型拓扑结构

这种网络拓扑结构是由前面所讲的星型结构和总线型结构结合在一起形成的网络结构，这样的拓扑结构更能满足较大网络的拓展，解决星型网络在传输距离上的局限，而同时又解决了总线型网络在连接用户数量上的限制。这种网络拓扑结构同时兼顾了星型网络与总线型网络的优点，在缺点方面得到了一定的弥补。

3.3.2 传输介质

信息最终要转变成信号（电信号、光信号和微波信号等）才能传输。用于传输信号的介质分为有线介质和无线介质。有线介质包括双绞线、同轴电缆和光纤等，无线介质包括卫星、微波、红外线等。

1．双绞线

双绞线由扭在一起的两根绝缘铜芯线组成。绝缘材料使两根线中的金属导体不会因为互碰而短路。双绞线通常用于传输平衡信号，也就是说，每根导线都有电流，但信号的相位差为180°。外界电磁干扰给两个信号带来的影响将相互抵消，从而使信号不至于迅速衰退。螺旋状的结构有助于抵消电流流经导线过程中有可能增大的电容。由于铜导线上存在电阻，流经铜导线上的信号最终会丧失能量。这意味着必须限制信号在双绞线上的传输距离。如果必须连接相距很远的两点，可以在中间插入中继器。双绞线的模拟信号带宽可以达到 250 kHz。数字信号的数据速率随距离而不同。例如，在 100 m 距离内，速率可达 1 000 Mb/s。

双绞线电缆有两种类型：屏蔽的（STP）和非屏蔽的（UTP）。

（1）非屏蔽双绞线（UTP）

非屏蔽双绞线电缆是由塑料外皮包起来的一对或多对双绞线组成，电子工业联合会（EIA）按照电缆质量将其分为五类，1 类是最低档的，5 类是最高档的。每一类都有它的特定用途。

第一类，在电话系统中使用的基本双绞线。这种级别的电缆质量只适用于传输语音和低速数据通信。

第二类，适用于语音和最大速率为 4 Mb/s 的数字数据传输。

第三类，要求每 30 cm 至少交叉三次，适用于最大速率为 10 Mb/s 的数据传输。现在是大多数电话系统的标准电缆。

第四类，要求每 30 cm 至少三次交叉，数据传输速率最大可达 16 Mb/s。

第五类，最大传输速率可达 100 Mb/s。

（2）UTP 连接器

UTP 连接到网络设备的最常见的连接方式是通过 UTP 连接器连接。UTP 连接器分为阴性的（插座）或是阳性的（插头）。阳性插头插入阴性插座并通过一个弹压式卡簧固定在一起。网络中常用的是 8 针的连接器。

（3）屏蔽双绞线（STP）

屏蔽双绞线电缆是在每一对双绞线外都有一层金属箔膜或是金属网格包装。这层包装使电磁噪声不能穿越进来。将每一对双绞线屏蔽起来能消除大多数的串线干扰。STP 使用和 UTP 一样的连接器，但屏蔽层必须接地。STP 比 UTP 昂贵，但是对噪声有更好的屏蔽作用。

2．同轴电缆

同轴电缆中央是铜质的芯线（单股的实心线或多股绞合线），铜质的芯线外包着一层绝缘层，绝缘层外是一层网状编织的金属丝作外导体屏蔽层（可以是单股的），再往外就是外包皮的保护塑料外层。导体和屏蔽层共用同一轴心。

同轴电缆具有高带宽和极好的噪声抑制性。同轴电缆的带宽取决于电缆长度，1 km 的电缆可以达到 1～2 Gb/s 的数据传输速率。

3．光缆

光缆又称光导纤维，它是一种能传播光波的介质。它由三层构成，最里层是光纤（由芯材和填充材料构成，由玻璃或塑料制成），中间是包层，最外面是保护层。光信号只能在纤芯中传播。光纤通信就是利用光导纤维传送光脉冲来进行通信。每根光纤只能单向传送信号，因此光缆中至少包括两条独立的导芯，一条发送，另一条接收。一根光缆可以包括 2 至数百根光纤。

光纤不仅具有通信容量非常大的特点，而且还具有抗电磁干扰性能好、保密性好、无串音干扰、信号衰减小、传输距离长、抗化学腐蚀能力强的特点。

4．无线介质

通过大气传输电磁波的3种主要技术是：微波、红外线和激光。这3种技术都需要在发送方和接收方之间有一条视线通路。由于这些设备工作在高频范围内（微波工作在10^9～10^{10} Hz，激光工作在10^{14}～10^{15} Hz），因此有可能实现很高的数据传输率。在几千米范围内，无线传输有每秒几兆比特的数据传输率。

红外线和激光都对环境干扰特别敏感，对环境干扰不敏感的要算微波。微波的方向性要求不强，因此存在着窃听、插入和干扰等一系列不安全问题。卫星通信是一种特殊的微波通信系统，卫星向地面发送的信号能覆盖较大的区域。

3.3.3 网络互联设备

1．中继器

由于传输线路噪声的影响，承载信息的数字信号或模拟信号只能传输有限的距离。中继器的功能是对接收信号进行再生和发送，从而增加信号传输的距离。它是最简单的网络互联设备，连接同一个网络的两个或多个网段。

集线器（Hub）是中继器的一种形式，区别在于集线器能够提供多端口服务，也称为多口中继器。

2．网桥

网桥将两个相似的网络连接起来，并对网络数据的流通进行管理。它工作于数据链路层，不但能扩展网络的距离或范围，而且可提高网络的性能、可靠性和安全性。网络1和网络2通过网桥连接后，网桥接收网络1发送的数据包，检查数据包中的地址，如果地址属于网络1，它就将其放弃，相反，如果是网络2的地址，它就继续发送给网络2。这样可利用网桥隔离信息，将网络划分成多个网段，隔离出安全网段，防止其他网段内的用户非法访问。由于网络的分段，各网段相对独立，一个网段的故障不会影响另一个网段的运行。

网桥可以是专门的硬件设备，也可以是由计算机加装的网桥软件来实现，这时计算机上会安装多个网络适配器（网卡）。

3．路由器

随着网络的扩大，网桥在路由选择、拥塞控制、容错及网络管理等方面远远不能满足要求。路由器则加强了这方面的功能。

路由器是更为复杂的网络互联设备，它在网络层工作，它提供了各种各样、各种速率的链路或子网接口。路由器是主动的智能网络节点，提供包括过滤、转发、优先、复用、加密和压缩等数据处理功能，并参加网络管理，提供对资源的动态控制。路由器的主要缺点是安装配置麻烦，与上层协议相关，即在网络层及其以上各层必须采用相兼容的协议。

4．交换机

随着客户机/服务器结构的兴起，网络应用越来越复杂，局域网上的信息量迅猛增长，要求速率高、延迟小、有服务质量保证的业务大量出现，对主干网带来了巨大的压力。路由器解决方法成为网络通信不可逾越的瓶颈。

（1）第二层交换

交换机通常将多协议路由嵌入到了硬件中，因此速度相当高，一般只需几十微秒。

对局域网来说，路由器速度慢，并且价格昂贵。局域网中使用路由器的局限性促进了交换技术的发展，并最终导致了局域网中交换机代替路由器。

（2）第三层交换

三层交换机是实现路由功能的基于硬件的设备。它能够根据网络层信息，对包含有网络目的地址和信息类型的数据进行更好的转发，还可选择优先权工作，从而解决网络瓶颈问题。

5．网关（协议转换器）

网关又叫协议转换器，可以支持不同协议之间的转换，实现不同协议网络之间的互联，主要用于不同体系结构的网络或者局域网与主机系统的连接。在互联设备中，网关最为复杂，一般只能进行一对一的转换，或是少数几种特定应用协议的转换。网关一般是一种软件产品。目前，网关已成为网络上每个用户都能访问大型主机的通用工具。

3.4 Internet

Internet 是当今世界上最大的计算机网络，它由一些使用公用协议互相通信的计算机连接而成，是全球信息资源的公共网，受到用户的广泛使用。该系统拥有成千上万个数据库，所提供的信息包括文字、数据、图像、声音等形式，信息属性有软件、图书、报纸、杂志、档案等，其门类涉及政治、经济、科学、教育、法律、军事、物理、体育、医学等社会生活的各个领域。

Internet 成为无数信息资源的总称，它是一个无级网络，不为某个人或某个组织所控制，人人都可参与，人人都可以交换信息，共享网上资源。

从网络通信技术的观点来看，Internet 是一个以 TCP/IP 通信协议集为基础，连接各个国家、各个部门、各个机构计算机网络的数据通信网。从信息资源的观点来看， Internet 是一个集各个领域、各个学科的各种信息资源为一体的、供网上用户共享的数据资源网。

3.4.1 常见的 Internet 连接方式

目前国内常见的有以下几种 Internet 接入方式。

1．ADSL（以铜质电话线为传输介质的传输技术）

ADSL（Asymmetric Digital Subscriber Line，非对称数字用户线路）是一种能够通过普通电话线提供宽带数据业务的技术。ADSL 方案的最大特点是不需要改造信号传输线路，可以利用普通铜质电话线作为传输介质，配上专用的 Modem 即可实现数据高速传输。ADSL 支持上行速率 640 kb/s～1 Mb/s，下行速率 1 Mb/s～8 Mb/s，其有效传输距离在 3～5 km 范围以内。在 ADSL 接入方案中，每个用户都有单独的一条线路与 ADSL 局端相连，它的结构可以看作是星型结构，数据传输带宽是由每一个用户独享的。

2．LAN 方式接入

LAN 方式接入是利用以太网技术，采用光缆 +双绞线的方式对社区进行综合布线。具体实施方案是：从社区机房敷设光缆至住户单元楼，楼内布线采用五类双绞线敷设至用户家里，双绞线总长度一般不超过 100 m，用户家里的计算机通过五类双绞线接入墙上的五类模块就可以实现上网。社区机房的出口是通过光缆或其他介质接入城域网。

采用 LAN 方式接入可以充分利用小区局域网的资源优势，为居民提供 10 Mb/s 以上的共享带宽，并可根据用户的需求升级到 100 Mb/s 以上。

3．通过无线接入

无线接入 Internet 的技术目前有两种，即无线局域网技术和移动电话系统。无线局域网技术（WLAN）由于成本下降，目前应用较多。随着 802.11 标准的制定，WLAN 从供应商到用户都感到无线局域网前景光明。利用手机实现漫游接入 Internet 的产品和标准已进入成熟阶段。移动电话打破了位置和通信接入之间的束缚，利用移动电话接入 Internet 可以使信息的接入不仅不受信息源的限制，而且不受接入者的位置限制。无线接入相对来说应用灵活、适应性强、安装速度快、可克服某些地理环境的限制，且维护费用低。另外，通信质量易受雷雨大风等气候影响。

4．Cable Modem

接入 Cable Modem（线缆调制解调器）是近两年开始试用的一种超高速 Modem，它利用现成的有线电视（CATV）网进行数据传输，已是比较成熟的一种技术。随着有线电视网的发展壮大和人们生活质量的不断提高，通过 Cable Modem 利用有线电视网访问 Internet 已成为越来越受业界关注的一种高速接入方式。

由于有线电视网采用的是模拟传输，因此网络需要用一个 Modem 来协助完成数字数据的转化。Cable Modem 与以往的 Modem 在原理上都是将数据进行调制后在 Cable（电缆）的一个频率范围内传输，接收时进行解调，传输机理与普通 Modem 相同，不同之处在于它是通过有线电视 CATV 的某个传输频带进行调制解调的。

Cable Modem 连接方式可分为两种，即对称速率型和非对称速率型。前者的数据上传速率和数据下载速率相同，都在 500 kb/s～2 Mb/s 之间，后者的数据上传速率在 500 kb/s～10 Mb/s 之间，数据下载速率为 2～40 Mb/s。

采用 Cable Modem 上网的缺点是，由于 Cable Modem 模式采用的是相对落后的总线型网络结构，这就意味着网络用户共同分享有限带宽。另外，Cable Modem 技术主要是在广电部门原有线电视线路上进行改造时采用，此种方案与新兴宽带运营商的社区建设进行成本比较没有意义。

5．光纤接入技术

光纤由于其大容量、保密性好、不怕干扰和雷击、重量轻等诸多优点，正在得到迅速发展和应用。主干网络迅速光纤化，光线在接入网中的广泛应用也是一种必要趋势。光纤接入技术实际就是在接入网中完全采用光纤作为传输介质，实现用户高性能宽带接入的一种方案。用户网光纤化有很多方案，有光纤到户（FTTH）、光纤到路边（FTTC）、光纤到大楼（FTTB）、光纤到办公室（FTTO）、光纤到楼层（FTTF）、光纤到小区（FTTZ）等几种类型，其中 FTTH 就是未来宽带接入网发展的最终形式，但由于成本、用户需求和市场等方面的原因，FTTH 仍然是一个长期的任务，目前主要实现 FTTC。但不管是何种领域的应用，实现光纤到户都必须是为了满足高速宽带业务以及双向宽带业务的客观需要。

光纤用户网的主要技术是光波传输技术。目前光纤传输的复用技术发展相当快，多数已处于实用化。复用技术用得最多的有时分复用（TDM）、波分复用（WDM）、频分复用（FDM）、码分复用（CDM）。

光纤接入能够确保向用户提供 10 Mb/s、100 Mb/s、1 000 Mb/s 的高速宽带，可直接接到互联网骨干节点，主要用于商业集团用户和智能化小区局域网的高速接入 Internet，实现高速互联。

3.4.2 TCP/IP 体系模型

TCP/IP（传输控制协议/网间协议）是一种网络通信协议，它规范了网络上的所有通信设备，尤其是一个主机与另一个主机之间的数据往来格式以及传送方式。

TCP/IP 是 Internet 的基础协议，也是一种计算机数据打包和寻址的标准方法。在数据传送中，可以形象地理解为有两个信封，TCP 和 IP 就像是信封，要传递的信息被划分成若干段，每一段塞入一个 TCP 信封，并在该信封面上记录有分段号的信息，再将 TCP 信封塞入 IP 大信封，发送上网。在接收端收集信封，抽出数据，按发送前的顺序还原，并加以校验，若发现差错，TCP 将会要求重发。因此， TCP/IP 在 Internet 中几乎可以无差错地传送数据。

TCP/IP 提供了一个方案用来解决属于同一个内部网而分属不同物理网的两台计算机之间怎样交换数据的问题。这个方案包括许多部分，而 TCP/IP 协议集的每个成员则用来解决问题的某一部分。TCP/IP 已成为事实上的工业标准和国际标准。

1. TCP/IP 协议组成的网络体系结构

TCP/IP 体系共分成 4 个层次，分别是网络接口层、网络层、传输层和应用层。

① 网络接口层与 OSI 参考模型的数据链路层和物理层对应，它不是 TCP/IP 协议的一部分，但它是 TCP/IP 赖以存在的与各种通信网之间的接口，所以 TCP/IP 对网络接口层并没有给出具体的规定。

② 网络层主要的协议有：网际协议 IP、Internet 控制报文协议 ICMP、地址解析协议 ARP 和反向地址解析协议 RARP、Internet 组管理协议 IGMP。网络层的主要功能是使主机可以把分组发往任何网络并使分组独立地传向目标。这些分组到达的顺序和发送的顺序可能不同，因此如果需要按顺序发送及接收时，高层必须对分组排序。这就像邮寄一封信，不管他准备邮寄到哪个国家，他只需要把信投入邮箱，这封信最终会到达目的地。这封信可能会经过很多国家，每个国家可能有不同的邮件投递规则，但这对用户是透明的，用户是不必知道这些投递规则的。

网际协议 IP 的基本功能是：提供主机间不可靠的、无连接的数据包传送。IP 数据包是不可靠的，因为 IP 并没有做任何事情来确认数据包是按顺序发送的或者没有被破坏。

互联网控制报文协议 ICMP 提供的服务有：测试目的地的可达性和状态、报文不可达的目的地、数据报的流量控制、路由器路由改变请求等。

地址解析协议 ARP 的任务是：查找与给定 IP 地址相对应主机的网络物理地址。

反向地址解析协议 RARP 主要解决物理网络地址到 IP 地址的转换。

③ 传输层提供了两个主要的协议，即传输控制协议 TCP 和用户数据报协议 UDP，它们的功能是使源主机和目的主机的对等实体之间可以进行会话。其中，TCP 是面向连接的协议。面向连接的服务是在数据交换之前，必须先建立连接。当数据交换结束后，则应终止这个连接。

面向连接的服务具有连接建立、数据传输和连接释放这 3 个阶段。在传送数据时是按序传送的。UDP 是无连接的服务。在无连接的服务的情况下，两个实体之间的通信不需要先建立好一个连接，因此其下层的有关资源不需要事先进行预定保留。这些资源将在数据传输时动态地进行分配。无连接的服务的另一特征就是它不需要通信的两个实体同时是活跃的（即处于激活态）。当发送端的实体正在进行发送时，它才必须是活跃的。无连接的服务的优点是灵活方便和比较迅速。但无连接的服务不能防止报文的丢失、重复或失序。无连接的服务特别适合于传送少量零星的报文。

TCP和 UDP采用端口号来识别应用程序，常见的端口号有：FTP（数据链接）是20，FTP（控制链接）是21，Telnet是23，SNMP是25，HTTP是80。

④ 应用层在 TCP/IP体系结构中并没有 OSI的会话层和表示层，TCP/IP把它们都归结到应用层。

所以，应用层包含所有的高层协议，如虚拟终端协议（Telnet）、文件传输协议（FTP）、简单邮件传送协议（SMTP）和域名服务（DNS）等。

2．IP地址

在任何一个物理网络中，各站点都有一个机器可识别的地址，该地址叫做物理地址。物理地址有两个特点：

① 物理地址的长度、格式等是物理网络技术的一部分，物理网络不同，物理地址也不同。

② 同一类型不同网络上的站点可能拥有相同的物理地址。

以上两点决定了不能用物理网络进行网间网通信，因此 TCP/IP协议中引入了 IP地址。

在TCP/IP网络中，每个主机都有唯一的地址，它是通过 IP协议来实现的。IP协议要求在每次与 TCP/IP网络建立连接时，每台主机都必须为这个连接分配一个唯一的 32位地址，因为这个32位IP地址不但可以用来识别某一台主机，而且还隐含着网际间的路径信息。

IP地址共有 32位，一般以 4个字节表示，每个字节的数字又用十进制表示，即每个字节的数的范围是 0～255，且各字节数字之间用点隔开，例如202.112.14.173，这种记录方法称为“点-分”十进制记号法。IP 地址被分为网络地址和主机地址两部分。为了充分利用 IP 地址空间，Internet委员会定义了5种IP地址类型以适合不同规模的网络，即 A类至 E类，其中A、B、C 3类是3种主要的类型地址，由 Internet网络信息中心在全球范围内统一分配，D类是专供多目传送用的多目地址，E类用于扩展备用地址。

在IP 地址中，有几种特殊含义的地址。

（1）广播地址

TCP/IP 协议规定，主机号部分各位全为1的IP地址用于广播。所谓广播地址，指包含这种目标地址的报文将被同时向网上所有的主机发送，也就是说，不管物理网络特性如何，Internet网支持广播传输。如136.78.255.255 就是B类地址中的一个广播地址，要将信息送到此地址，就是将信息送给网络号为136.78 的所有主机。

（2）有限广播地址

有时需要在本网内广播，但又不知道本网的网络号时，TCP/IP协议规定32比特全为1的IP地址用于本网广播，即255.255.255.255。

（3）“0”地址

TCP/IP协议规定，各位全为 0的网络号被解释成“本网络”。若主机试图在本网内通信，但又不知道本网的网络号，那么可以利用“0”地址。

（4）回送地址

A 类网络地址的第一段十进制数值为 127 是一个保留地址，如 127.1.11.13 用于网络软件测试以及本地机进程间通信。

3．子网及子网掩码

子网是指在一个 IP 地址上生成的逻辑网络，它使用源于单个 IP 地址的 IP 寻址方案，把一个网络分成多个子网。通过把主机号（主机 ID）分成两个部分，一部分用于标识作为唯一网络的子网，另一部分用于标识子网中的主机，这样原来的 IP 地址结构变成如下四层结构：网络类型、网络地址部分、子网地址部分、主机地址部分。这样做的好处是可节省 IP 地址。例如，某公司想把其网络分成 4 个部分，每个部分大约有 20 台计算机，如果为每部分网络申请一个 C 类网络地址，这显然非常浪费（因为 C 类网络可支持 254 个主机地址），而且还会增加路由器的负担。这时就可借助子网掩码，将网络进一步划分成若干个子网，由于其 IP 地址的网络地址部分相同，则单位内部的路由器应能区分不同的子网，而外部的路由器则将这些子网看成同一个网络。这有助于本单位的主机管理，因为各子网之间用路由器相连。

子网掩码也是 32 位，用于屏蔽 IP 地址的一部分以区别网络 ID 和主机 ID，用来将网络分割为多个子网，判断目的主机的 IP 地址是在本局域网还是在远程网。在 TCP/IP 网络上的每一个主机都要求有子网掩码。这样当 TCP/IP 网络上的主机相互通信时，就可用子网掩码来判断这些主机是否在相同的网络段内。

例如，如果某台主机的 IP 地址为 202.112.14.173，通过分析可以看出它属于 C 类网络，所以其子网掩码为 255.255.255.0，则将这两个数据作逻辑与（AND）运算后结果为 202.112.14.0，所得出的值中非 0 位的字节即为该网络的 ID。

4．域名系统 DNS

在用户与 Internet 上的某个主机通信时，IP 地址的“点-分”十进制表示法虽然简单，但当要与多个 Internet 上的主机进行通信时，单纯数字表示的 IP 地址非常难于记忆，能不能用一个有意义的名称来给主机命名，而且它还有助于记忆和识别呢？于是就产生了“名称-IP 地址”转换的方案，只要用户输入主机名，计算机会很快地将其转换成机器能识别的二进制 IP 地址。例如，新浪网 IP 地址为 202.108.33.60，按照这种域名方式可用一个有意义的名字“www.sina.com”来代替。

5．常用网络测试命令

（1）ping 命令

ping 是测试网络连接状况以及信息包发送和接收状况非常有用的工具，是网络测试最常用的命令。ping 向目标主机（地址）发送一个回送请求数据包，要求目标主机收到请求后给予答复，从而判断网络的响应时间和本机是否与目标主机（地址）联通。

如果执行 ping 不成功，则可以预测故障出现在以下几个方面：网线故障，网络适配器配置不正确，IP 地址不正确。如果执行 ping 成功而网络仍无法使用，那么问题很可能出在网络系统的软件配置方面。ping 成功只能保证本机与目标主机间存在一条连通的物理路径。

命令格式：ping IP 地址或主机名 [-t] [-a] [-n count] [-l size]

参数含义：-t 不停地向目标主机发送数据；-a 以 IP 地址格式来显示目标主机的网络地址；-n count 指定要 ping 多少次，具体次数由 count 来指定；-l size 指定发送到目标主机的数据包的个数，缺省值为4。

（2）ipconfig命令

ipconfig命令会显示IP协议的具体配置信息，命令可以显示网络适配器的物理地址、主机的IP地址、子网掩码以及默认网关等，还可以查看主机名、DNS服务器、节点类型等相关信息。其中网络适配器的物理地址在检测网络错误时非常有用。

命令格式：ipconfig [/all]

参数含义：/all显示所有的有关 IP地址的详细配置信息。

[思考与问答]

1. 简述ping命令的作用及其使用方法。
2. 简述TCP/IP协议各层的组成和功能。
3. 简述局域网星型拓扑结构的组成和通信方式。

第 4 章

Windows 7 操作系统

4.1 Windows 7 简介

本节主要介绍 Windows 7 操作系统的特性和一些基本操作。

1. Windows 7 特性

Windows 7是微软公司于2009年继Vista之后推出的操作系统，包含6个版本，它比Windows Vista 性能更高、启动更快、兼容性更强，具有很多新特性和优点，比如提供了屏幕触控支持和手写识别，支持虚拟硬盘，改善多内核处理器，改善了开机速度和内核等。

Windows 7 可供家庭及商业工作环境、笔记本电脑、平板电脑、多媒体中心等使用，具有易用、快速、简单、安全等特点。

相比原有的 Windows 版本，Windows 7 有许多更新的、更有用的特点。

（1）更易用

Windows 7 做了许多方便用户的设计，如快速最大化、窗口半屏显示、跳转列表（Jump List）、系统故障快速修复等，这些新功能令 Windows 7 成为当时 Windows 系列中最易用的。

（2）更快速

Windows 7 大幅缩减了 Windows 的启动时间。据实测，在 2008 年的中低端配置下运行，系统加载时间一般不超过 20 秒，这与 Windows Vista 的 40 余秒相比，是一个很大的进步。

（3）更简单

Windows 7 将会让搜索和使用信息更加简单，包括本地、网络和互联网搜索功能，直观的用户体验将更加高级，还会整合自动化应用程序提交和交叉程序数据透明性。

（4）更安全

Windows 7 包括改进了的安全和功能合法性，还会把数据保护和管理扩展到外围设备。Windows 7 改进了基于角色的计算方案和用户账户管理，在数据保护和坚固协作的固有冲突之间搭建沟通的桥梁，同时也会开启企业级的数据保护和权限许可。

（5）节约成本

Windows 7 可以帮助企业优化它们的桌面基础设施，具有无缝操作系统、应用程序和数据移植功能，并简化 PC 供应和升级。

2．启动和退出 Windows 7 系统

开启计算机电源后，Windows 7 操作系统被载入计算机内存，并开始检测主板、内存、CPU、显卡等硬件，这一过程叫做系统启动。启动系统完成后进入 Windows 7 欢迎界面，如果只有一个用户并且用户账户没有设置密码，则直接进入系统。

数据处理工作完成后，需要关闭 Windows 7 系统，并切断计算机的电源。关闭计算机的操作步骤如下：

① 保存数据或文件，然后关闭所有打开的应用程序。

② 单击“开始”按钮（或按 Ctrl+Esc 组合键），在打开的“开始”菜单中单击“关机”按钮。

③ 关闭显示器的电源。

3．Windows 7 桌面元素

Windows 7 的界面非常友善，通过增强的 Windows 任务栏、开始菜单和 Windows 资源管理器，使用少量的鼠标操作便可完成更多的任务。

启动 Windows 7 后，首先看到的是桌面。Windows 7 的桌面由桌面背景、图标、开始菜单和任务栏等组成，Windows 7 的所有操作都可以从桌面开始。桌面就像办公桌一样非常直观，是运行各类应用程序、对系统进行各种管理的屏幕区域。如图 4-1 所示。

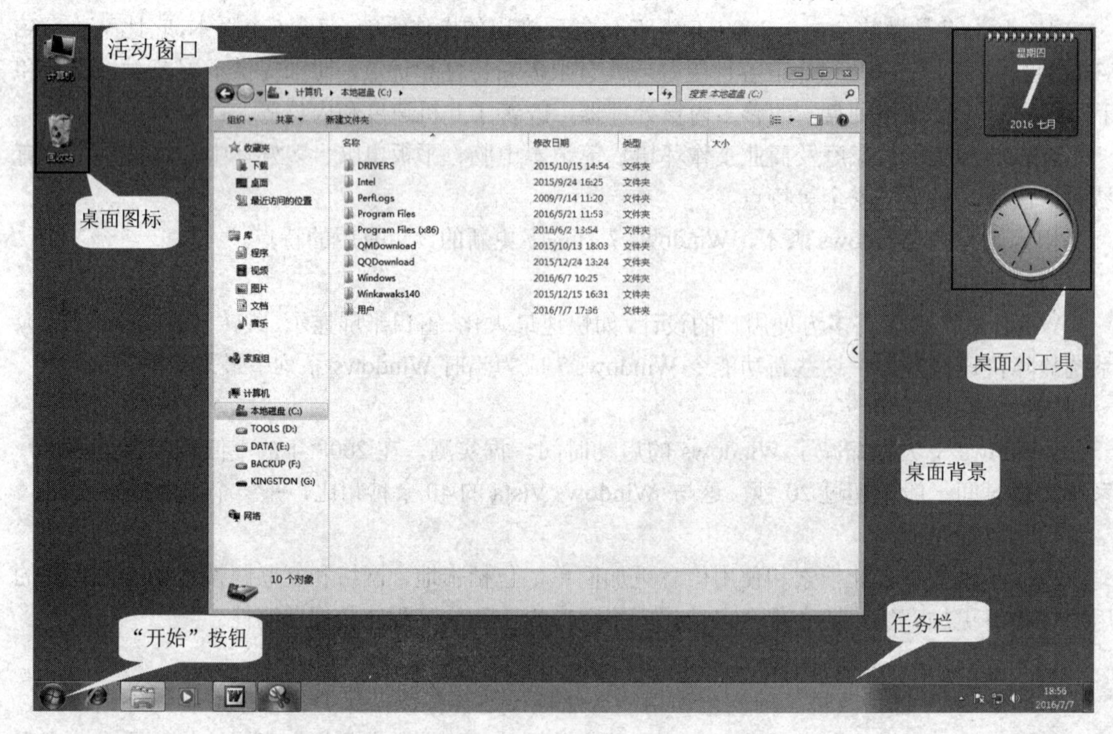

图 4-1 Windows 7 桌面

（1）桌面图标的显示和隐藏

Windows 7 启动后，桌面上一般只有“回收站”图标，如果希望显示如“计算机”“网络”等一些常用的其他系统图标，可以右击桌面的空白处，从快捷菜单中选择“个性化”命令，然

后单击“个性化”窗口中的“更改桌面图标”选项，在“桌面图标”区域选中相应的复选框，然后单击“确定”按钮即可。

① 使用“跳转列表”。“跳转列表”是 Windows 7 系统新增的功能之一，用于列出用户最近使用的程序、网站、文件或文件夹等项目列表。

查看程序的跳转列表：在“开始”菜单中，将鼠标指针指向要查看程序右侧的箭头。

将项目锁定到跳转列表：单击“开始”按钮，然后打开程序的跳转列表，将鼠标指针指向要锁定的项目上，单击出现的“锁定到此列表”按钮。

将项目从跳转列表解锁：单击“开始”按钮，然后打开程序的跳转列表，将鼠标指针指向要解锁的项目上，单击“从此列表解锁”按钮。

② 在桌面单击“开始”按钮，可见如图 4-2 所示“开始”菜单，将常用程序锁定到开始菜单。将常用程序锁定到开始菜单中，可右击程序图标，从快捷菜单中选择“附到「开始」菜单”命令。将程序从开始菜单解锁，只需右击“开始菜单”上的程序图标，选择“从「开始」菜单解锁”。

③ 设置“开始”菜单。右击任务栏的空白处，从快捷菜单中选择“属性”命令，即可打开“任务栏和「开始」菜单属性”对话框，然后切换到“「开始」菜单”选项卡。更详细的设置可以单击“自定义”按钮，打开“自定义「开始」菜单”对话框，在该对话框中设置。

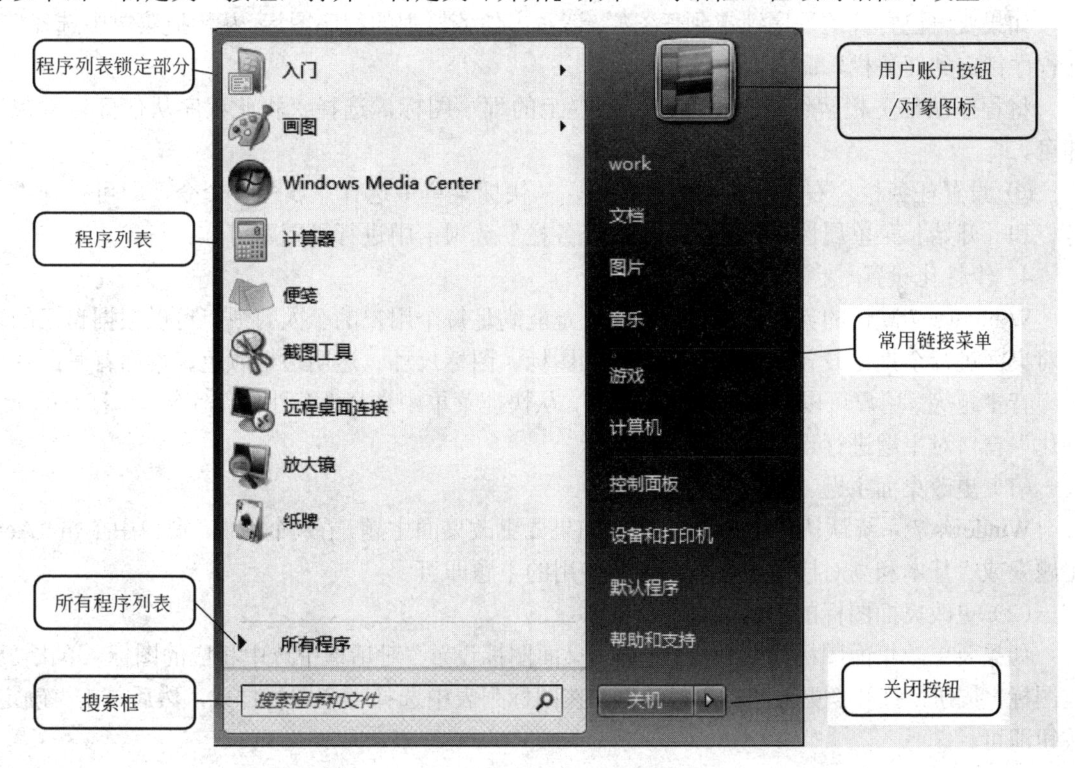

图 4-2 “开始”菜单

（2）任务栏

① 认识任务栏。任务栏布局如图 4-3 所示。

图4-3 任务栏

任务按钮区：主要放置固定在任务栏上的程序和当前正打开着的程序和文件的任务按钮，用于快速启动相应程序，或在任务窗口间切换。

语言栏和通知区域：语言栏可用于查看和选择中文输入法，通知区域则用来存放某些事件发生时系统为提示用户所显示的通知图标。

“显示桌面”按钮：当鼠标停留在该按钮上时，按钮变亮，可以看到桌面上的所有东西，快捷地浏览桌面的情况，而鼠标离开后即恢复原状；当点击按钮后，所有打开的窗口全部最小化，清晰地显示整个桌面，而当鼠标再次点击按钮，所有最小化窗口全部复原，桌面立即恢复原状。

② 将常用程序锁定到任务栏。将常用程序锁定到任务栏中，方法如下：

右击程序图标，从快捷菜单中选择“锁定到任务栏”命令；或者从桌面或“开始”菜单中，将程序的快捷方式拖动到任务栏。

如果要将已打开的程序锁定到任务栏，请右击任务栏中的程序图标，从快捷菜单中选择“将此程序锁定到任务栏”命令即可。

将程序从任务栏解锁，只需右击任务栏上的程序图标，选择“将此程序从任务栏解锁”即可。

③ 设置任务栏。右击任务栏的空白处，从快捷菜单中选择“属性”命令，即可打开“任务栏和「开始」菜单属性”对话框，在“任务栏”选项卡中进行设置即可。

4．个性化设置

Windows 7默认的界面外观设置并不一定能满足每个用户的个人习惯，可以根据自己的习惯对桌面进行个性化设置，包括设置桌面的图标、图标尺寸、透明边框颜色、桌面背景图片以及声音主题等。用户可以右击桌面的空白处，从快捷菜单中选择“个性化”命令，从打开的“个性化”窗口对主题进行设置。如图4-4所示。

（1）更改桌面主题

Windows 7系统默认使用Aero主题。如果要更改桌面主题，在“个性化”窗口中单击“Aero主题”或“基本和高对比度主题”下方要使用的主题即可。

（2）更改桌面图标的默认样式

如果要更改桌面图标的默认样式，在“桌面图标设置”对话框中选中相应的图标，单击“更改图标”按钮，打开“更改图标”对话框，在图标列表中选择一个图标样式，然后单击“确定”按钮即可。

（3）更改桌面背景

如果要更改桌面的背景，请单击“个性化”窗口中的“桌面背景”链接，打开“桌面背景”窗口，单击“图片位置”右侧的下拉列表框，从弹出的列表中选择用于桌面背景的图片或颜色。

当要使用的图片不在桌面背景列表中时，请单击“浏览”按钮，打开“浏览文件夹”对话框，选择希望用于桌面背景图片的文件夹，然后单击“确定”按钮，将选择的文件夹添加到“图片位置”下拉列表中。单击“图片位置”右侧的下拉列表框，选择添加的文件夹，然后双击要作为桌面背景的图片，更改桌面的背景图片。

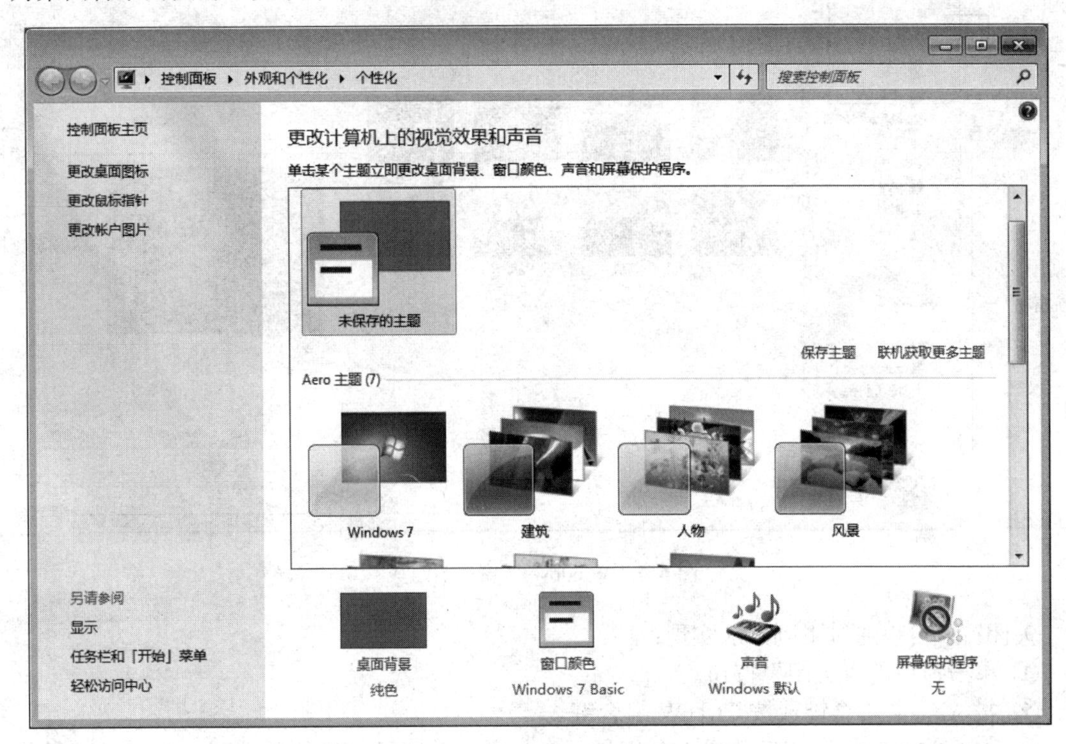

图 4-4　Windows 7 个性化设置

（4）使用和自定义桌面小工具

右击桌面的空白处，从快捷菜单中选择“小工具”命令，打开“小工具库”窗口。右击要使用的小工具，从快捷菜单中选择“添加”命令，桌面小工具即可在桌面显示。

将小工具添加到桌面后，可以对其进行必要的设置，具体操作方法是：右击桌面上的小工具，打开相应的快捷菜单。

4.2　Windows 7 窗口基本操作

本节主要介绍 Windows 7 操作系统窗口的组成和一些基本操作。

1．Windows 7 窗口的组成

Windows 7 窗口如图 4-5 所示。

2．打开与关闭窗口

在桌面、资源管理器或“开始”菜单等位置，通过单击或双击相应的命令或文件夹，都可以打开该对象对应的窗口。

图 4-5 Windows 7 窗口的组成

关闭窗口可以通过下列方法实现：

① 单击窗口的"关闭"按钮。

② 按 Alt+F4 组合键或按 Ctrl+W 组合键。

③ 打开的窗口都会在任务栏上分组显示，如果要关闭任务栏的单个窗口，可以在任务栏的项目上右击，选择其中的"关闭窗口"命令；或者将鼠标移至任务栏窗口的图标上，单击出现的窗口缩略图右上角的"关闭"按钮。

④ 如果多个窗口以组的形式显示在任务栏上，可以在一组的项目上右击，选择"关闭所有窗口"命令。

3. 最小化、最大化和还原窗口

一般情况下，可以通过以下方法最大化、最小化或还原窗口。

① 单击窗口右上角的相应按钮。

② 右击窗口的标题栏，使用"还原""最大化""最小化"命令。

③ 当窗口最大化时，双击窗口的标题栏可以还原窗口；反之则将窗口最大化。

④ 右击任务栏的空白区域，从快捷菜单中选择"显示桌面"命令，将所有打开的窗口最小化以显示桌面。如果要还原最小化的窗口，请再次右击任务栏的空白区域，从快捷菜单中选择"显示打开的窗口"命令。

⑤ 单击任务栏通知区域最右侧的"显示桌面"按钮 ，将所有打开的窗口最小化以显示桌面。如果要还原窗口，请再次单击该按钮。

⑥ 通过 Aero 晃动：当只需使用某个窗口，而将其他所有打开的窗口都隐藏或最小化时，可以在目标窗口的标题栏上按住鼠标左键不放，然后左右晃动鼠标若干次，其他窗口就会被隐藏起来。

4. 移动与改变窗口大小

（1）移动窗口

要移动窗口，请将鼠标指针移到窗口的标题栏上，按住左键不放，移动鼠标。到达预期位置后，松开鼠标按键。

（2）调整窗口大小

将鼠标指针放在窗口的 4 个角或 4 条边上，此时指针将变成双向箭头，按住左键向相应的方向拖动，即可对窗口的大小进行调整。注意，已最大化的窗口无法调整大小，必须先将其还原为之前的大小。另外，对话框不可调整大小。

5．自动排列窗口

使用 Aero 窗口吸附功能并排显示窗口的操作步骤如下：

① 单击窗口的标题栏，并按住鼠标左键不放，将其拖动到屏幕最左侧。

② 此时，屏幕上会出现该窗口的虚拟边框，并自动占据屏幕一半的面积，释放鼠标按键。

③ 对另一个希望并排显示的窗口，向屏幕右侧拖动即可，以便于对二者的内容进行比较。

如果希望每个窗口都重新恢复为原来的大小，请单击窗口的标题栏，并按住鼠标左键不放，向屏幕中央拖动窗口。如果向屏幕顶部拖动窗口，则可以直接将该窗口最大化；向下方拖动，则可从最大化状态恢复为原始状态。

6．切换窗口

（1）使用任务栏

在 Windows 7 系统中，每个打开的窗口在任务栏上都有对应的程序图标。如果要切换到其他窗口，只需单击窗口在任务栏上的图标，该窗口将出现在其他打开窗口的前面，成为活动窗口。

（2）使用 Alt+Tab 组合键

通过按 Alt+Tab 组合键可以切换到上一次查看的窗口。如果按住 Alt 键并重复按 Tab 键可以在所有打开的窗口缩略图和桌面之间循环切换。当切换到某个窗口时，释放 Alt 键即可显示其中的内容。

（3）使用 Flip 3D

如图 4-6 所示，Flip 3D 以三维方式排列所有打开的窗口和桌面，可以快速地浏览窗口中的内容。在按下 Windows 徽标键（以下简称 Win 键）的同时，重复按 Tab 键可以使用 Flip 3D 切换窗口。

图 4-6 使用 Flip 3D

7. 使用对话框

① 文本框：一个用来输入文字信息的矩形区域。

② 列表框：其中可以显示多个选项，供用户从中选择一个或多个。

③ 下拉列表框/组合框：单击下拉列表框的箭头按钮，可以在选项中进行选择。

④ 单选按钮：是一组互斥的选项，在同一组内只有一项能被选中，被选中的项会出现黑点。

⑤ 复选框：与单选按钮不同，复选框允许用户同时选中多项，也可以一个不选。被选中复选框的前面会出现一个“√”，再次单击即可实现撤选操作。

⑥ 数值微调框：单击微调框右边的微调按钮，可以改变数值的大小。

⑦ 选项卡：也称标签页，每个选项卡代表一个活动的区域。一个对话框可以包含多个选项卡。

8. 获得 Windows 7 帮助的方法

如图 4-7 所示，在 Windows 7 桌面上按 F1 键即可打开“Windows 帮助与支持”窗口，用户既可通过单击“浏览帮助”按钮打开帮助目录，也可在“搜索帮助”文本框中输入关键字获得相关帮助。

在应用程序或文件夹窗口中，或通过菜单栏上的“帮助”菜单中的帮助选项，还可通过帮助窗口的形式获得系统性的帮助信息。

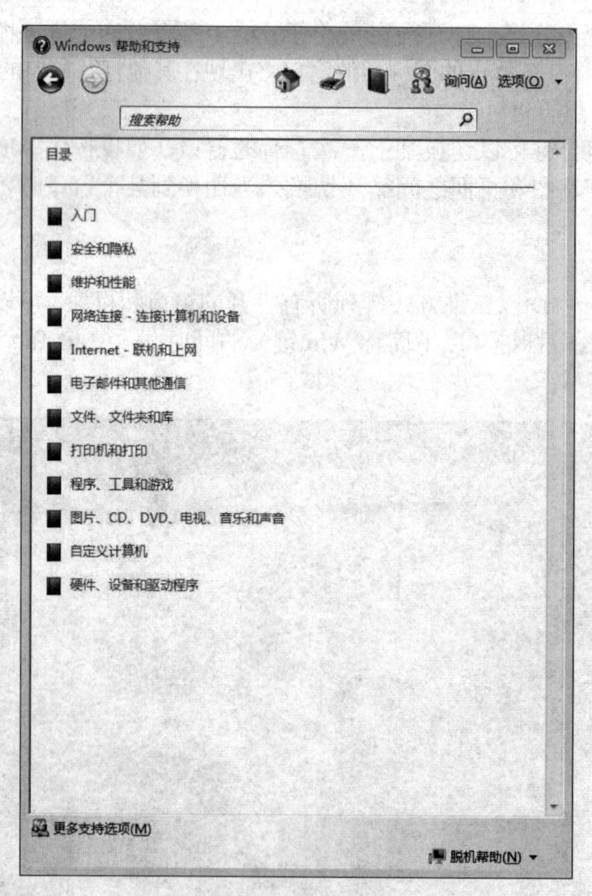

图 4-7 “Windows 帮助和支持”窗口

4.3　中文输入法

本节主要介绍 Windows 7 操作系统下中西文输入的一些基本操作。

1．使用中文输入法

① 常用的中文输入法

微软拼音输入法：是一种基于语句的智能型的拼音输入法，采用拼音作为汉字的录入方式，用户不需要经过专门的学习和培训，就可以方便使用并熟练掌握这种汉字输入技术。

五笔字型输入法：该输入法将汉字的笔画定义为 5 种，即横、竖、撇、捺、折。多个笔画组成一些相对不变的结构，五笔字型输入法选取了约 130 种结构作为组字的基本单位，称为字根。由字根构成汉字时，根据字根间的位置关系，五笔字型输入法将汉字的字型分为 3 类：左右型、上下型和杂合型。

郑码输入法："郑码"又称"字根通用码"，是我国著名文字学家、享誉海内外的《英华大词典》主编郑易里教授经半个世纪对汉字字形结构的研究，后期和女儿郑珑高级工程师共同创造的。郑码规范、易学、快速、通用，是一种形码输入法。

区位码输入法：是利用区位码进行汉字输入的一种方法，是每种汉字系统必备的输入方法。区位码是一种无重码、码长为 4 的数字码，只要直接从键盘中输入 4 个十进制数字（0～9）的区位码即可输入汉字。在输入过程中，当第 4 个数字输入后，在编辑屏幕的插入点立即显示出所键入的区位码所代表的汉字。

② 选用中文输入法。单击语言栏，弹出语言菜单，选择相应输入法，也可按 Ctrl+Shift 组合键在已安装的各输入法之间切换进行选择。

③ 输入法状态窗口。如图 4-8 所示。

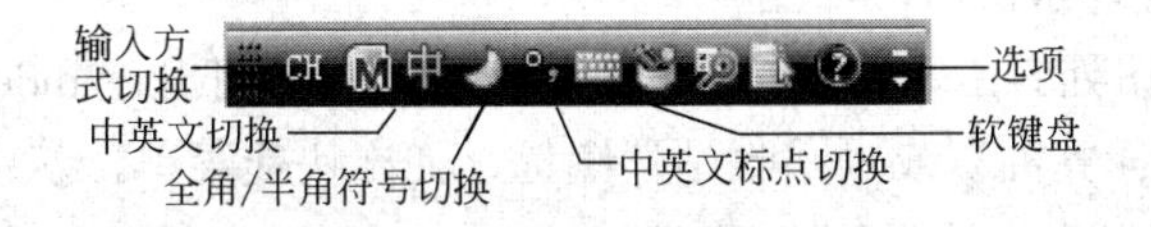

图 4-8　中文输入法状态窗口

"中英文切换" 可在中文输入状态和英文输入状态间切换。按组合键 Ctrl+空格键也可以进行切换。

"全角/半角符号切换"可指定输入时符号采用的形式，按组合键 Shift+空格键也可以进行切换。

"中英文标点切换"可在中文标点和英文标点两个状态间切换，也可以按组合键 Ctrl+．（句点）进行切换。如表 4-1 所示。

"软键盘"可以开启/关闭和选用不同的软键盘。

"选项"用于对输入法做一些相应的设置。

表4-1 中文标点与键位的对应关系表

中文符号	键位	说明	中文符号	键位	说明
。句号	.		）右括号	)	
，逗号	,		〈《单双书名号	<	自动嵌套
；分号	;		〉》单双书名号	>	自动嵌套
：冒号	:		……省略号	^	双符处理
？问号	?		——破折号	_ (下画线)	双符处理
！感叹号	!		、顿号	\	
“”双引号	"	自动配对	·间隔号	@	
‘’单引号	'	自动配对	—连接号	&	
（左括号	(		￥人民币符号	$	

2．添加或删除中文输入法

右击语言栏弹出快捷菜单，选择“设置”，弹出“文本服务和输入语言”对话框，通过“添加”和“删除”按钮即可添加或删除对应的中文输入法。

4.4 文件管理

本节主要介绍操作系统下文件管理的一些操作。

1．Windows 7的资源管理器

Windows 7的资源管理器是完成文件管理任务的重要工具。

（1）“资源管理器”的启动方法

用户可选定下列方式之一，打开“资源管理器”窗口。

① 在Windows 7系统桌面上依次选择“开始”|“程序”|“附件”|“Windows资源管理器”菜单命令，打开资源管理器窗口，如图4-9所示。

② 在“开始”按钮处右击，弹出快捷菜单，从中选择“打开Windows资源管理器”命令。

③ 右击桌面上“计算机”或“回收站”图标，弹出快捷菜单，从中选择“打开”命令。

（2）“Windows 资源管理器”窗口组成

运行“Windows 资源管理器”后，出现如图4-9所示的窗口，窗口包括标题栏、菜单栏、工具栏、工作区和左、右窗格。

（3）资源管理器的使用

① 改变左、右窗格的大小。用鼠标拖动左、右窗格之间的分隔条，可改变左、右窗格的大小。

② 浏览文件夹中的内容。在左窗格中选定一个文件夹时，右窗格中就显示该文件夹所包含的文件和子文件夹。如果文件夹包含下一层的子文件夹，则在左窗格中该文件夹的左边就会出现一个向右的箭头。

当单击某文件夹左边的箭头时，就会展开该文件夹，并且箭头的方向由指向右方变成指向右下方。展开后再次单击，则将文件夹折叠，并且箭头的方向还原。也可以用双击文件夹图标或文件夹名的方法，展开或折叠一层文件夹。

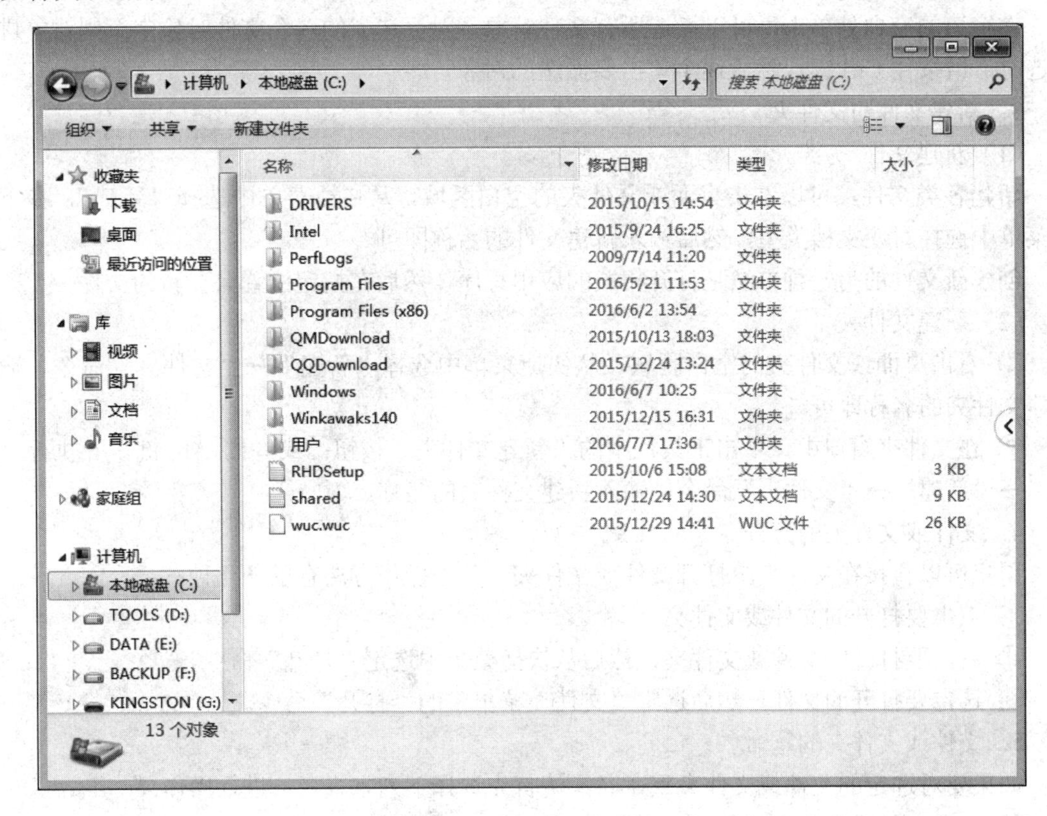

图 4-9　资源管理器窗口

③ 改变文件和文件夹的显示方式。改变显示方式的方法如下：

- 选择菜单栏上的“查看”菜单中的相应命令。
- 在右窗格中的空白处右击，打开快捷菜单，选择“查看”子菜单中相应的命令。
- 单击工具栏上的“更改您的视图”按钮，选择相应的方式。

④ 文件和文件夹的排列和分组。

在“查看”菜单下选择“排序方式”子菜单，或者右击资源管理器的右窗格，打开快捷菜单，鼠标指向“排序方式”，即可在其子菜单中选择所需的文件和文件夹排列方式。

在“查看”菜单下选择“分组方式”子菜单，或者右击资源管理器的右窗格，打开快捷菜单，鼠标指向“分组方式”，即可在其子菜单中选择所需的文件和文件夹分组方式。

2．选取文件和文件夹

选中单个文件或文件夹：单击该文件或文件夹的图标。

选中多个连续的文件或文件夹：单击第一个要选取的对象，然后按住 Shift 键并单击最后一个对象。也可以按住鼠标左键拖出一个矩形框，将要选中的多个文件或文件夹框选在内。

选中多个不连续的文件或文件夹：单击第一个要选取的文件或文件夹，然后按住 Ctrl 键并逐个单击要选取的文件或文件夹。

选中当前窗口中的所有文件对象：按 Ctrl+A 组合键；或者按“组织”按钮，从下拉菜单中选择“全选”命令；或者按住Alt键，然后执行“编辑”→“全选”命令。

在窗口的空白处单击，可以撤选所有文件对象。对已选取的多个文件对象中个别对象进行撤选时，请按住Ctrl键，然后逐个单击要撤选的对象。

3．新建文件与文件夹

（1）新建文件

新建各类文件，可以右击桌面或文件夹的空白区域，从快捷菜单中选择“新建”，在下一级菜单中选择对应文档类型，然后输入新建文件的名称即可。

创建新文件的另一种方法是打开相关的应用程序，然后在指定位置保存新的文件。

（2）新建文件夹

① 右击桌面或文件夹的空白区域，从快捷菜单中选择“新建”→“文件夹”命令，输入新建文件夹的名称即可。

② 在文件夹窗口中，单击工具栏中的“新建文件夹”按钮；或者按Alt键，并执行“文件”→“新建”→“文件夹”命令，输入新建文件夹的名称。

4．文件或文件夹的打开

用户可以直接在文件夹中打开文件或文件夹，基本操作方法有以下几种：

① 双击要打开的文件或文件夹。

② 右击要打开的文件或文件夹，然后从快捷菜单中选定“打开”命令。

③ 选定要打开的文件，然后选定“文件”菜单中的“打开”命令。

5．文件或文件夹的重命名

如果要对选定的文件或文件夹重命名，请首先选择下列方式之一进行操作：

① 选定文件或文件夹后按F2键。

② 右击文件或文件夹，从快捷菜单中选择“重命名”命令。

③ 在文件夹窗口中，单击“组织”按钮，从下拉菜单中选择“重命名”命令；或者按Alt键，并执行“文件”→“重命名”命令。

此时，文件或文件夹的名称将处于选中状态，重新输入名称，并单击空白区域或按Enter键即可。

6．复制和移动文件

（1）复制文件和文件夹

① 使用剪贴板：右击文件或文件夹，从快捷菜单中选择“复制”命令，接着打开目标文件夹窗口，右击其空白区域，从快捷菜单中选择“粘贴”命令。

② 使用快捷键：选定文件或文件夹，然后按Ctrl+C组合键，在目标窗口中按Ctrl+V组合键。

③ 使用菜单：选中要复制的文件或文件夹，然后打开“编辑”菜单→选择“复制到文件夹”命令，打开“复制项目”对话框。选择目标位置后单击“复制”按钮。

④ 使用工具按钮：单击“组织”按钮，从下拉菜单中选择“复制”命令，然后单击目标文件夹窗口中的“组织”按钮，并执行“粘贴”命令。

⑤ 使用鼠标右键：按住鼠标右键，将选定的文件或文件夹拖动到目标文件夹窗口中，释放鼠标按键后，从弹出快捷菜单中选择“复制到当前位置”命令。

注意：

如果要复制的文件与目标位置的文件重名，系统会弹出“复制文件”对话框，如图 4-10 所示，提示用户进行相应的操作。

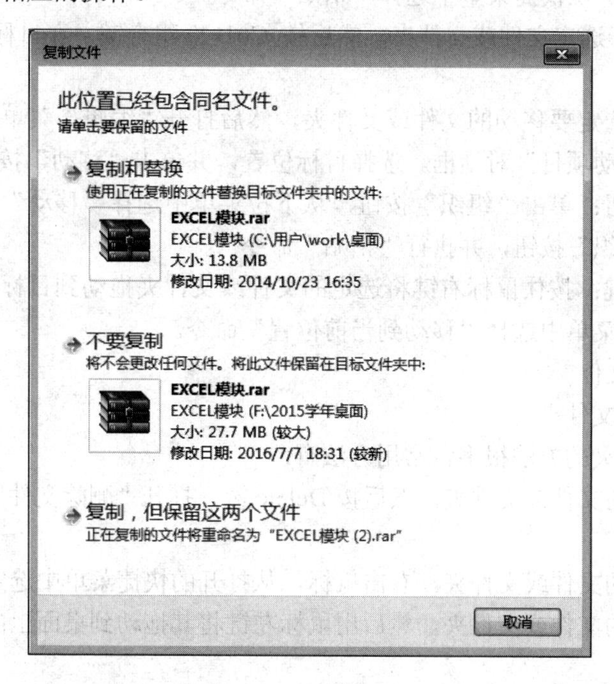

图 4-10 “复制文件”对话框

在复制文件夹时，若复制的文件夹与目标文件夹重名，会弹出“确认文件夹替换”对话框，如图 4-11 所示。如果单击“是”按钮，系统会将二者进行合并。

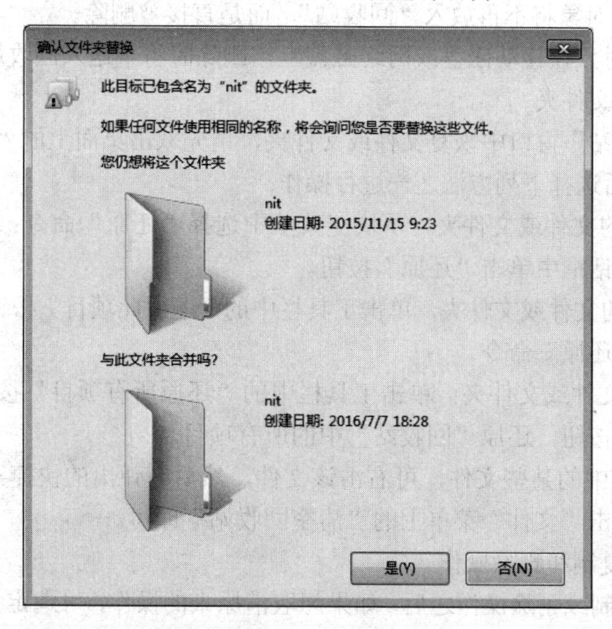

图 4-11 “确认文件夹替换”对话框

（2）移动文件和文件夹

① 使用剪贴板：右击文件或文件夹，从快捷菜单中选择“剪切”命令，接着右击目标文件夹窗口的空白区域，从快捷菜单中选择“粘贴”命令。

② 使用快捷键：选定文件或文件夹，然后按 Ctrl+X 组合键，在目标窗口中按 Ctrl+V 组合键。

③ 使用菜单：选定要移动的文件或文件夹，然后打开“编辑”菜单→选择“移动到文件夹”命令，打开“移动项目”对话框。选择目标位置，并单击“移动”按钮。

④ 使用工具按钮：单击“组织”按钮，从下拉菜单中选择“移动”命令，然后单击目标文件夹窗口中的“组织”按钮，并执行“粘贴”命令。

⑤ 使用鼠标右键：按住鼠标右键将选定的文件或文件夹拖动到目标文件夹窗口中，释放鼠标按键后，从快捷菜单中选择“移动到当前位置”命令。

7. 删除与恢复文件

（1）删除文件和文件夹

删除文件或文件夹的方法很多，常用方法有：

① 选定要删除的文件或文件夹，然后按 Delete 键，打开“删除文件”对话框，单击“是”按钮，文件被删除。

② 选定要删除的文件或文件夹，右击鼠标，从打开的快捷菜单中选定“删除”命令。

③ 选定要删除的文件或文件夹，然后用鼠标左键将其拖动到桌面上的“回收站”中。

注意：

① 如果删除的对象为文件夹，则该文件夹中所有内容（文件或子文件夹）也会被删除。

② 如果删除的对象是在硬盘上，那么删除后，系统只是将文件或文件夹暂时放到桌面上的“回收站”中，用户需要时，还可从“回收站”中恢复。如果在执行删除操作的同时，按住 Shift 键，则被删除的对象将不再放入“回收站”，而是直接被删除。

③ 如果删除的对象在移动磁盘或网络磁盘上，删除时将不送入回收站，直接被删除。

（2）恢复文件和文件夹

如果要从“回收站”窗口中恢复文件或文件夹，请先双击桌面上的“回收站”图标，打开“回收站”窗口，然后选择下列方法之一进行操作：

① 右击要还原的文件或文件夹，从快捷菜单中选择“还原”命令；或者选择“属性”命令，在打开的属性对话框中单击“还原”按钮。

② 选中要还原的文件或文件夹，单击工具栏中的“还原此项目”按钮；或者按 Alt 键，然后执行“文件”→“还原”命令。

③ 还原所有的文件或文件夹：单击工具栏中的“还原所有项目”按钮，打开“回收站”对话框，单击“是”按钮，还原“回收站”中的所有项目。

如果删除回收站中的某些文件，可右击该文件，然后在弹出的快捷菜单中单击“删除”。要删除所有文件，单击“文件”菜单上的“清空回收站”即可。

8. 撤销移动、复制和删除操作

用户在移动、复制或删除操作之后，如果想取消原来的操作，可选定“编辑”菜单中的“撤销”命令或工具栏上的“撤销”按钮 。

9．文件和文件夹的发送

先选定需要发送的文件或文件夹，右击鼠标，在弹出的快捷菜单中选择“发送到”命令；或执行“文件”菜单中的“发送到”命令，如图 4-12 所示。

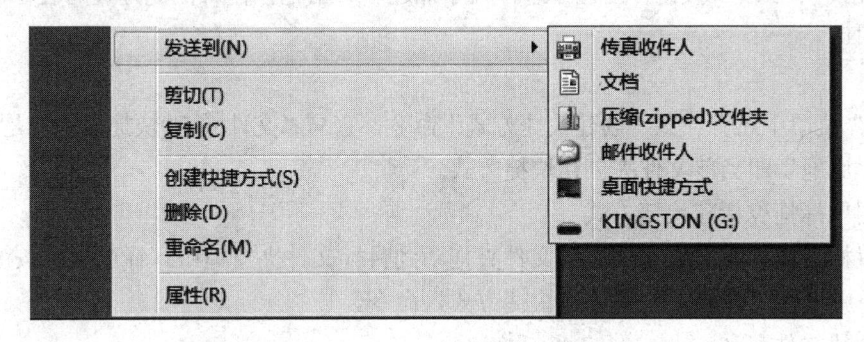

图 4-12 发送文件

10．查看、设置文件属性

先选定需要的文件，右击鼠标，从弹出的快捷菜单中选择“属性”命令（或者选定文件后打开“文件”菜单，选择“属性”命令），打开“属性”对话框。要使文件具有某种属性，只需选择相应的复选框。要取消文件某种属性，只需清除相应的复选框。文件属性如下：

① 只读：只能进行读操作，不能被修改和删除（删除时需要用户确认，从而减小了误操作而将文件删除的可能性）。

② 隐藏：该文件通常在“资源管理器”的文件夹内容框中不显示出来。

③ 存档：该文件自上次备份以后被修改过，为一般的可读写文件。

11．隐藏文件和系统文件的显示或隐藏

① 打开“资源管理器”或“我的电脑”窗口。

② 在窗口的菜单栏上选择“工具”下拉菜单中的“文件夹选项”命令，弹出“文件夹选项”对话框。

③ 单击“查看”选项卡，在对话框中选中“显示所有文件和文件夹”单选框，通过勾选“隐藏已知文件类型的扩展名”选项即可设置是否显示或隐藏系统文件和隐藏文件。

12．创建文件快捷方式

快捷方式是一种特殊类型的文件，每一个快捷方式用一个左下角带有弧形箭头的图标表示，称之为快捷图标。快捷图标是一个连接对象的图标，它不是这个对象的本身，而是指向这个对象的指针。下面介绍在 Windows 7 中创建快捷方式的方法。

（1）用快捷菜单来新建快捷方式

用鼠标右键单击对象，从弹出的快捷菜单中选择“复制”选项，然后右击目标文件夹所在窗口的空白处，选择“粘贴快捷方式”，即可创建指向这个对象的快捷方式。

（2）用“向导”新建快捷方式。

① 选择要在其中创建快捷方式的文件夹。

② 选择“文件”菜单，执行“新建”→“快捷方式”命令，出现“创建快捷方式”对话框。

在“请键入项目的位置”文本框中输入要创建快捷方式的文件或文件夹的位置，或者单击“浏览”按钮来选择位置。

③ 单击“下一步”按钮，出现“选择程序标题”对话框，输入快捷方式的名称，单击“完成”按钮即可。

注意：

“文件”菜单中还有一条“创建快捷方式”命令，它与“文件|新建|快捷方式”是有区别的，前者是在“原地”即当前文件夹创建快捷方式。

（3）用鼠标拖曳新建快捷方式

按住鼠标右键，将选定的文件或文件夹拖动到目标文件夹窗口中，释放鼠标按键后，从弹出快捷菜单中选择“在当前位置创建快捷方式”命令。

13．查找文件和文件夹

（1）使用“开始”菜单的搜索框

打开“开始”菜单，在搜索框中输入要查找的文件或文件夹的名称（或名称中包含的关键字），与输入内容匹配的搜索结果将出现在“开始”菜单搜索框的上方。例如，输入“word”时，搜索结果如图4-13所示。

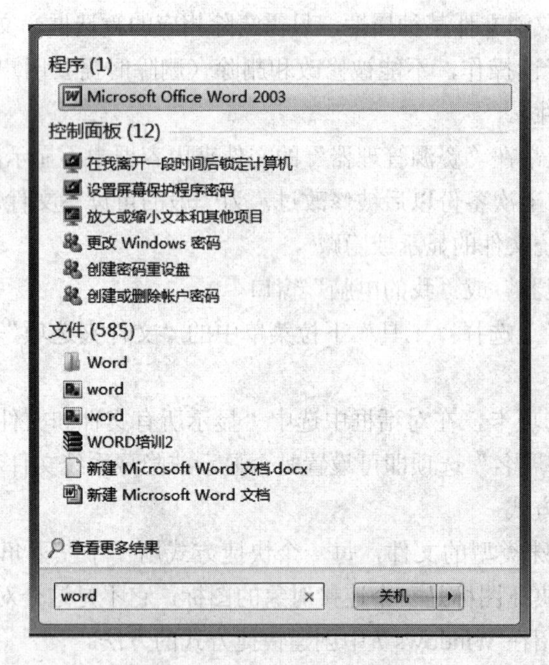

图4-13 Windows 7 搜索框

（2）在打开的文件夹或库窗口中使用搜索框

打开要进行查找的目标文件夹或库窗口，在窗口右上角的搜索框中输入要查找的文件或文件夹的名称或关键字，以筛选文件夹或库窗口中的内容。

单击搜索框可以显示“修改日期”和“大小”搜索筛选器。选择“修改日期”筛选器，可以设置要查找文件或文件夹的日期或日期范围；单击“大小”筛选器，可以指定要查找文件或文件夹的大小范围。

（3）使用通配符

当需要对某一类或某一组文件或文件夹进行搜索时，可以使用通配符来表示文件名中不同的字符。Windows 7 可以使用“?”和“*”两种通配符，“?”表示任意一个字符，而“*”表示任意多个字符。

如果在指定的文件夹或库窗口中没有找到要查找的文件或文件夹，Windows 会提示“没有与搜索条件匹配的项”。此时，可以在“在以下内容中再次搜索”下，选择“库”“家庭组”“计算机”“自定义”“Internet”之一进行操作。

4.5　使用库和收藏夹

本节介绍库和收藏夹的使用。

1．库

（1）新建库

要创建库，请参照下述步骤进行操作：

① 在“开始”菜单的用户账户名称上单击，以打开个人文件夹。

② 单击导航窗格中的“库”选项，然后单击工具栏中的“新建库”按钮。

③ 输入库的名称，例如，此处输入“程序”，然后单击“库”窗口的空白区域或按 Enter 键，新建一个名为“程序”的库，如图 4-14 所示。

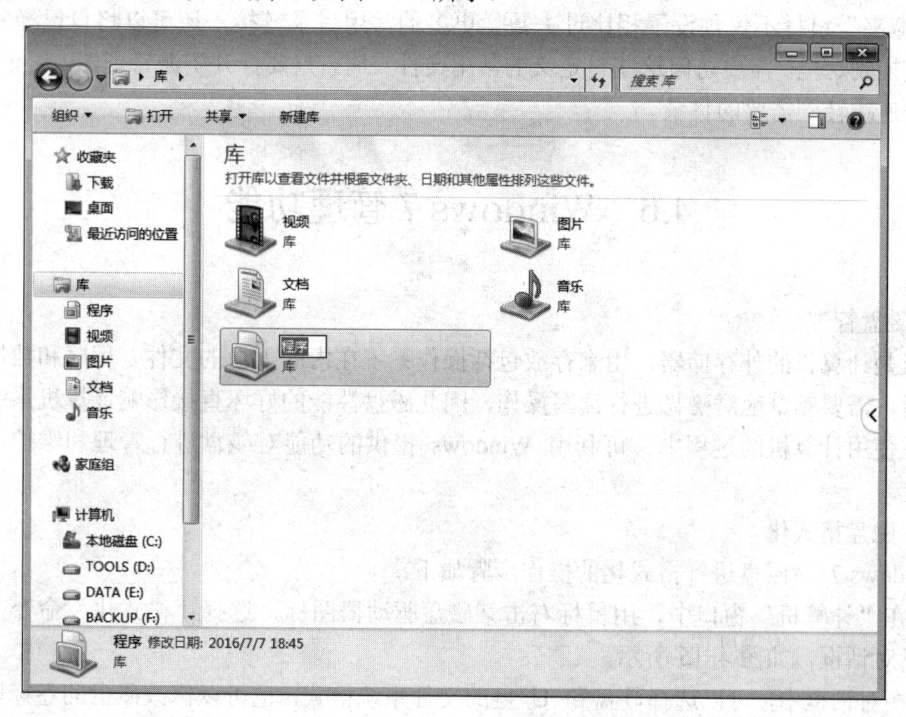

图 4-14　新建库

（2）在库中包含常用文件夹

在使用库时，可以将其他位置的常用文件夹包含进来。例如，将计算机的某个驱动器、外部硬盘驱动器或网络中的文件夹包含到库中。如果将计算机中的文件夹包含到库中，请参照下述步骤进行操作：

① 选中要包含到库中的文件夹。例如，此处单击名称为“医学信息学”的文件夹。

② 单击工具栏中的“包含到库中”按钮，从下拉菜单中选择相应的命令， 如“程序”库，即可将“医学信息学”文件夹包括到库中。

注意：右击“医学信息学”文件夹，从快捷菜单中选择“包含到库中”菜单项，然后选择下一级菜单中的库名称，也可以将该文件夹包含到指定的库中。

（3）更改库的默认保存位置

下面以“文档库”为例，介绍更改库默认保存位置的操作步骤。

① 双击任务栏上的“资源管理器”按钮，打开 Windows 资源管理器。

② 选择导航窗格中的“文档”选项，打开“文档库”窗口。

③ 在文档文件列表的上方，单击文字“包括”右侧的“2 个位置”链接，打开“文档库位置”对话框。

④ 右击当前不是默认保存位置的库位置，从快捷菜单中选择“设置为默认保存位置”命令，更改文档库的默认保存位置。

⑤ 单击“确定”按钮，应用设置并关闭对话框。

2．收藏夹

“收藏夹”链接不仅预设了相比过去数量更多的常用目录链接，还可以将自己经常要访问的文件夹拖到这里。需要访问这些自定义的常用文件夹时，只要打开资源管理器，无论在哪里，都可以快速跳转到需要的目录。

4.6 Windows 7 管理功能

1．磁盘管理

磁盘是计算机的外存储器，用来存放包括操作系统在内的大量的文件、程序和数据。计算机工作时，需要频繁地对磁盘进行读写操作，因此磁盘性能的好坏直接影响计算机系统的整体性能。在使用计算机的过程中，可利用 Windows 提供的功能对磁盘进行管理和维护，提高系统的性能。

（1）磁盘格式化

Windows 7 对磁盘进行格式化的操作步骤如下：

① 在“计算机”窗口中，用鼠标右击某磁盘驱动器图标，选择“格式化”命令，出现格式化磁盘对话框，如图 4-15 所示。

② 在对话框中，可以选择硬盘和 U 盘的文件系统格式，也可以修改磁盘的卷标以方便识别。如果选中“快速格式化”选项，则进行快速格式化，否则将进行全面格式化。

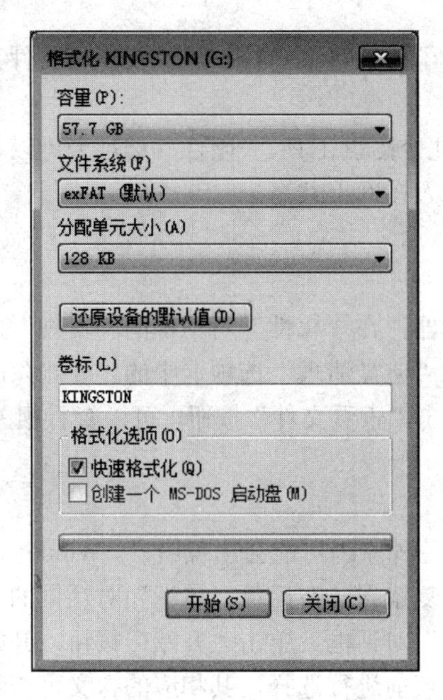

图 4-15 磁盘格式化对话框

③ 单击“开始”按钮，即可开始格式化操作，对话框的下部将给出进度提示。

（2）磁盘属性与磁盘卷标

在磁盘驱动器的图标上右击，从弹出的快捷菜单中选择“属性”命令，可以打开磁盘属性对话框，如图 4-16 所示。

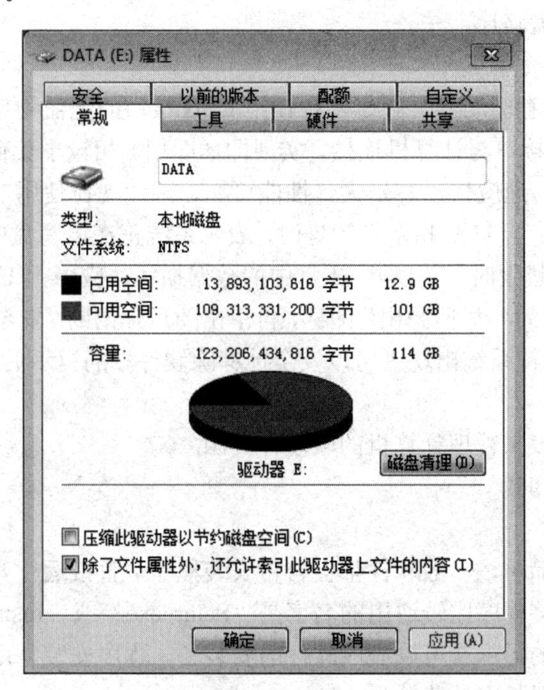

图 4-16 磁盘属性对话框

通过“常规”选项卡可以了解磁盘的卷标、磁盘类型、文件系统格式、磁盘容量和已用、可用空间等属性。

“工具”选项卡中提供了几个磁盘工具，“硬件”选项卡可以查看磁盘的设备属性，“共享”选项卡可以将磁盘设置成与他人在网上共享。

（3）磁盘维护

① 磁盘清理。

选中需要清理的硬盘驱动器，在“属性”对话框的“常规”选项卡中单击“磁盘清理”按钮，打开磁盘清理对话框。在“磁盘清理”选项卡中的“要删除的文件”列表框中，选中要删除文件前面的复选框，如果单击“查看文件”按钮，可以查看相关的文件。单击“确定”按钮，即可开始清理操作。

② 检查磁盘。

磁盘在使用过程中，由于各种原因可能会出现错误。Windows的磁盘检查工具可以检查和分析磁盘错误，并尽可能地修复错误。在磁盘“属性”对话框的“工具”选项卡中单击“开始检查”按钮，打开“检查磁盘”对话框。单击“开始”按钮，开始检查磁盘。“磁盘检查选项”中的选项可根据需要在开始检查前进行选择，其相应的含义可查看帮助。

③ 磁盘碎片整理。

磁盘碎片整理程序可以将磁盘上的文件调整到连续的磁盘空间中，从而提高磁盘文件的读写速度。选择磁盘驱动器，在磁盘“属性”对话框的“工具”选项卡中单击“立即进行磁盘碎片整理”按钮，打开“磁盘碎片整理”对话框。单击“分析”按钮，系统开始分析该驱动器是否需要整理碎片，分析完后，系统将给出碎片整理建议和分析报告。单击“碎片整理”按钮，系统开始分析和整理磁盘碎片。

（4）使用U盘

U盘，全称USB闪存驱动器。它是一种使用USB接口的无需物理驱动器的微型高容量移动存储产品，通过USB接口与计算机连接，实现即插即用。相较于其他可携式存储设备，闪存盘有许多优点：体积小，速度快，容量大，性能可靠，因此现在使用非常广泛。

使用U盘时应注意：当U盘指示灯闪烁时，表示系统正在读写盘中数据，此时不能拔出U盘。U盘在使用完毕需拔下时，为防止U盘中的数据损坏，应停止U盘中所有文件的操作，然后单击“通知”区域中的“拔下/弹出”图标，再单击随后弹出的“安全删除 USB Mass Storage Device--驱动器”选项，待系统出现“可以安全地移除硬件”的提示后才可以拔下U盘。

2．控制面板

用户可通过控制面板来管理计算机的软硬件资源。

（1）软件的安装与卸载

① 安装应用程序。

安装程序一般比较简单，一般软件都会自带安装程序，直接运行安装程序即可自动完成应用程序的安装。这些安装程序比较通用的名字是“Setup.exe”或“Install.exe”等。双击运行安装程序，然后根据程序的提示就可以完成软件的安装了。程序安装完成后，安装程序通常会自动在“程序”菜单中添加相应的菜单项。

② 卸载应用程序。

Windows 的应用程序在安装时，安装程序会自动建立相应的安装信息文件，并在已安装的程序列表中列出已安装的程序名称。因此卸载程序不能简单地删除该程序所在的文件夹。卸载程序的方法如下：

如果程序自动安装了卸载程序，可以直接在程序菜单中选择运行该卸载程序即可。如果程序没有安装卸载程序，则在“控制面板”中单击“程序和功能”图标，打开“程序和功能”窗口，选中希望卸载的程序，单击“卸载”按钮，出现相应的提示框，单击“确认”按钮，然后等待卸载完成即可。

（2）添加或删除硬件

在“控制面板”中选择“硬件和声音”，选择“设备管理器”，如图 4-17 所示，即可看到计算机上所有的硬件设备。在“操作”菜单中选择“扫描检测硬件改动”，Windows 7 就自动检测新安装的硬件设备。右击某个硬件设备选择“禁用”，即可停止此硬件设备的使用。

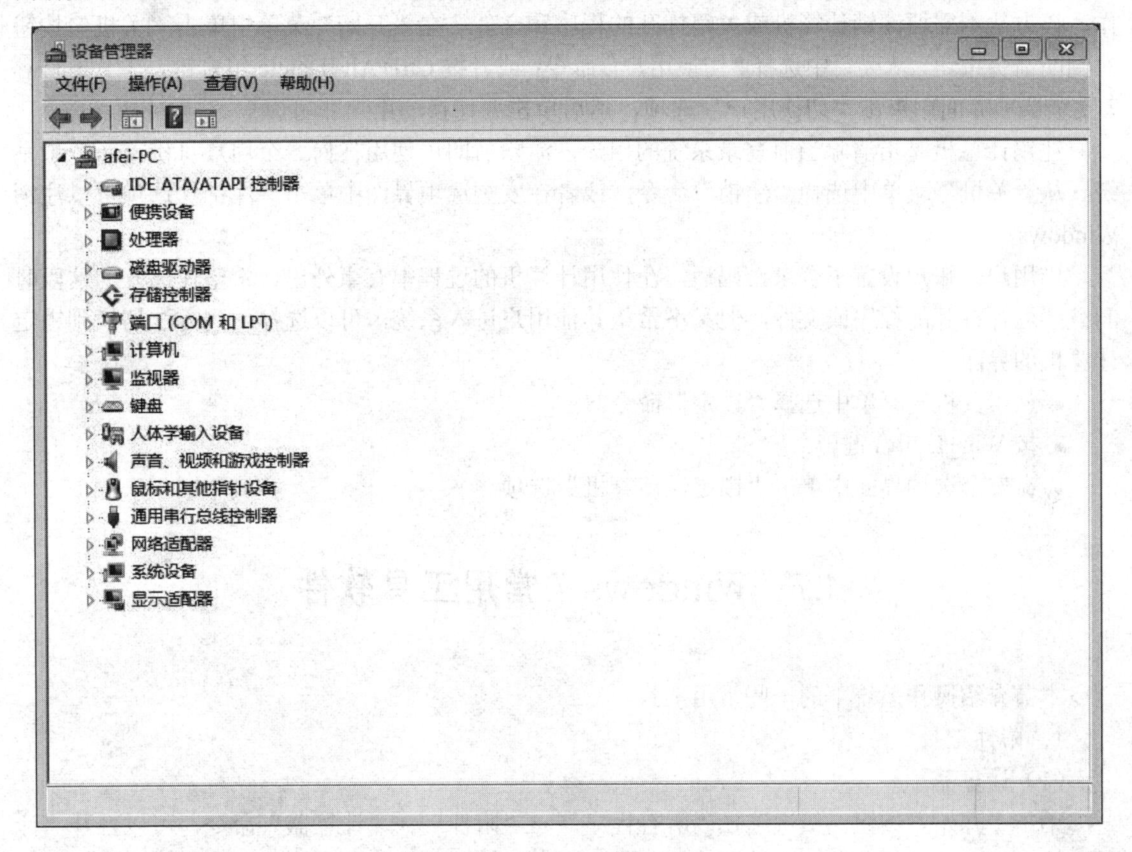

图 4-17 设备管理器

（3）添加或删除打印机

在“控制面板”中选择“硬件和声音”，选择“添加打印机”，即可添加本地和网络打印机。

（4）用户账户管理

在 Windows 7 系统中，用户账户分为管理员账户、标准用户和来宾账户 3 种类型，每种类型为用户提供不同的计算机控制级别。

① 管理员账户：具有计算机的完全访问权限，可以对计算机进行任何需要的更改，所进行的操作可能会影响计算机中的其他用户。注意，一台计算机上至少有一个管理员账户。

② 标准用户：用于日常的计算机操作，例如使用办公软件、网上冲浪、即时聊天等。标准用户可以使用大多数软件以及更改不影响其他用户或计算机安全的系统设置，如果要安装、更新或卸载应用程序，会弹出用户账号控制对话框，输入管理员密码后，才能继续执行操作。

③ 来宾账户：用于给临时使用计算机的用户使用。

④ 账号管理的方法。

如果要对 Windows 7 系统的账户进行配置，请单击“控制面板”窗口中的“用户账户和家庭安全”链接，在“用户账户”选项下进行相应的设置。

⑤ 切换用户、注销和锁定计算机。

如果计算机中有多个用户账户，另一个账户登录计算机的快捷方法是使用“快速切换”操作，该方法不需要注销计算机或关闭打开的程序和文件。在“开始”菜单中单击“关机”按钮右侧的箭头按钮，从菜单中选择“切换用户”命令；或者按 Ctrl+Alt+Delete 组合键，在 Windows 7 安全选项界面中单击“切换用户”选项，然后单击要切换的用户即可。

注销计算机是指清除当前登录系统的用户，清除后即可使用任何一个用户身份重新登录系统。从“关机”菜单中选择“注销”命令，或者在安全选项界面中单击“注销”选项可以注销 Windows。

当用户为账户设置了登录密码后，在使用计算机的过程中有事外出，希望在离开的这段时间继续运行打开的程序或文件，但又不希望其他用户进入系统，可以选择下列方法切换到锁定计算机的界面。

- 从“关机”菜单中选择“锁定”命令。
- 按 Win+L 组合键。
- 在安全选项界面中单击“锁定该计算机”选项。

4.7 Windows 7 常用工具软件

本节介绍操作系统下的一些常用工具。

1. 附件工具

(1) 计算器

单击“开始”按钮，依次选择“所有程序”→“附件”→“计算器”命令，可以打开“计算器”窗口，并显示其默认格式——标准型计算器。标准型计算器可以进行简单的数学运算。

在“查看”菜单下，可以选择多种不同形式的计算器来使用。例如，选择“查看”→“程序员”命令，可以转换成科学型计算器窗口。此时，不仅可以进行数学和逻辑运算，还可以实现不同进制数字之间的转换。

(2) 记事本

“记事本”程序是一个小型的文本编辑器，它只能处理纯文本文件，文件存盘后的扩展名为.txt，常用于对程序源代码、某些系统配置文件的编辑。单击“开始”按钮，依次选择“所有程序”→“附件”→“记事本”命令，可以打开“记事本”窗口。

（3）画图

“画图”程序是 Windows 7 提供的一个位图绘图软件，具有绘制、编辑图形、文字处理等功能。单击“开始”按钮，依次选择“所有程序”→“附件”→“画图”命令，可以打开“画图”窗口。“画图”窗口使用了 Ribbon 界面，这与 Office 2010 系列软件的风格一致，显得整洁并且美观。

“画图”窗口的顶部是功能区，包括“剪贴板”“工具”“刷子”“形状”和“颜色”等选项组。在“画图”窗口中绘制图形的一般步骤包括定制画布尺寸、选择颜色、设置线条粗细、选择绘图工具、绘制图形、在画布上写字、存盘等步骤。

（4）截图工具

按 Alt+Print Screen SysRq 组合键可以将活动窗口或对话框的界面复制到剪贴板。另外，Windows 7 系统自带的截图工具灵活性高，并且具有简单的图片编辑功能，方便对截取的内容进行处理。单击“开始”按钮，依次选择“所有程序”→“附件”→“截图工具”命令，可以打开“截图工具”窗口，如图 4-18 所示。

在“截图工具”窗口中，单击“新建”按钮右侧的箭头按钮，从下拉菜单中选择合适的截图模式，接着就可以开始截图了。选择了“全屏幕截图”命令后，系统会自动截取当前屏幕全屏图像；如果选择“窗口截图”命令，单击需要截取的窗口，可以将窗口图像截取下来；如果选择“任意格式截图”或“矩形截图”命令，则需要按住鼠标左键，通过拖动鼠标选取合适的区域，然后释放鼠标左键完成截图。

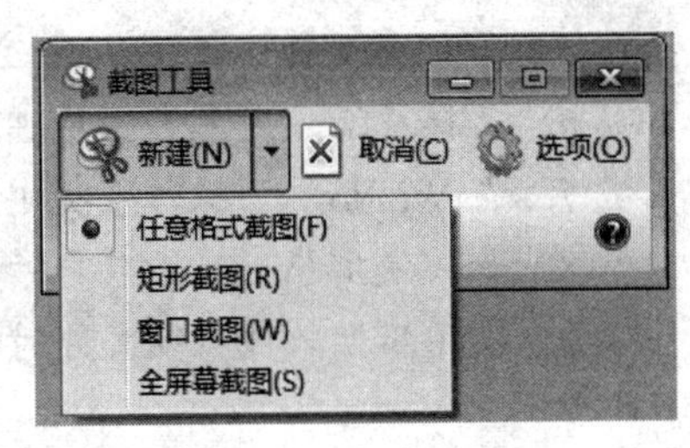

图 4-18 截图工具

（5）Windows Media Player

单击“开始”按钮，依次选择“所有程序”→“Windows Media Player”命令，可以打开“Windows Media Player”窗口。

用户可以先将音乐或视频文件添加到 Windows Media Player 的媒体库中，并对相关文件编辑标识，以便于快速查找及欣赏多媒体文件，操作步骤如下：

① 单击“Windows Media Player”窗口中的“组织”按钮，从下拉菜单中选择“管理媒体库”→“音乐”命令，打开“音乐库位置”对话框。

② 单击“添加”按钮，打开“将文件夹包含在‘音乐’中”对话框，选择要包含音乐文件的文件夹，然后单击“包含文件夹”按钮，返回“音乐库位置”对话框。

③ 单击“确定”按钮。此时，打开音乐库的文件夹列表，指定的文件夹包含在其中。

2．压缩软件 WinRAR

（1）压缩和解压缩

下面以压缩文件“学生成绩单.xlsx”为例，说明操作步骤。

① 右击文件“学生成绩单.xlsx”，从快捷菜单中选择“添加到压缩文件”命令，打开“压缩文件名和参数”对话框。

② 在“常规”选项卡中，设置压缩的文件名、压缩文件的格式、压缩方式及压缩选项。

③ 单击“确定”按钮，开始压缩。压缩完成后，文件夹中出现名称为“学生成绩单.rar”的压缩包。

如果要使用默认参数对文件或文件夹进行压缩，请右击文件或文件夹，从快捷菜单中选择“添加到‘***.rar’”命令，其中“***”表示文件或文件夹的名称。

（2）创建自解压文件

创建自解压文件时，请在“压缩文件名和参数”对话框内选中“创建自解压格式压缩文件”复选框，此时压缩文件名中的扩展名由.rar 变为.exe。创建成功后，新生成的自解压文件图标与 RAR 压缩文档有所不同，双击后会发现无需使用 WinRAR 也可以实现解压缩操作。

[思考与问答]

1. 如果 Windows 7 桌面上的“计算机”图标不小心被删掉了，如何恢复？
2. 在 Windows 7 操作系统中切换窗口有哪几种方法？
3. 使用中文输入法时常用的组合键有哪些，分别有什么作用？
4. 使用“搜索框”查找文件时通配符“*”和“?”分别代表什么？
5. 如何更改文件属性？
6. 怎样灵活使用库和收藏夹来提高工作效率？
7. 在 Windows 7 操作系统中如何正确卸载软件？
8. 如何使用 Windows 7 自带的截图工具实现截图？
9. 使用压缩软件压缩文件时如何添加密码？

第5章

文字处理软件 Word 2010

5.1 Word 2010 的基本知识

本节介绍 Word 2010 字处理软件的基本概念和操作。

5.1.1 Office 2010 简介

Office 2010 是 Microsoft 公司开发的一套智能商务办公软件，主要面向办公事务处理。中文版 Office 2010 以功能强大、设置灵活、智能化程度高而著称。

Office 2010 所集成的应用软件主要包括：

- 文字处理软件 Word 2010
- 电子表格处理软件 Excel 2010
- 电子演示文稿软件 PowerPoint 2010
- 数据库管理系统 Access 2010
- 电子邮件客户端 Outlook 2010
- 动态表单设计软件 InfoPath Designer 2010
- 动态表单填写工具 InfoPath Filler 2010
- 笔记程序 OneNote 2010
- 出版物制作程序 Publisher 2010
- 协同工作软件 SharePoint Workspace 2010

这些组件既能单独运行，又可以相互交换数据信息。

此外，Office 2010 还提供了许多小型的功能性应用程序。可以说，在安装方式、与 Internet 技术的结合、联机协作、适应多种语言等方面较以前版本有了很多的改进和提高。

5.1.2 字处理的概念与常见的软件

字处理，就是文字信息处理，就是利用计算机中的字处理软件对文字信息进行录入、加工、输出等处理。

目前，字处理的概念已远不只是指单纯的文字处理，而是包括了对文字、表格、图形、图像等多种对象进行综合处理的概念。从字处理软件的发展和应用上看，它们大致可以分成 3 类。

1．简单的文字编辑程序

这类实用程序通常规模较小，功能很少，主要是简单的文书书写和程序的编辑，如 MS-DOS 中的 Edit 和 Windows 中的“记事本”。

2．真正的字处理软件

这类软件就是集文字、图、表等信息的录入、编辑、排版和格式化输出为一体的应用软件，它们规模较大、功能较全、使用方便，是具有真正字处理意义的一类字处理软件，如 WPS 和 Word 等。

3．专业级的字处理软件

这是一类专门用于出版发行行业的综合高级排版系统，它们规模庞大、功能齐全、适用于专业人员使用，如 PageMaker 和方正排版系统等。

本书所讲的字处理软件就是第二类字处理软件，即真正的字处理软件。其主要功能有以下几个方面：

- 创建和编辑文档
- 文档内容格式化
- 页面设计与排版
- 标准化模板样式
- 表格、图形、图表、图像与文字的混合处理

目前微机上常用的字处理软件有 Microsoft 公司的 Word、Windows 所带的写字板、金山公司的 WPS 等。

5.1.3 Word 2010 的主要功能和特点

1．所见即所得

用户使用 Word 软件编排文档时，打印效果在屏幕上一目了然。

2．直观的操作界面

Word 软件操作界面友好，提供了丰富多彩的工具，折叠式菜单已具有智能化的功能。

3．丰富的文本编辑与多媒体混排功能

Word 软件具有文档错误检查、即点即输、套用文本格式、编写摘要、创建样式等功能；可以对字词及格式、段落、样式进行查找替换；利用“所见即所得”模式设置页边距、缩进、字体、页眉与页脚、文字修饰及对齐等操作；提供了中文简繁体转换及多种语言支持功能；用 Word 软件在编辑文字的同时，还可以插入图形、图像、声音、动画，以及其他软件制作的内容；Word 软件还提供图形制作、编辑艺术字、编辑数学公式的功能，从而能够满足用户对各种文档的处理要求。

4．强大的制表功能

Word 软件提供了强大的制表功能，既可以自动制表，又可以手动制表，且能在表格中插入表格。表格还可以进行各种修饰及表格线自动保护，表格中的数据可以自动计算，并生成统计图表。

5．自动功能

Word 软件提供了拼写和语法检查功能，还会提供修正的建议；帮助用户自动编写摘要；自动更正功能、自动格式功能使编辑更加方便。

6．模板与向导功能

Word 软件提供了大量且丰富的模板，使用户在编辑某一类文档时，能很快建立相应的格式。而且，Word 软件允许用户自己定义模板，为用户建立特殊需要的文档提供了高效而快捷的方法。

7．丰富的帮助功能

Word 软件的帮助功能详细而丰富，使得用户遇到问题时，能够快速找到解决问题的方法，为用户自学提供了方便。

8．Web 工具支持

Word 软件提供了对 Web 的支持，用户根据 Web 页向导，可以快捷而方便地制作出 Web 页，还可以用 Word 软件的 Web 工具栏，迅速地打开、查找或浏览包括 Web 页和 Web 文档在内的各种文档。可以将 Word 作为电子邮件编辑器，也可将 Word 文档作为电子邮件直接发送。

9．超强兼容性与文件管理功能

Word 软件支持许多格式不同的文档，可将 Word 编辑的文档保存为其他格式的文件。文件管理功能能寻找用户所需要的文件类型，并可同时打开多个文件进行操作，也可以根据文件修改的时间、文件的属性、文件包含的内容等条件查找文件，并对其进行设置。此外，还提供多种组织文档格式的方法。

10．强大的打印功能

在 Word 2010 中，没有打印和打印预览按钮了，与打印相关的内容集成在了 Word 2010“文件”菜单的打印选项下。在 Word 2010“文件”菜单中选择打印选项，Word 2010 的打印界面分为两部分，左侧是打印设置，在其中可以设置打印机型号，还可以设置打印方向、打印页数等，而右侧则是打印预览。

5.1.4 Word 2010 的启动、退出

1．启动

启动 Word 有多种方法，其中常用的有以下几种：

- “开始”按钮→“所有程序”→“Microsoft Office”→“Microsoft Word 2010”启动 Word。
- 若桌面上有 Word 快捷图标，则双击该图标即可启动 Word。
- 双击 Word 生成的文档即可同时启动 Word。

2．退出

- 单击“文件”菜单中的“退出”命令。
- 单击 Word 窗口右上角的“关闭”按钮。
- 双击窗口左上角的标题栏图标。

退出 Word 时，如果所编辑或修改过的文档没有保存，系统会给出是否保存的提示。

5.1.5 Word 2010 的窗口组成

当 Word 启动后，Word 窗口打开，如图 5-1 所示。

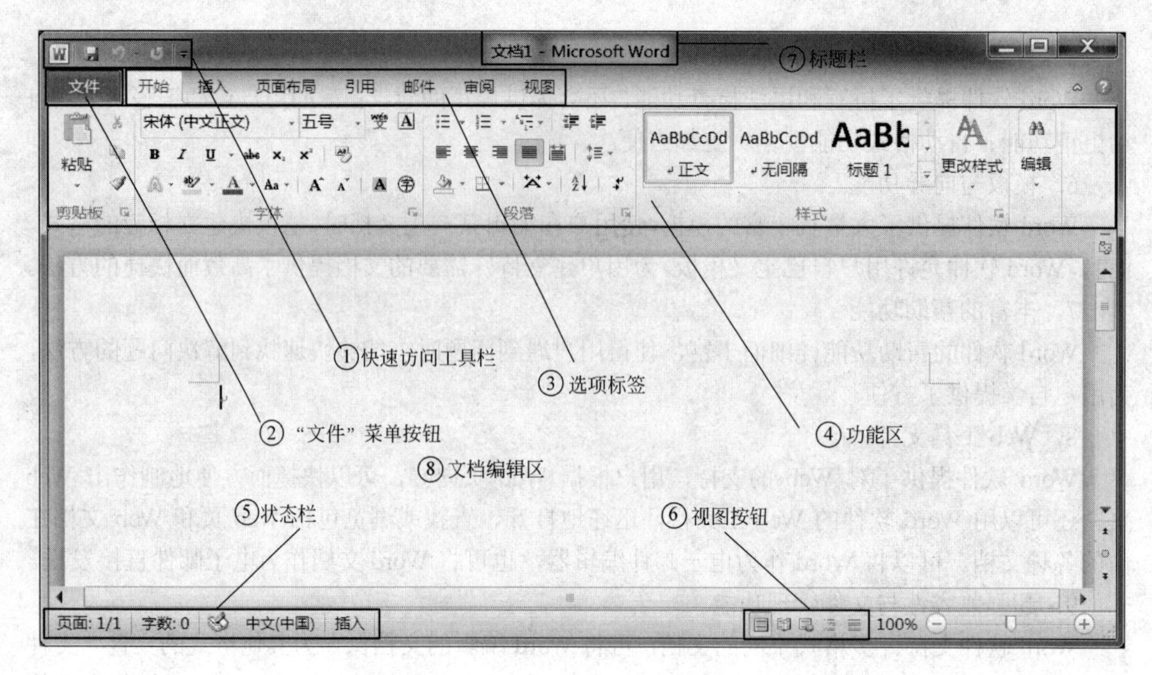

图 5-1 Word 2010 窗口的组成

组成 Word 窗口的主要元素包括：

① 快速访问工具栏：是一个可自定义的工具栏，它包含一组独立于当前显示的功能区上选项卡中的命令。可以向快速访问工具栏中添加所需的命令按钮。

②“文件”菜单按钮：单击“文件”选项卡后，会显示一些基本命令，这些基本命令包括“新建”“打开”“保存”“另存为”和“打印”以及其他一些命令。

③ 选项标签（选项卡）：用于切换不同的功能区面板。

④ 功能区：对应各选项卡下的命令集合。

⑤ 状态栏：显示编辑文档的当前状态。

⑥ 视图按钮：选择文档窗口视图方式的按钮命令集合。

⑦ 标题栏：显示当前打开文档的名称。

⑧ 文档编辑区：用来输入和编辑文字及图形的区域。

以上元素是 Word 窗口打开时的默认元素，窗口中的元素构成可以通过人工设置的方法调整和改变。

5.1.6 Word 2010 的视图模式

屏幕窗口中显示文档的方式称为视图。Word 提供的视图模式有页面视图、阅读版式视图、Web 版式视图、大纲视图以及草稿视图。视图模式的选择可以通过“视图”功能区实现，也可以直接单击窗口右下方的视图工具按钮实现。用户可以通过“视图工具栏”右侧的“显示比例”滑块控制文档的显示比例，以便查看整个文档。

1．页面视图

页面视图是 Word 最常用的工作视图。该视图可以显示 Word 2010 文档的页眉、页脚、图形对象、分栏设置、页面边距等元素，是最接近打印结果的页面视图。

2．阅读版式视图

阅读版式视图以图书的分栏样式显示 Word 2010 文档，“文件”按钮、功能区等窗口元素被隐藏起来。在阅读版式视图中，用户还可以单击“工具”按钮选择各种阅读工具。

3．Web 版式视图

Web 版式视图是以网页的形式显示 Word 2010 文档，主要用于创建能显示在屏幕上的 Web 页或文档，可以显示文档在浏览器下的显示效果，可看到背景和为适应窗口而换行显示的文本，且图形位置与在 Web 浏览器中的位置一致。

4．大纲视图

大纲视图主要用于 Word 2010 文档的设置和显示标题的层级结构，并可以方便地折叠和展开各种层级的文档。大纲视图广泛用于 Word 2010 长文档的快速浏览和设置中。

5．草稿视图

草稿视图取消了页边距、分栏、页眉页脚和图片等元素，仅显示标题和正文，是最节省计算机系统硬件资源的视图方式。当然，现在计算机系统的硬件配置都比较高，基本上不存在由于硬件配置偏低而使 Word 2010 运行遇到障碍的问题。

5.2 文档编辑

所谓的 Word 文档就是以 Word 格式制作和保存的文件。制作一个 Word 文档所包含的主要步骤是：启动 Word→创建文档→内容录入和编辑→排版→保存和输出。

5.2.1 文档的创建和打开

1．创建文档

创建一个新文档，一般常用以下 3 种方法：

① 启动 Word 时自动创建一份默认文档，标题栏上的文档名称是“文档 1.doc”。

② 使用鼠标右键菜单中的“新建”命令，在级联菜单中选择“Microsoft Word 文档”，即可创建一个空白的 Word 文档。

③ 在已经打开的 Word 窗口中，利用“文件”菜单中的“新建”命令，选中需要创建的文档类型，例如可以选择“空白文档”“博客文章”“书法字帖”等文档类型。完成选择后单击“创建”按钮，即可创建一个空白的或者带有模板内容的文档，如图 5-2 所示。

2．文档的打开

① 双击一个已经存在的 Word 文档即可打开该文档。

② 在已经打开的 Word 窗口中，利用“文件”菜单中的“打开”命令，在弹出的对话框中选择要打开的 Word 文档，单击“打开”按钮，可以打开该文档。

③ 利用 Word 打开非 Word 类型的文档：在使用“文件”菜单中的“打开”命令打开文档时，单击“文件类型”下拉列表框，如图 5-3 所示。选择要打开的文件的类型，然后找到文件保存的文件夹，单击“打开”按钮即可。

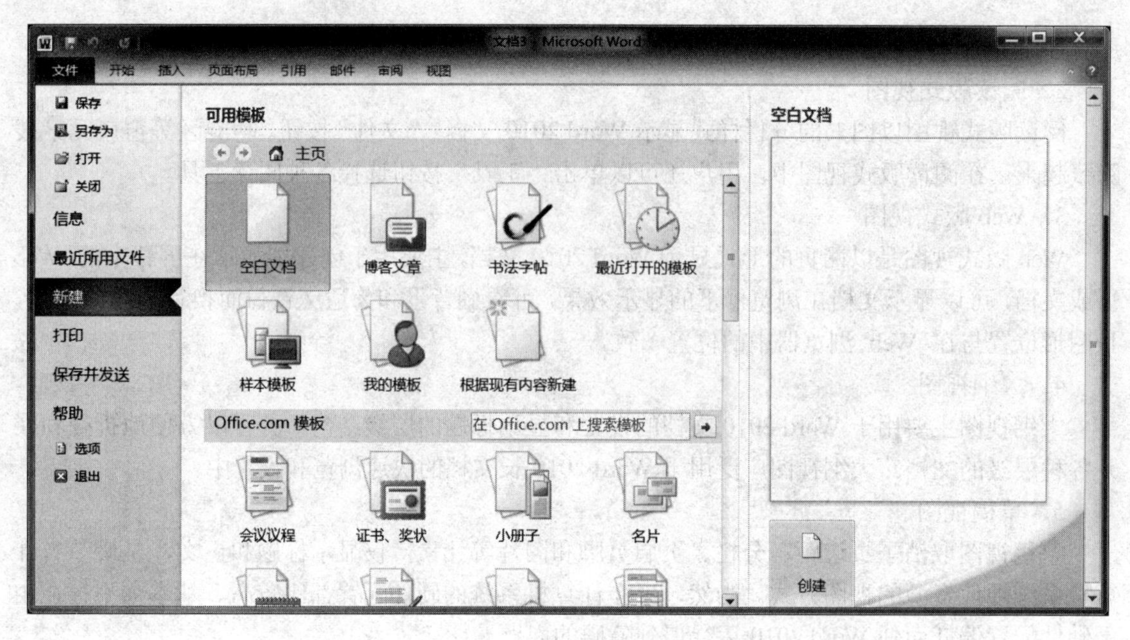

图 5-2　创建 Word 文档

打开或保存 Word 文档时，其文档类型可以使用不同的类型。下面是 Word 中常用的文件类型：

- Word 默认文件格式　扩展名*.docx
- 网页文档　扩展名*.htm
- RTF 格式　扩展名*.rtf
- 文本文件　扩展名*.txt
- 文档模板　扩展名*.dotx

图 5-3　“文件类型”下拉列表框

5.2.2 文档的输入

编辑 Word 文档，最基本的就是文本的输入和修改。本节介绍一些常见的输入文档内容的方法，如特殊符号的输入、合并文档等。

1．文本的输入

打开一个新文档后，就可以输入文本内容了。文档窗口中有一个闪烁着的竖线，称为“插入点”（又称光标），它指示文字的输入位置。插入点会随着文字的输入而自动向后移动和换行。强行换行可以按 Enter 键。改正输入错误时，可按 Backspace 键删除插入点前面的字符，或按 Delete 键删除插入点后面的字符。

① 选用中文输入法。用 Ctrl+Shift 组合键切换，选择中文输入法。注意只有在小写字母下才能输入汉字。

② 设置编辑状态是插入还是改写。可以通过鼠标单击状态栏的“插入/改写”按钮来切换状态，也可以使用 Insert 键切换。状态栏上显示的为当前使用的状态。

③ 标点符号的输入。

全角和半角的区分：全角占两个半角的位置。

中文标点的输入：在中文标点状态下输入。

2．插入符号和特殊字符

若需要输入一些特殊符号，如小级别数字（①、②等）、箭头、几何图形等，可利用“插入”功能区中“符号”功能输入。插入符号的具体操作步骤如下：

① 将插入点移到要插入符号的位置。

② 单击“插入”功能区中的“符号”命令，选择“其他符号”打开“符号”对话框，如图 5-4 所示。

图 5-4 “符号”对话框

③ 在“字体”下拉列表中选择要插入符号的字体，在“子集”下拉列表中选择插入符号的类型。用鼠标单击对话框中的符号，呈放大状态。再单击“插入”按钮，即可将该符号插入到插入点所在位置。用此方法可以连续插入多个符号。

插入特殊符号的操作步骤如下：

① 将插入点移到要插入符号的位置。

② 单击“插入”菜单中的“特殊符号”命令，打开“插入特殊符号”对话框，如图 5-4 所示。在这个对话框中有“符号”和“特殊字符”两个选项卡。

③ 从“字体”中选择需要的类型，再从列表中选择要插入的符号，单击“确定”按钮，选中的字符就插入到了文档中。

3．插入日期与时间

① 单击要插入日期或时间的位置。

② 单击“插入”功能区中的“日期和时间”命令。

③ 如果要对插入的日期或时间应用其他语言的格式，请单击“语言”框中的语言。

④ 单击“可用格式”框中的日期或时间格式。

⑤ 执行下列操作之一：

• 要将日期和时间作为域插入，以在打开或打印文档时自动更新日期和时间，请选中“自动更新”复选框。

• 要将原始的日期和时间保持为静态文本，请清除“自动更新”复选框。

⑥ 单击“确定”按钮。

4．插入其他文件中的内容

在编辑文档时，可能需要在该文档中插入另一个文档的内容，以便将两个文档合并起来。最直接的方法是将要插入的文件打开，复制其中的文字后，粘贴在正在编辑的文档的插入点处。也可以使用菜单命令来实现，具体操作步骤如下：

① 将插入点移到要插入另一文件的位置。

② 单击“插入”功能区中的“对象”命令，选择“文件中的文字”命令。

③ 在“插入文件”对话框中选择要插入的另一文件。

④ 单击“插入”按钮。

5.2.3 文档的保存

创建文档后，应该把文档存到磁盘上，以便于以后使用。保存文档是一项很重要的工作，因为用户所做的编辑工作都是在内存中进行的，一旦计算机突然掉电或者系统发生意外造成非正常退出时，这些内存中的信息将无法保存，所做的工作就会丢失。

1．保存文档

① 选择“文件”菜单中的“保存”命令或使用快捷组合键 Ctrl+S 或单击“快速访问工具栏”的存盘按钮。

② 出现“另存为”对话框，如图 5-5 所示。

③ 利用左侧的磁盘列表选择保存位置，在“文件名”列表框中输入一个新的文件名。

④ 从“保存类型”下拉列表框中选择一种文件类型。一般来说，Word 文档在保存的时候

是不需要更改保存类型的，保持默认的“docx”文件类型即可。

图 5-5 “另存为”对话框

⑤ 单击“保存”按钮。

注意：

① 选择“文件”菜单中的“另存为”命令，可以保存文件为副本。

② 对已有的文档修改时，选择“文件”菜单中的“保存”命令或单击“常用工具栏”的存盘按钮，Word 将修改后的文档存到原来的文件夹中，此时不再出现“另存为”对话框。

③ 也可以把 Word 文档存成其他格式的文档，在“保存”对话框或者“另存为”对话框中选择其他类型的文档格式进行保存就可以了

④ 为防止文档有意外情况丢失所做的编辑工作，在编辑过程中及退出时应及时存盘。

2．设置保存选项

打开“文件”菜单，单击“选项”命令，打开“Word 选项”对话框，单击“保存”选项卡，可设置“自动恢复信息时间间隔”“自动恢复文件位置”等，如图 5-6 所示。

3．关闭文档

关闭文档是将当前的文档窗口关闭。关闭当前编辑的文档，有以下方法：

- 单击标题栏上的“关闭”按钮。
- 选择“文件”菜单中的“关闭”命令。
- 按组合键 Ctrl+F4。

对于修改后没有存盘的文档，系统会给出存盘提示信息。

图 5-6 “保存”选项卡

注意：

自动保存以后的信息并不是存储到了原来文件中，而是保存在了一些临时文件里。自动保存会存储上次最后一次手动存盘到最后一次自动保存之间所输入的信息。在发生了非正常退出后，用 Word 再次打开原来的文件，可以看到会同时出现一个恢复文档，此时这个恢复文档中保存的就是上次发生了非正常退出（如断电等）时自动保存的所有信息，将原来的文档关闭，再将恢复文档保存为原来的文档就可以最大限度地减小损失了。

5.2.4 文档的编辑

1. 定位文档

（1）利用鼠标

把鼠标放在任何地方单击，即可将插入点定位到该位置。

（2）利用滚动条

拖动水平滚动条和垂直滚动条上的滚动块，或单击滚动条两端的单三角按钮与双三角按钮在文档中定位文本。

（3）使用键盘

- Ctrl 键+光标键

用键盘上的几个光标键配合 Ctrl 键进行定位。

Ctrl+Home 键：光标移到文首。

Ctrl+End 键：光标移到文尾。

Ctrl+左方向键：光标左移一个词。

Ctrl+右方向键：光标右移一个词。

Ctrl+上方向键：光标到了段落的开始位置，再按一下，光标到了上一个段落的开始。

Ctrl+下方向键：光标到了下一个段落的首行首字前面。

- Ctrl 键+翻页键

使用 Ctrl 键配合 PageUp 键和 PageDown 键的作用是浏览。

按 Ctrl+PageUp 键，光标到了整个页面的首行首字前面，再按一下，光标到了前一页的首行首字前面。

按 Ctrl+PageDown 键，光标到了下一页的首行首字前面。

2．选择文本

（1）用鼠标选取

① 选定文字的开始位置，按住鼠标左键移动到要选定文字的结束位置松开。

② 单击所选文本的开始，按住 Shift 键，在要选定文字的结束位置单击，就选中了这些文字。这个方法对连续的字、句、行、段的选取都适用。

（2）行的选取

把鼠标移动到行的左边，鼠标就变成了一个斜向右上方的箭头，单击，就可以选中这一行了。或者把光标定位在要选定文字的开始位置，按住 Shift 键，再按 End 键（或 Home 键），可以选中光标所在位置到行尾（首）的文字。也可以用 Shift 键配合其他的光标键进行选取。

在文档中按下左键上下进行拖动可以选定多行文字；在开始行的左边单击选中该行，按住 Shift 键，在结束行的左边单击，同样可以选中多行。

（3）句的选取

① 选择一句：按住 Ctrl 键，单击文档中的一个地方，鼠标单击处的整个句子就被选取。

② 选中多句：按住 Ctrl 键，在第一个要选中句子的任意位置按下左键。按住 Ctrl 键，在第一个要选中句子的任意位置单击，松开 Ctrl 键，再按下 Shift 键，单击最后一个句子的任意位置，就可以选中多句。

（4）段的选取

① 选择一段：在第一段中的任意位置三击鼠标左键，选定整个段。

② 选中多段：在左边的选定区双击选中一个段落，然后按住 Shift 键，在最后一个段落中任意位置单击，一样可以选中多个段落。

（5）矩形选取

按住 Alt 键，在要选取的开始位置按下左键，拖动鼠标可以拉出一个矩形的选择区域。或者先把光标定位在要选定区域的开始位置，同时按住 Shift 键和 Alt 键，鼠标单击要选定区域的结束位置，同样可以选择一个矩形区域。

（6）全文选取

使用快捷组合键 Ctrl+A 可以选中全文；或先将光标定位到文档的开始位置，再按 Shift+Ctrl+End 组合键选取全文；按住 Ctrl 键，在左边的选定区中单击，同样可以选取全文。

（7）选取不连续的段落

当备选的段落不在连续的范围内时，首先选择其中的一个段落，再按下 Ctrl 键，然后依次选择其他段落。

选取文字的目的是为了对它进行复制、移动、删除、拖动、加格式等操作。

3．插入与删除空行

① 插入空行：在插入状态下，只需将插入点移到需要插入空行的地方，然后按 Enter 键。在文档开始插入空行，只需将光标定位到文首，然后按 Enter 键。

② 删除空行：将光标移到空行，然后按 Delete 键。

4．断行与续行

① 断行：即将原来的一行分为两行。例如，若把“中国北京”分成两行，则插入状态下可将插入点定位到“北”字前面，然后按 Enter 键。“北”字后出现一个段落标记，原来的一行文字分成“中国”和“北京”两行。

② 续行：是将由段落标记分开的两行或两个段落合成一行或一段。只需将第一行或第一段后的段落标记删除即可。

5．文档的复制、移动和删除

编辑过程中，经常遇到信息的复制和移动操作。移动是指将信息从原来的位置移到新位置，原文本不复存在。复制则是指将信息备份到新位置。

（1）移动文本

① 使用拖放法移动文本：先选定要移动的文本，再按住鼠标左键并拖动到目标位置，松开鼠标左键即可。

② 使用命令移动文本：选中文本后，鼠标右键单击，在弹出的菜单中选择“剪贴”命令；或选择“开始”功能区中的“剪切”按钮；或按 Crtl+X 组合键，然后在插入点处粘贴。

（2）复制文本

① 使用拖放法复制文本：先选定要复制的文本，按住 Ctrl 键，再按住鼠标左键并拖动到目标位置，松开鼠标左键即可。

② 使用命令复制文本：选中文本后，鼠标右键单击，在弹出的菜单中选择“复制”命令；或选择“开始”功能区中的“复制”按钮；或按 Crtl+C 组合键，然后在插入点处粘贴。

（3）粘贴

将复制或移动的信息放入插入点处。

① 粘贴操作：选中文本后，鼠标右键单击，在弹出的菜单中选择“粘贴选项”中需要的方式（包括“保留原格式”“合并格式”“只保留文本”）；或选择“开始”功能区中的“粘贴”按钮；或按 Ctrl+V 组合键。

② 选择性粘贴：经常会遇到这种情况，希望把某些文字复制过来，但是不希望它们有格式，可是通常的粘贴都是有格式的。在这种情况下可以使用选择性粘贴来做，首先将文字复制，然后把光标定位到要粘贴文字的地方，打开“开始”功能区中的“粘贴”命令下的三角箭头，选择“选择性粘贴”命令，打开“选择性粘贴”对话框，从“形式”列表中选择“无格式文本”，单击“确定”按钮，复制的文字的格式也就没有了，如图 5-7 所示。

使用选择性粘贴还可以把剪贴板中的文字粘贴为图片、文档对象等。打开“选择性粘贴”对话框，从“形式”列表中选择“图片（增强型图元文件）”，单击“确定”按钮，复制的部分就作为一个图片插入到了文档中。同样，从“形式”列表中选择“Microsoft Word 文档对象”，可以把复制的部分作为一个文档对象插入到文档中。

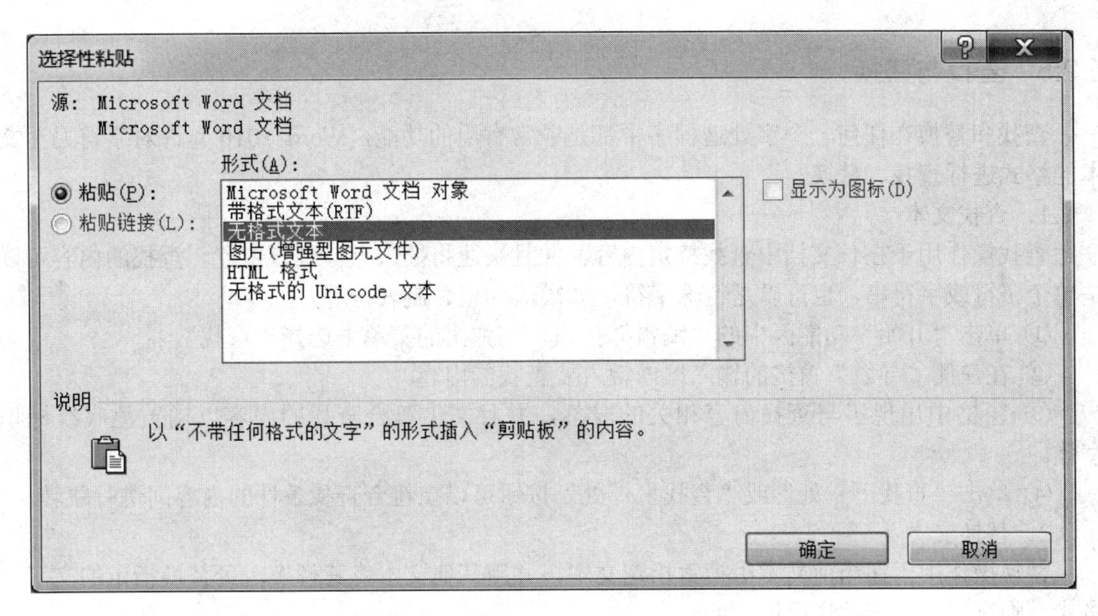

图 5-7 “选择性粘贴”对话框

注意：

① 文本、图形等任何信息都可以放入剪贴板中。使用剪贴板可以在同一窗口内复制和移动信息，也可以在不同窗口间复制和移动信息，即使用剪贴板可以实现不同应用程序间的数据共享。

② 短距离移动或复制文本，一般使用拖放法；长距离移动或复制文本，一般使用剪切法。

（4）删除文本

Delete 键的作用是删除光标后面的字符，通常只是在删除数目不多的文字时使用，当要删除大块文本时，应先选中要删除的文本，然后按一下 Delete 键。

删除文字还可以使用 Backspace 键，它的作用是删除光标前面的字符。对于输入错误的字可以用它来直接删除。选中文本，使用剪切功能或按 Ctrl＋X 组合键，也可删除文本。

6．撤销、恢复和重复

撤销和恢复是一对逆向的操作。撤销是取消上一步的操作，而恢复就是把撤销操作再重复回来。重复操作是重复最后一次的操作。

- 使用“快速访问工具栏”中的“撤销”和“恢复”按钮可方便地执行撤销和恢复操作。
- 使用快捷组合键 Ctrl+Z 即可实现撤销操作，使用快捷组合键 Ctrl+Y 即可实现恢复操作。

注意:

① 不允许任意选择一个以前的操作来撤销，而只能连续撤销一些操作。

② 撤销某项操作的同时，也将撤销列表中该项操作之后的所有操作。

③ 只有在刚进行了撤销操作后，“恢复”命令才生效。否则，“编辑”菜单中无此命令，“常用”工具栏上此按钮以灰色显示，表示无效。

5.2.5 查找与替换

查找和替换在任何一个字处理程序中都是非常有用的功能，Word 2010 允许对字符乃至文本的格式进行查找、替换。

1. 查找文本

查找操作用于在长文档中查找特定内容，并且快速将插入点移到该位置。查找的内容可以是单个字符或字符串，也可以是特殊字符，如段落标记、制表符等。

① 单击“开始”功能区中的“编辑”按钮，在弹出的菜单中选择“查找”。

② 在左侧“导航”窗格的输入框内键入要查找的内容。

③ 窗格中出现了与查找内容相关的段落，并且文中符合查找的内容以橘黄色底纹标识字体。

④ 单击“查找下一处”或“查找上一处”按钮可以在符合查找条件的内容间进行跳转。

2. 替换文本

替换操作用于在当前文本中搜索指定文本，并用其他文本将其替换。可替换指定的文字、格式、脚注、尾注或批注标记。

① 单击“开始”功能区中的“编辑”按钮，在弹出的菜单中选择“替换”，打开“查找和替换”对话框；利用快捷组合键 Ctrl+H 也可以快速打开“查找和替换”对话框，如图 5-8 所示。

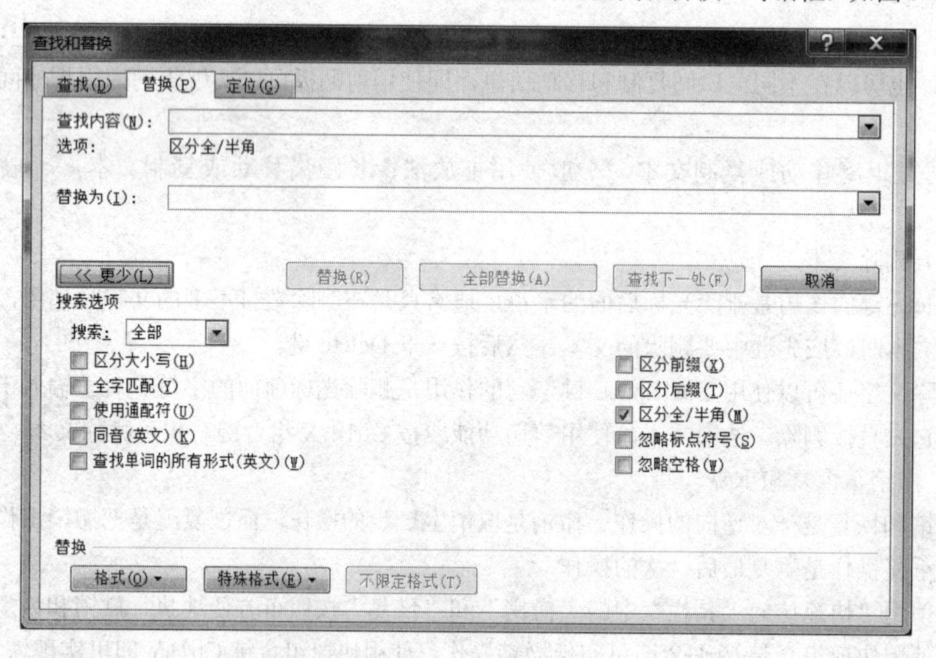

图 5-8 “查找和替换”对话框

② 在“查找内容”框内键入要查找的内容。选择其他所需选项。

③ 在“替换为”框内键入要替换的内容。选择其他所需选项。

④ 单击“查找下一处”“替换”或者“全部替换”按钮。

注意：

① 替换操作是在查找的基础上进行的，因此“替换”标签和“查找”标签的大部分内容

相同。所不同的是，需要在“替换为”文本框内输入替换后的新文本。

② 如果看不到“格式”和“特殊格式”按钮，请单击“更多”按钮。

3.“更多”按钮内容介绍

• “搜索”下拉列表框用于指定搜索的范围和方向，包括：

向下：从插入点向文尾方向查找。

向上：从插入点向文首方向查找。

全部：全文搜索。

• 选中“区分大小写”复选框，只搜索与大小写完全匹配的字符串。如“Am”和“am”不同。

• 选中“全字匹配”复选框，搜索到的字必须为完整的词，而不是长单词的一部分。例如，此复选框有效时，查找“Iearn”便不会找到“Iearning”。

• 选中“使用通配符”复选框，可以用通配符查找文本。常用的通配符有“？”和“*”两个。

• 选中“同音（英文）”复选框，查找读音相同的单词。

• 选中“查找单词的所有形式（英文）”复选框，查找单词的各种形式，如动词的进行时、过去时、名词复数形式等。

• 单击“格式”按钮显示查找格式列表，包括“字体”设置、“段落”设置、“制表位”等，选定查找或替换内容的文本格式。

• 单击“特殊格式”按钮可以选择要查找的特殊字符，如段落标记、制表位等。

• 单击“不限定格式”按钮可以清除当前“查找内容”和“替换为”输入框中设定的格式。

• 选中“区分全/半角”复选框，可以区分全/半角的输入。

4．利用替换方法删除多余的空行

① 打开“查找和替换”对话框。

② 单击“更多”按钮，以便显示全部选项。

③ 将插入点移到“查找内容”下拉列表框中，然后单击“特殊格式”按钮，从下拉菜单中选择“段落标记”选项，在“查找内容”输入框中显示“^p”，重复此操作，得到“^p^p”。

④ 将插入点移到“替换为”下拉列表框中，按照步骤③输入一个“^p”。

⑤ 单击“全部替换”按钮，即可删除多余的空行。

⑥ 如果文中还有空行，重复上述步骤即可。

注意：查找、替换和定位其实是在同一个对话框中的 3 个选项卡，在 Word 中对应的 3 个功能都有其各自的快捷键，查找是 Ctrl+F，替换是 Ctrl+H，定位是 Ctrl+G。

5.3 文档的排版

本节介绍文档排版的基本操作。

5.3.1 字符格式的设置

字符是指作为文本输入的字母、汉字、数字、标点符号以及特殊符号，字符格式编排决定字符在屏幕上和打印时的出现形式。

1．字符格式设置说明

字符格式包括：字体、字形、字号（即大小）、颜色、下画线、着重号、效果（删除线、阴影、下标、上标等）。对同一文字设置新的格式后，原有格式自动取消。

格式设置的有效范围：

• 一定要先定位插入点，再进行格式设置，所作的格式设置对插入点后新输入的文本有效，直到出现新的格式设置为止。

• 也可以先选中文字，再进行格式设置，所作的格式设置只对所选文字有效。

2．字符格式设置

① 利用“开始”功能区面板中的“字体”分组：首先选择需要格式化的文本区域，再用功能区的相应列表和按钮进行设置。如图 5-9 所示。

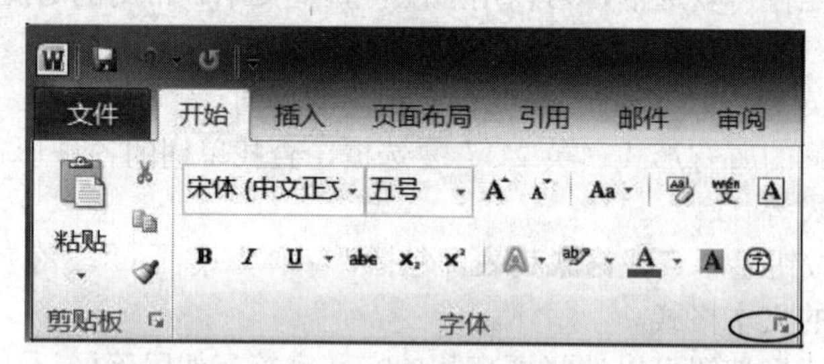

图 5-9 “字体”面板

② 利用“字体”对话框：功能区只能对字符进行有限的格式设置，全部格式的设置在“字体”对话框中。单击“字体”功能区右下角的箭头按钮，打开“字体”对话框，对字体、字形、字号、颜色、下画线、着重号、效果各项中需要的项目设置后，单击“确定”按钮即可，如图 5-10 所示。

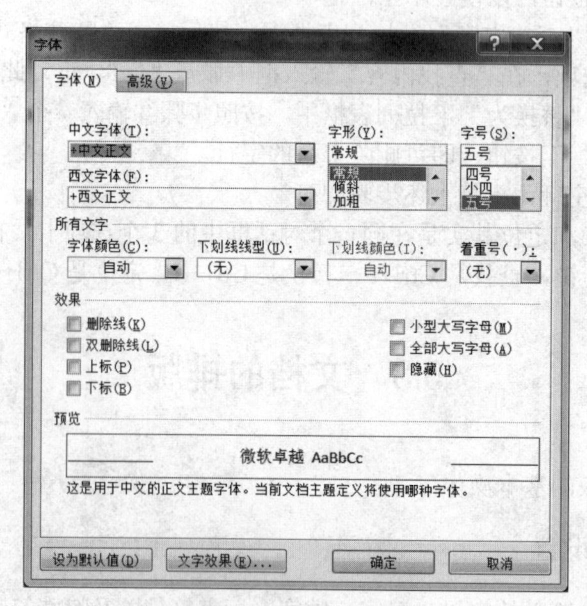

图 5-10 “字体”对话框

在“高级”选项卡中还包括字符间距设置与文字效果。其中“缩放”下拉列表框用于按文字当前尺寸的百分比横向扩展或压缩文字。“间距”下拉列表框用于加大或缩小字符间的距离，右侧的文本框内可输入间距值。“位置”下拉列表框用于将文字相对于基准点提高或降低指定的磅值。

3．利用格式刷快速复制格式

① 复制一次：选定一段带有格式的文本，然后单击格式刷按钮，如图 5-11 所示。在需要设置格式的文本上拖动，即可将格式复制到新拖动过的文本上。

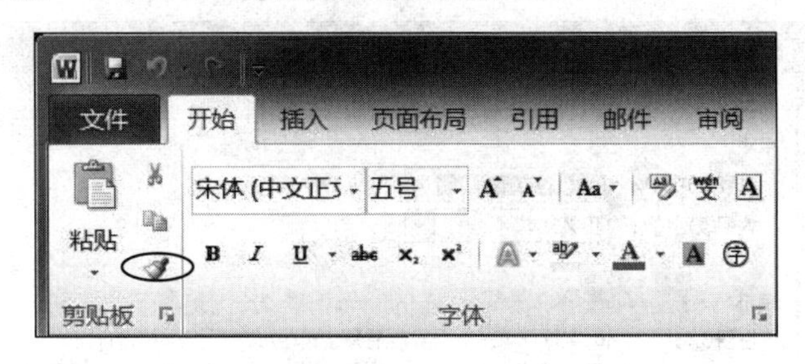

图 5-11 格式刷

② 多次复制：双击格式刷按钮，可以在多个地方拖动复制格式。复制完成后，再次单击格式刷按钮或按键盘上的 Esc 键，即可取消鼠标上的格式刷。

5.3.2 段落格式的设置

在 Word 中输入文字时，每按一次 Enter 键，就表示一个自然段的结束、另一个自然段的开始。

1．段落格式设置说明

段落设置包括段落的首行缩进、悬挂缩进、左缩进、右缩进、段前间距、段后间距、行间距、大纲级别和对齐方式等内容。

格式设置的有效范围：

- 首先定位插入点，再进行格式设置，所作的格式设置对插入点后新输入的段落有效，并会沿用到出现新的格式设置为止。
- 对已经输入的段落，将插入点放入段落内的任意位置（无需选中整个段落），再进行格式设置，所作的格式设置对当前段落（光标所在段落）有效。
- 若对多个段落设置格式，应先选中段落。

2．设置段落格式

（1）使用功能区设置段落格式

在 Word 窗口的“开始”功能区有“段落”命令按钮，其中包含了大部分的段落格式设置命令，通过单击这些按钮，可以很方便地设置段落格式，如图 5-12 所示。

（2）使用“段落”对话框

① 确定段落范围：若只对一个段落设置，将插入点移到段落内的任意位置；若对多个段落设置，则需全部选中这些段落。

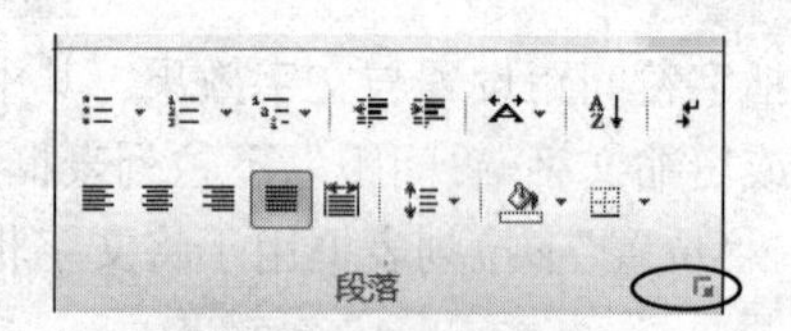

图 5-12　段落格式

② 选择“开始”功能区，单击“段落”组右下角的箭头，打开 “段落”对话框。如图 5-13 所示。

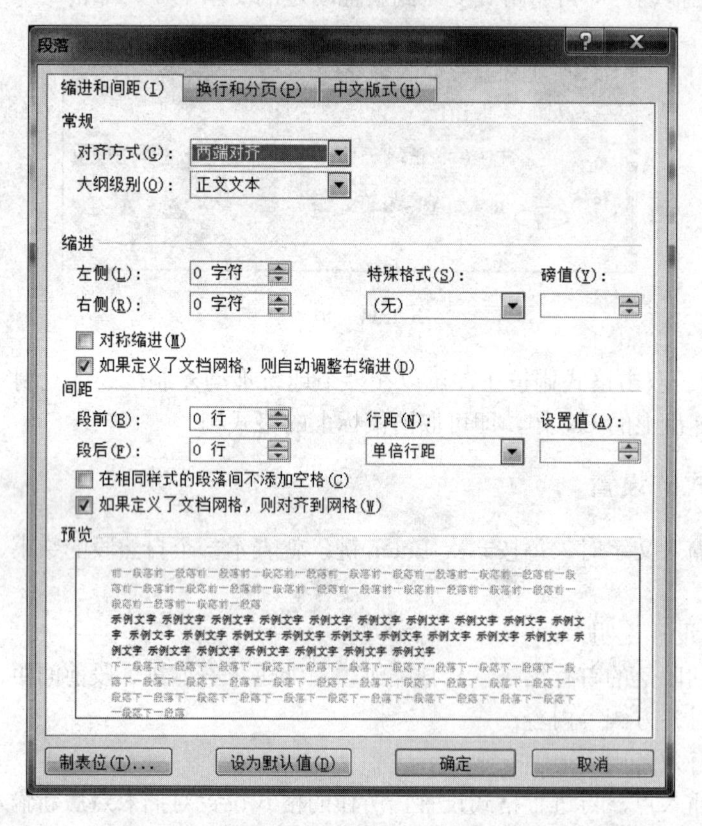

图 5-13 “段落”对话框

“段落”对话框选项说明：

• “对齐方式”下拉列表框用于设置段落的对齐方式，包括：左对齐、右对齐、居中、两端对齐、分散对齐。

• “大纲级别”下拉列表框可以设置段落的大纲级别，分为 10 级（正文文字、1～9 级）。设置为 1—9 级的段落（一般为不同级别的标题），在显示文档结构图时，会出现在左侧的“大纲”栏内。

• “缩进”栏内可以输入或通过数字按钮调整段落的左、右缩进字符个数。

• “间距”栏内的“段前”是指段落与前一段落之间的距离，“段后”是指与后一段落之间的距离。

• “特殊格式”下拉列表框可以设置段落的“首行缩进”或“悬挂缩进”（只能设置一项），

并在“度量值”数字框内设置缩进值。“首行缩进”控制段落第一行第一个字符的位置。“悬挂缩进”控制段落中除第一行外，其他各行的缩进距离。

- “行距”下拉列表框可以选择“行距”类型：单倍行距、1.5 倍行距、最小值、固定值、多倍行距。其中最小值、固定值、多倍行距选项需要在右边的“设置值”数字栏内输入或调整数字。最小值、固定值以磅为单位，多倍行距则是基本行距的倍数值。

注意：

一般情况下，居中对齐的段落首行缩进值应为零（或设为无特殊格式）。

对段落格式的设置还包括“换行和分页”“中文版式”。例如，不允许段落只有一行处在另一页上、段内不允许分页、按中文习惯控制首尾字符等，这些操作都可通过“换行和分页”标签、“中文版式”标签中的选项进行设置。

5.3.3 页面格式的设置

页面设置主要包括设置文字方向、页边距、纸张方向、纸张大小、纸张来源、分栏、分隔符、版面设置等内容。可以通过“页面布局”功能区，“页面设置”中的命令按钮实现，如图 5-14 所示。也可以通过单击“页面设置”右下角的箭头，在弹出的对话框中进行详细的设置，如图 5-15 所示。

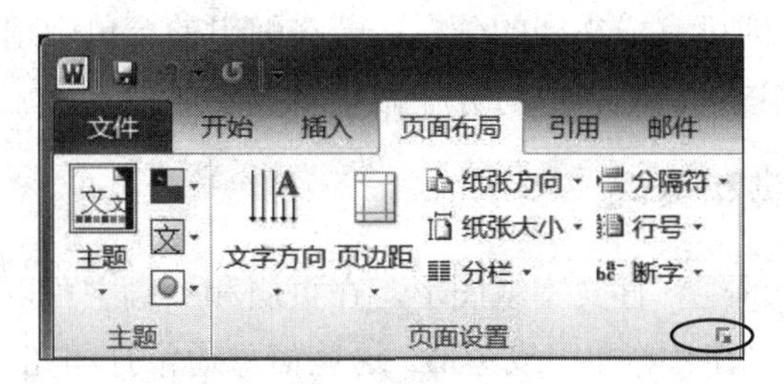

图 5-14 页面设置

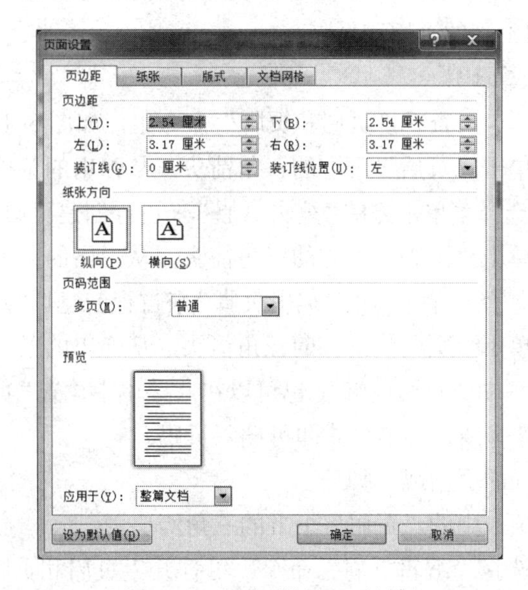

图 5-15 “页面设置”对话框

“页面设置”选项说明：

• 改变文字方向：单击“文字方向”按钮，可以改变文本的排列方式：水平、垂直和旋转。

• 设置页边距：在“页面设置”对话框的“页边距”选项卡中，可以输入上、下、左、右页边距的数值。如果文稿需要装订，就要设置装订线的位置，输入框中的数值表示的是装订线到页边的距离，而设置了装订线位置的页边距表示的就是装订线到正文边框的距离。在“纸张方向”选择区中可以选择“纵向”或“横向”两种类型。

• 设置纸张大小：在“页面设置”对话框中单击“纸张”选项卡，从“纸张大小”下拉列表框的列表中选择纸张的大小。

• 版式设置：在“页面设置”对话框中单击“版式”选项卡，在“垂直对齐方式”下拉列表框中选择对齐方式，设置节的起始位置，奇偶页的页眉/页脚是否相同，页眉页脚距离边界的位置，为文本设置行号，以及页面的边框和底纹等项目。

• 文档网格设置：在“页面设置”对话框中单击“文档网格”选项卡，可以设置文本每行与每页的字符数和跨度、文本排列的方式、网格的状态等。

• 分栏：分栏经常用于排版报纸、杂志和词典。它有助于版面的美观、便于阅读，同时对回行较多的版面起到节约纸张的作用。单击“页面设置”功能区中的“分栏”按钮，在弹出的菜单中选择需要的栏数，即可完成文档的分栏；若在弹出的菜单中选择“更多分栏”选项，则弹出“分栏”对话框，在该对话框中可对分栏做更多详细的设置。

5.3.4　插入页眉、页脚和页码

页眉和页脚是文档中的注释性文本或图形。在页眉和页脚中可以包括页码、日期、公司徽标、文档标题、文件名或作者名等文字或图形。这些信息通常打印在文档中每页的顶部或底部。页眉打印在上页边距中，而页脚打印在下页边距中。在文档中可自始至终用同一个页眉或页脚，也可在文档的不同部分用不同的页眉和页脚。

1. 创建页眉、页脚或页码

① 单击“插入”选项卡，查看“页眉和页脚”命令组，如图 5-16 所示。

② 要创建页眉，可单击“页眉”下方的三角箭头，从弹出的菜单中选择需要的样式，或者选择菜单下方的“编辑页眉”来自行创建页眉。

③ 要创建页脚，可单击“页脚”下方的三角箭头，从弹出的菜单中选择需要的样式，或者选择菜单下方的“编辑页脚”来自行创建页脚。

④ 要创建页码，可单击“页码”下方的三角箭头，从弹出的菜单中选择页码的位置（页面顶端或页面底端），也可以在此菜单中设置“页码格式”，在级联菜单中选择所需要的样式即可插入页码。

图 5-16　页眉和页脚

2. 为奇偶页创建不同的页眉或页脚

① 单击“插入”选项卡中的“页眉”下方的三角箭头。

② 在弹出的菜单中选择“编辑页眉”命令，可打开“页眉和页脚工具”功能区面板，如图 5-17 所示。

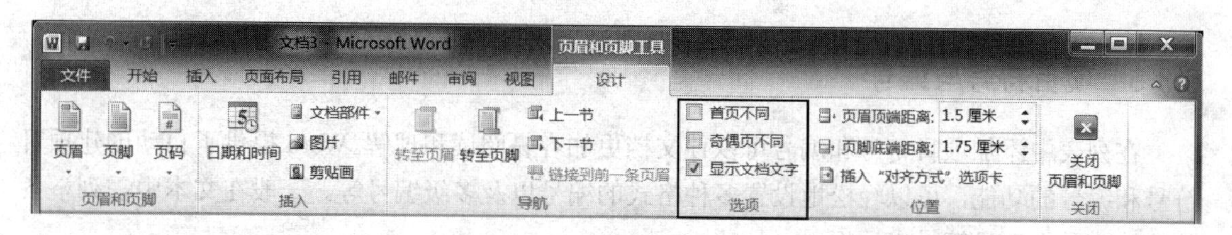

图 5-17 “页眉和页脚工具”面板

③ 在“选项”组中，勾选“奇偶页不同”复选框，然后分别在页面的奇数页和偶数页输入需要的页眉内容。

④ 单击“关闭页眉和页脚”按钮。

页脚的操作方法与页眉类似。

3. 脚注和尾注

脚注和尾注用于打印文档中为文档中的文本提供解释、批注以及相关的参考资料。脚注一般位于页面的底部，作为文档某处内容的注释；尾注一般位于文档的末尾，用于列出引用的文献等。

插入脚注和尾注的操作如下：

① 光标定位到要插入的地方。

② 单击“引用”选项卡，单击“插入脚注”或者“插入尾注”命令，如图 5-18 所示。

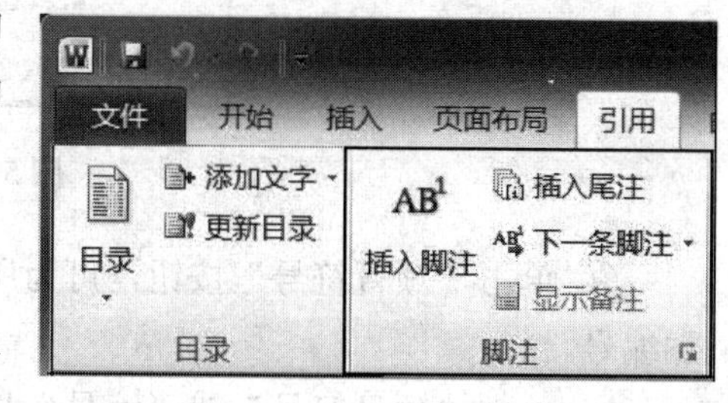

图 5-18 插入脚注和尾注

③ 或者单击“脚注”组右下方的箭头，打开“脚注和尾注”对话框，对脚注或尾注的格式、编号等细节进行修改，如图 5-19 所示。

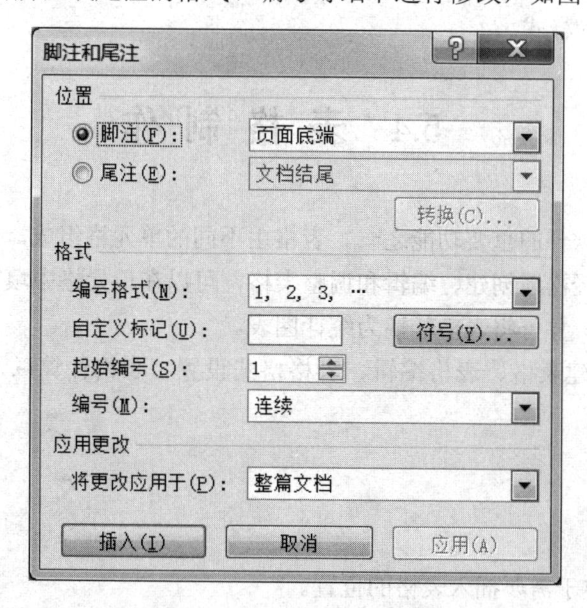

图 5-19 “脚注和尾注”对话框

5.3.5 项目符号与编号

在列表中添加项目符号和编号可以使文档更加容易阅读和理解。Word 提供了自动创建项目符号和编号的功能，可以轻松地设置多种格式的编号以及多级编号等。一般在文本中需列举条件的地方采用项目符号来标识。

设置项目符号和编号的步骤如下：

① 选定要添加项目符号或编号的项目。

② 单击“开始”选项卡，在“段落”组中有 3 个命令按钮分别是“项目符号”“编号”“多级列表”，如图 5-20 所示。

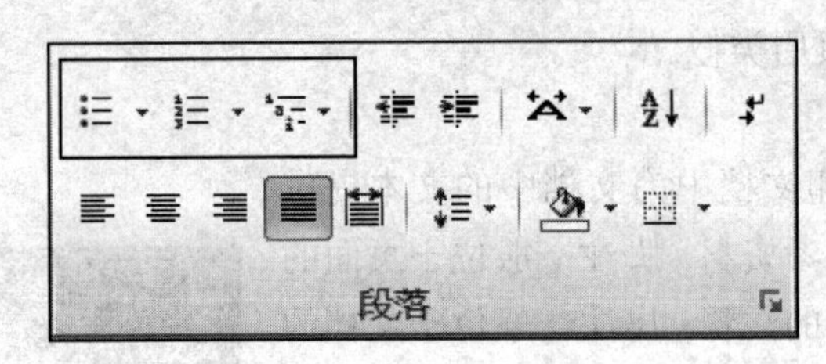

图 5-20 项目符号与编号

③ 单击“项目符号”按钮，可为所选内容添加项目符号。单击“编号”按钮，可为其添加编号。

④ 单击“项目符号”或“编号”按钮右侧的三角箭头，可以选择各种不同样式的“项目符号”或者“编号”。

⑤ 可以通过选择“定义新项目符号”“定义新编号格式”“定义新多级列表”等选项，自定义项目符号及编号的样式。

5.4 表格制作

制表是文字处理软件的重要功能之一。表格由不同的单元格组成，利用 Word 2010 提供的制表功能，用户可以轻松地创建、编辑和调整表格，可以在单元格中填写文字和插入图片，还能在表格中进行计算，并可将表格转换为统计图表。

本节重点介绍创建表格、表格编辑、表格格式设置、表格计算以及表格与文本的转换等操作。

5.4.1 创建表格

1. 创建表格

① 将插入点定位于需要插入表格的位置。

② 单击“插入”选项卡的“表格”按钮，弹出一个表格框，如图 5-21 所示。

图 5-21 创建表格

③ 在表格框内拖动鼠标可以选取所需要的行列数，单击鼠标表格即可建立。

2．“插入表格”对话框

单击表格框下方的“插入表格”命令，会弹出“插入表格”对话框，在对话框内可以输入表格的列数与行数，并且可以修改表格的“自动调整”操作参数，进行表格的创建。如图 5-22 所示。

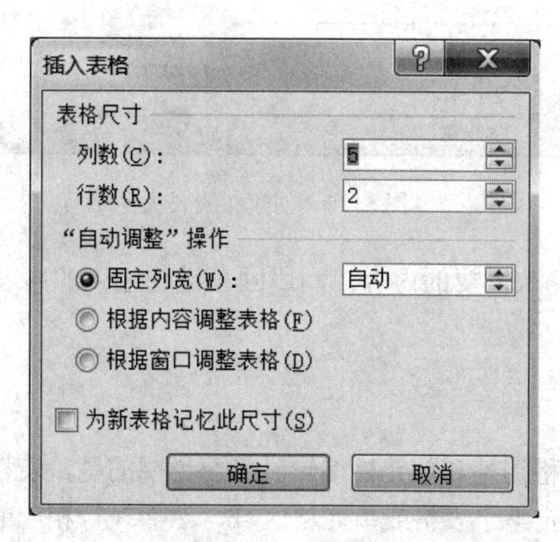

图 5-22 “插入表格”对话框

- “固定列宽”数字可以指定各列的宽度。
- 选中“根据窗口调整表格”单选按钮，可以在浏览器中浏览。
- 选中“根据内容调整表格”单选按钮，可以根据单元格中的内容自动调整列宽。
- 选中“为新表格记忆此尺寸”复选框，可在下次使用插入表格命令时使用已设定的行数、列数、列宽。

注意：

Word 2010 表格线条默认为 0.5 磅黑色单实线，可重新设置。

3．绘制斜线表头

操作方法如下：

① 光标定位于表格内的任意单元格中（一般为表格左上方第一个单元格）。

② 在“表格工具”选项卡的“设计”组中，单击“边框”按钮，在弹出的菜单中选择“斜下框线”。如图 5-23 所示。

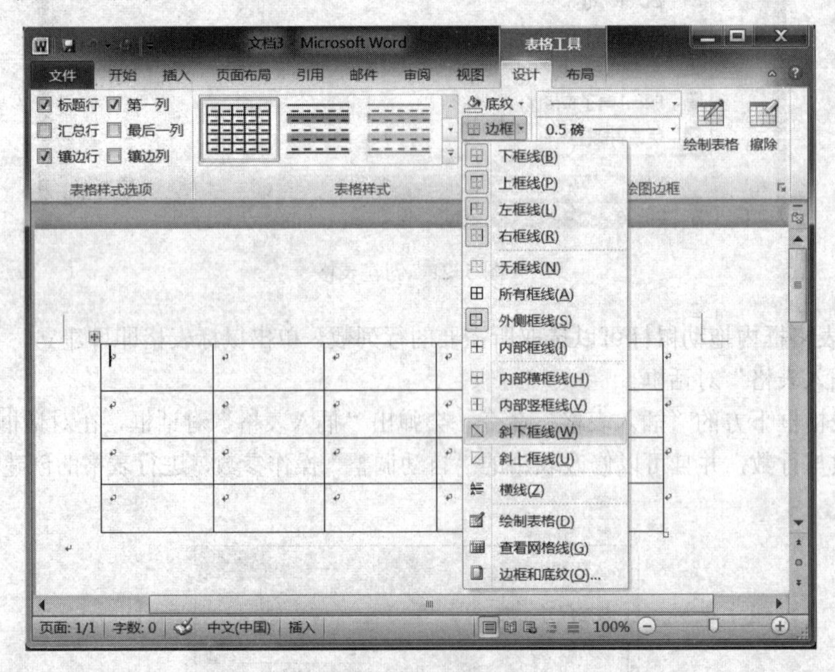

图 5-23　创建斜线表头

③ 在表头单元格内输入需要的内容，利用回车键使输入的内容分两行显示，完成表头的制作。

5.4.2　编辑表格

编辑表格操作包括表格调整和单元格编辑。需要说明的是，表格操作前必须遵守“先选定后操作”的原则，即先选定整个表格或单元格区域，然后执行相应的操作。

1．编辑表格内容

每个单元格的内容都可以看作是一个独立的文本。单击需要输入内容的单元格，然后输入文本。文本的输入与修改的方法和一般文本编辑方法相同。

2．调整表格

（1）选定单元格、行、列、整个表格

• 选中行：鼠标指向单元格的左边线，指针变为右向黑色箭头，单击鼠标左键，选中当前格；双击鼠标左键，选中当前行；三击鼠标左键，则选中整个表格。

• 选中列：鼠标指向某列的顶部，指针变为向下的黑色箭头，单击鼠标左键即可选中该列。

• 选中多个连续的单元格：按住鼠标左键拖动，经过的单元格、行、列直至整个表格都可以被选中。

• 选定整个表格：当鼠标移过表格时，表格左上角会出现“表格移动控点”，单击该控点可选定整个表格。

（2）插入行、列

在插入操作前，光标定位于插入位置。插入单元格，当前单元格的位置会发生变化，插入单元格的数量、行数、列数与当前选中的单元格的数量、行数、列数相同。

在“表格工具”的“布局”选项卡的“行和列”组中，可以单击上、下、左、右四个方向的插入位置，即可在表格中插入相应的行和列。如图 5-24 所示。

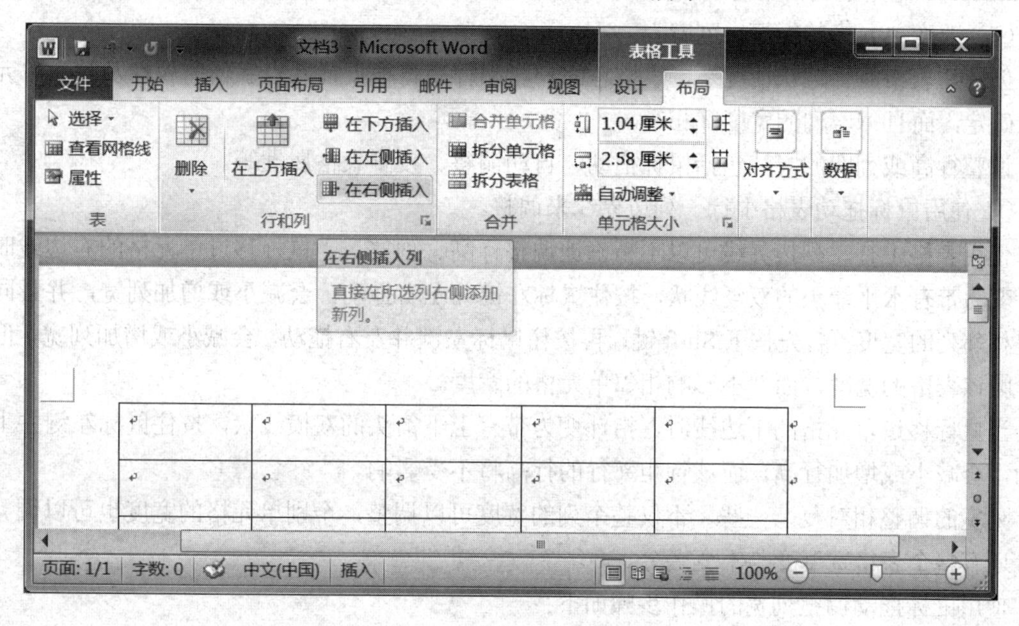

图 5-24　插入表格行和列

注意：

① 把光标定位到表格最后一行的最右边的回车符前面，然后按回车键，就可以在最下面插入一行。

② 在表格中插入表格：选定相应的单元格，单击“插入”→“表格”命令，选择表格的行数与列数，完成操作。

（3）单元格的合并与拆分

不规则的表格，可以通过规则表格生成。例如，将多个连续的单元格合并成一个大的单元格；将大的单元格分成若干个小的单元格。

① 单元格的合并：选定需要合并的单元格，选择“表格工具”|“布局”中的“合并单元格”命令，或利用鼠标右击菜单中的“合并单元格”命令。

② 单元格的拆分：选定需要拆分的单元格，选择“表格工具”|“布局”中的“拆分单元格”命令，或利用鼠标右击菜单中的“拆分单元格”命令，打开“拆分单元格”对话框，输入或选择拆分后形成的行列数，单击“确定”按钮。

（4）表格的删除和复制

① 复制表格：表格可以全部或者部分复制。与文字的复制一样，先选中要复制的单元格，单击“复制”按钮，把光标定位到要复制表格的地方，单击“粘贴”按钮，刚才复制的单元格形成了一个独立的表。

② 删除表格：选中要删除的表格或者单元格，单击“表格工具”→“布局”→“删除”命令，选择所需的项目，完成操作。

注意：按一下 Backspace 键，同样弹出“删除单元格”对话框。按 Delete 键是删文字，而按 Backspace 键是删表格中的单元格。

（5）改变单元格的行高、列宽

创建新表格时，默认情况下，表格总的列宽和行高将根据插入点字体的属性及默认单元格边距确定，而且每一列的宽度都相等。

调整行高或列宽的方法包括鼠标拖动、自动调整、设置表格属性等。

① 使用鼠标拖动表格中行、列边界线来调整。

使用表格中行、列边界线可以不精确地调整行高、列宽。当鼠标移过单元格的右边线时，指针变为带有水平箭头的双竖线状，按住鼠标左键并左右拖动，会减小或增加列宽，并且同时调整相邻列的宽度；若先按下 Shift 键，再按住鼠标左键并左右拖动，会减小或增加列宽，但只会影响该表格的宽度，而并不影响相邻单元格的宽度。

当鼠标移过单元格的下边线时，指针变为带有上下箭头的双横线状，按住鼠标左键并上下拖动，会减小或增加行高，而该行相邻行的行高将不受影响。

列宽的调整相对复杂一些，不仅整个列的宽度可以调整，个别单元格的宽度也可以调整，而且还有整个表格宽度变与不变之分。

使用鼠标拖动调整列宽的操作步骤如下：

- 将鼠标指针指向列边或表格的列标。
- 当鼠标指针变为带有左右箭头的两条竖线或不停缩放的左右箭头形状时，按住鼠标左键，此时所选列边上会出现一条虚线。
- 左右拖动鼠标，虚线会随之移动。将虚线拖到相应位置，然后松开鼠标左键，所选列边就移到虚线所在位置。

注意：

- 调整列宽时，如果整列都被选择或整列都没被选择，则调整的是整列的宽度；如果列的一部分单元格被选择，而拖动该列其他单元格的列边进行调整，则调整的仍是整列的宽度；如果列的一部分单元格被选择，而拖动列标或该列被选单元格的列边进行调整，则调整的仅是被选单元格的宽度。

• 通过在表格中直接拖动列边来调整列宽时，该列边左右两侧的列宽都随之改变，其余单元格列宽保持不变，整个表格的宽度也不变。此时，拖动表格的右端线可改变整个表格的宽度。

② 设置表格属性来调整行高和列列宽。

表格宽度、表格中各行的行高、各列的列宽、单元格的边距、表格的边框和底纹等有关表格的属性调整均可通过"表格属性"对话框实现。

• 打开"表格属性"对话框：将插入点定位到表格内的任意位置，利用右键单击弹出的菜单，选择"表格属性"命令，或选择快捷菜单中的"表格属性"命令，打开"表格属性"对话框，如图 5-25 所示。

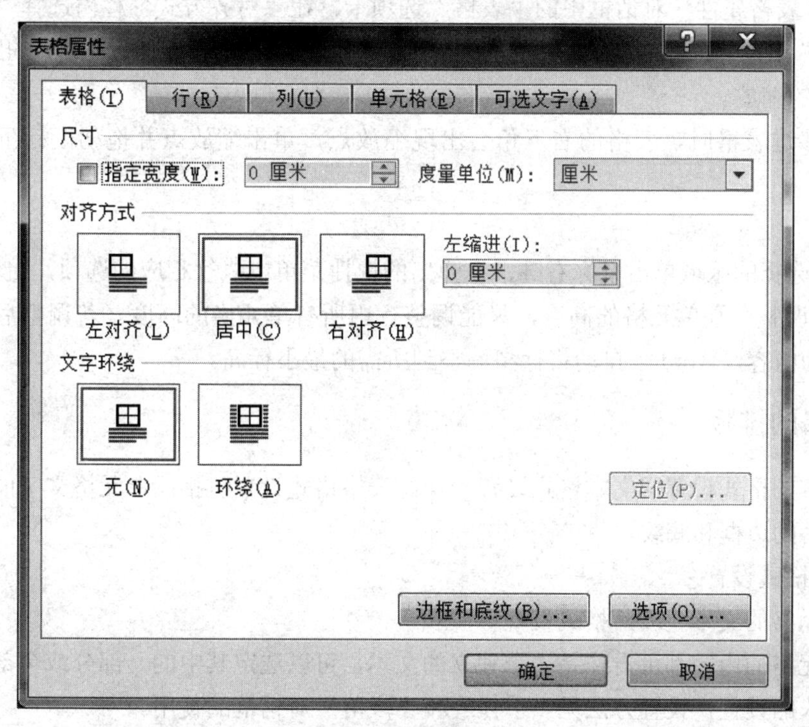

图 5-25 "表格属性"对话框

• 选择需要调整的标签，设定好参数值。
• 单击"确定"按钮即可。

③ 利用选项卡调整行高和列宽。

利用表格工具的"布局"选项卡中的按钮，可以非常快捷地调整表格的各项参数，如图 5-26 所示。

（6）表格的移动和缩放

表格可以和插入的图片、绘制的图形一样可以在页面上移动、缩放和实现文字环绕排列。

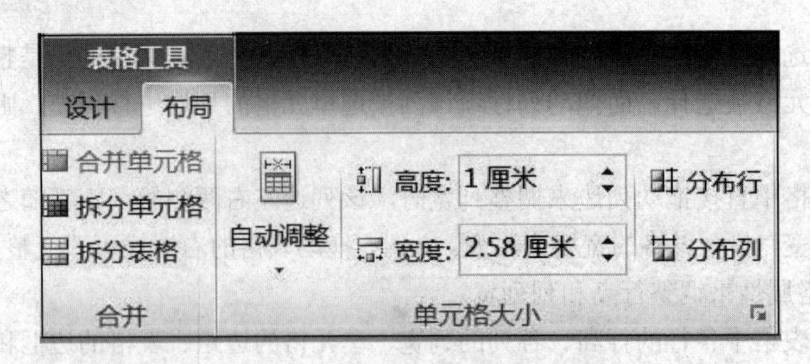

图 5-26 调整表格的行高和列宽

① 表格的移动。

• 单击“表格移动控点”并拖动，可以移动表格。

• 利用“表格属性”对话框中的“表格”选项卡，在“对齐方式”栏内选择“左对齐”方式，“左缩进”数字框被激活，输入或调整数字框的数字可以改变表格距左边界的距离。

② 表格的缩放。

当鼠标移过表格时，表格的右下角会出现缩放点，单击缩放点并拖动鼠标可实现表格的缩放。

注意:

① 对已选择的区域单击鼠标右键，在弹出的快捷菜单中执行相应的选项，更快捷方便。

② 不能调整个别单元格的高度，只能调整行内所有单元格的高度。若调整后的行高无法容纳单元格的内容，Word 会自动将行高调整到所需的最小行高。

5.4.3 表格的排版

表格内容的格式设置同文本格式设置一样。表格格式设置包括：单元格文字的格式、段落格式、单元格的边框和底纹。

1．表格格式设置

（1）单元格的文本、段落格式设置

每个单元格的内容都可看作是一个独立的文本，可以选定其中的一部分或全部内容进行字体和段落格式的设置，设置方法见“字体”和“段落”对话框的使用。

• 设置对齐方式：选取单元格里的文字，单击鼠标右键，选择快捷菜单中的“单元格对齐方式”项，会弹出几个按钮供选择，单击需要的格式，如图 5-27 所示。

• 统一所有单元格里的文字格式：把鼠标移动到表格上，在表格的左上角的移动标记上单击右键，从快捷菜单的“单元格对齐方式”面板中选择需要的格式。

（2）单元格的边框和底纹设置

边框和底纹的设置不止对表格或表格中的单元格进行，也可以对页面、节进行设置。所有边框和底纹的设置都通过“边框和底纹”对话框实现。

• 设置边框：选定需要添加边框和底纹的单元格，单击鼠标右键，选择快捷菜单中的“边框和底纹”，弹出“边框和底纹”对话框，如图 5-28 所示。在“设置”栏中选择一种边框，在

“样式”列表中选择一种线型，在“颜色”下拉列表框中选择边框的颜色，在“宽度”下拉列表框中选择框线宽度，在“预览”框的左侧、下侧单击需要设置的边框，或在预览框内直接单击所设边框，“预览”框内会显示设置的效果，在“应用范围”下拉列表框内选择应用范围。单击“确定”按钮，即可得到所需要的边框。

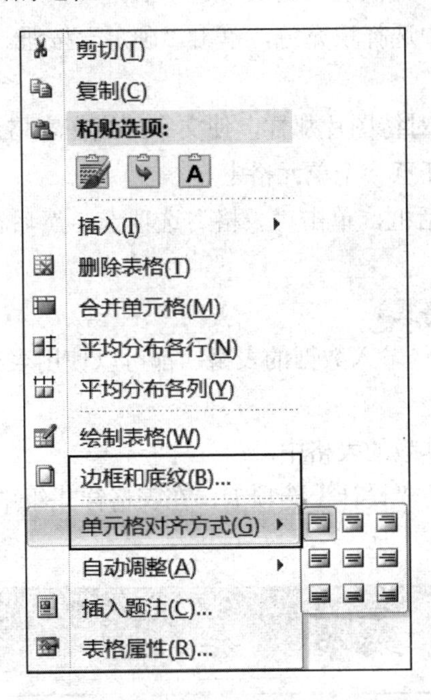

图 5-27 单元格对齐方式

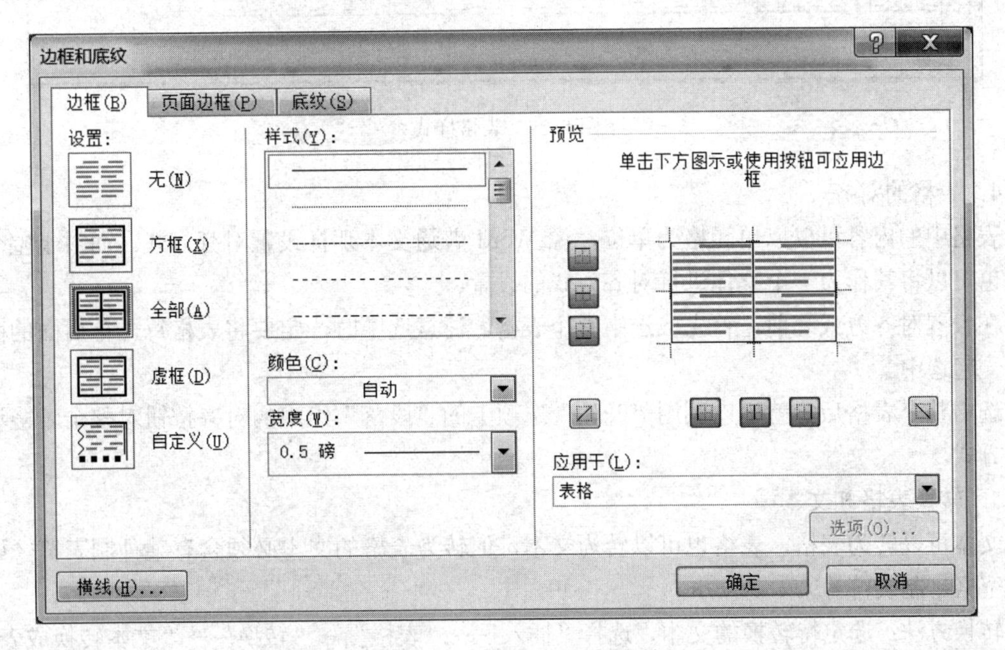

图 5-28 “边框和底纹”对话框

• 设置底纹："底纹"是指单元格的背景色及填充图案。设置底纹的操作如下：

① 选定操作单元格，单击鼠标右键，从弹出的快捷菜单中选择"边框和底纹"，弹出"边框和底纹"对话框。

② 单击"边框和底纹"对话框的"底纹"选项卡。

③ 在"填充"下拉列表中选择填充色，单击"确定"按钮。

2．设置文字环绕表格

在 Word 2010 中，可以像对待图片那样，使文字环绕在表格周围。操作步骤如下：

① 将插入点置于表格内任意一个单元格中。

② 打开"表格属性"对话框，单击"表格"选项卡，然后在"文字环绕"选项区中选择"环绕"选项。

3．表格样式（自动套用格式）

无论是新建的空表还是已经输入数据的表格，都可以使用表格样式来快速排版表格。操作步骤如下：

① 将插入点置于要进行排版的表格中。

② 单击"表格工具"中的"设计"选项卡，在表格样式组中选择需要的格式，如图 5-29 所示。

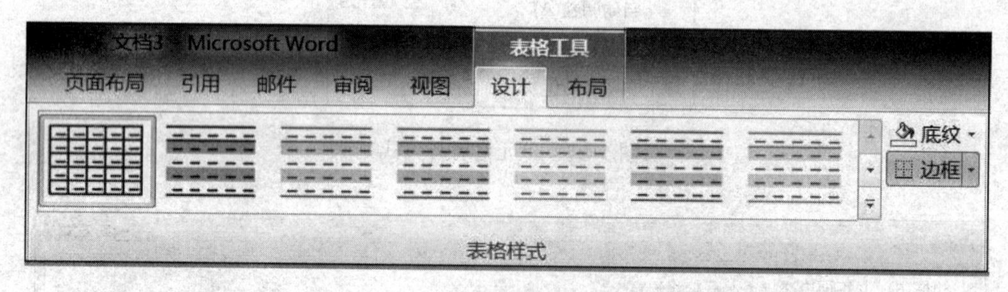

图 5-29 表格样式

4．表格的对齐

表格中的内容可以以单元格为单位，像 Word 普通文本那样设置对齐方式。而对于整个表格，也可以将其作为一个整体进行对齐方式的设置。

在设置对齐方式之前，首先应选中整个表格。注意选中时一定要将表格每一行后面的段落符号一起选中。

选中整个表格后，就可以利用"开始"选项卡的"段落"组中的对齐按钮对整个表格设置对齐方式。

5．转换表格和文本

文本可以转为表格，表格也可以转为文本，但转为表格的文本必须含有某种制表符（如逗号、空格、制表符等）。

转换方法：选定待转换的文本，选择"插入"→"表格"→"转换"→"文本转换成表格"命令，完成相应的参数设置后，单击"确定"即可。相反也可以将表格转换成文本。

5.4.4 表格的计算功能

1．表格计算的基础

（1）单元格编号

表格中的每一个单元格都有编号，进行表格中的数据计算时，需要使用单元格的编号。表格的列以字母表示（A、B、C 等），行以数字表示（1、2、3 等），可以用像 A1、A2、B1、B2 这样的形式引用表格中的单元格。用 F4 表示第 4 行与第 6 列相交的单元格；用“B2:C3”表示“B2、C2、B3、C3”等 4 个单元格；用“B3, C5, D7”表示“B3，C5，D7”等 3 个单元格。

Microsoft Word 与 Microsoft Excel 有所不同，Word 中的单元格引用始终是绝对引用并且不带美元符号。例如，在 Word 中用 A1 引用一个单元格相当于在 Excel 中用 A1 引用一个单元格。

	A	B	C
1	A1	B1	C1
2	A2	B2	C2
3	A3	B3	C3

（2）常用函数

常用的函数有以下几个：

SUM——求和

MAX——求最大值

MIN——求最小值

ABS——求绝对值

COUNT——计数

AVERAGE——求平均值

（3）常用参数

ABOVE——插入点上方各数值单元格

LEFT——插入点左侧各数值单元格

RIGHT——插入点右侧各数值单元格

例如：

SUM(ABOVE)求插入点以上各数值和。

SUM(B2:B5)求 B2 到 B5 这 4 个单元格的和。

SUM(B2, C5, D7)求 B2、C5、D7 这 3 个单元格的和。

2．公式计算

公式必须以“=”开头。计算步骤如下：

① 将插入点放入存放计算结果的单元格中，选择“表格工具”→“布局”→“数据”组中的“公式”按钮，如图 5-30 所示，打开“公式”对话框，如图 5-31 所示。如果 Word 提议的公式非您所需，请将其从“公式”文本框中删除。

② 在“公式”文本框中输入公式（以等号开头）。

③ 或者在“粘贴函数”下拉列表中选择所用公式，并进行编辑。

④ 单击“确定”按钮，计算结果便会出现在插入点所在的单元格中。

注意：

Word 是以域的形式将结果插入选定单元格的。如果所引用的单元格发生了更改，请选定该域，然后按F9键，即可更新计算结果。

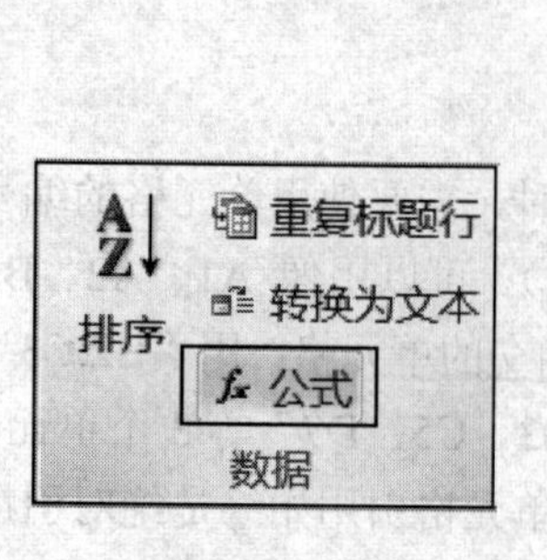

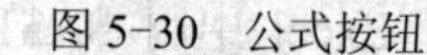

图5-30 公式按钮

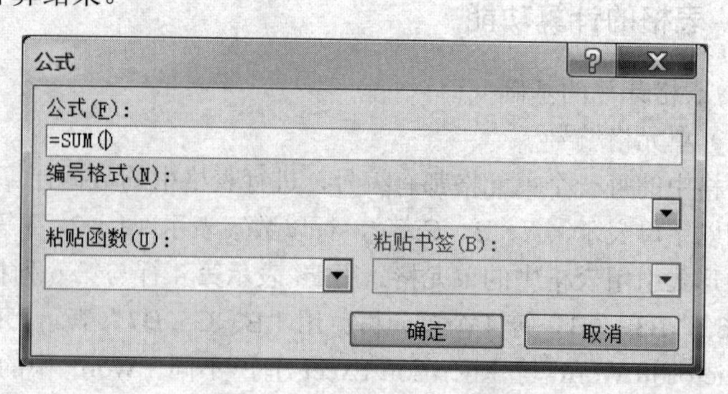

图5-31 “公式”对话框

5.5 图文混排

在文档中，除了文字和表格外，有时还需要添加图片、剪贴画、形状、公式、艺术字等，使文档更加丰富生动。本节主要介绍图片、形状、公式以及艺术字在文档中的使用方法。

5.5.1 图片的插入

在Word文档中，可以根据需要插入各种图片。插入的图片可以是Office所带图片库中的图片，可以是用文件形式保存在计算机中的任何图片，也可以是通过剪贴板复制方式在文档中粘贴的图片，还可以是扫描仪或数字相机中直接获取的图片。插入图片时，先将光标移至插入图片的位置，然后按下列方法之一插入所需图片。

1. 插入剪贴画

剪贴画是绘制的矢量图像。系统提供的剪贴画都存放在剪辑库中，用户可以将其他来源的剪贴画添加到剪辑库中。剪辑库是一个工具，它除了预览和插入剪贴画之外，还可以对图片、声音、影片和动画进行预览和插入操作。

① 光标定位于插入点。

② 选择“插入”选项卡→“插图”→“剪贴画”，如图5-32所示，打开“剪贴画”任务窗格。

③ 在任务窗格中选择类别进行搜索，单击要插入的图片，即可将图片插入到文档中。

2. 插入图片文件

图片是指以位图形式构成的图像文件。可以直接或使用单独的图形过滤器在文档中插入许多常用的图形文件。不需要安装单独的图形过滤器，即可插入“增强型图元文件”(.emf)、“Joint Photographic Experts Group”(.jpg)、“便携式网络图形”(.png)、“Windows 位图”(.bmp、.rle、.dib)、“GIF”(.gif)、“图元文件”(wmf)图形。若插入其他类型的图形，则需要安装图形过滤器。

插入图片操作：选择“插入”选项卡→“插图”→“图片”，选择要插入的图片，单击“插入”按钮，图片就插入到文档中了。

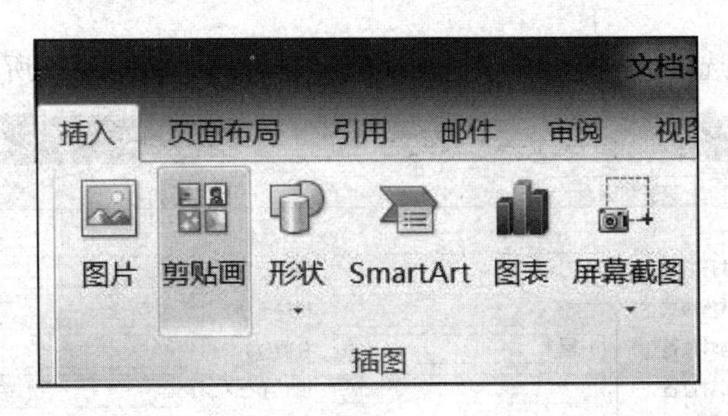

图 5-32 插入剪贴画

3．设置图片格式

在文档中插入剪贴画或图片之后，还需要对其进行编辑，Word 中提供了“图片工具”工具，如图 5-33 所示。选择“图片工具”选项卡中的按钮命令，可以调整图片的背景、亮度和对比度、锐化和柔化、颜色、艺术效果、图片边框、图片效果、图片版式、大小等多项参数。

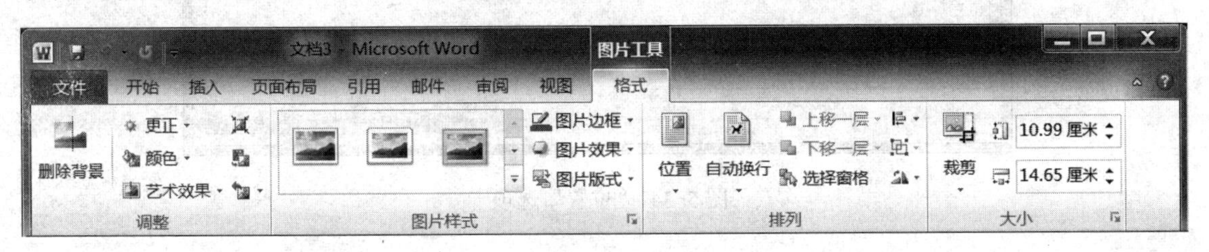

图 5-33 “图片工具”功能区

4．图片的大小和位置

（1）调整大小

- 单击插入的图片，其周围就会有 8 个黑色的小正方形，这些是尺寸句柄，把鼠标放到上面，鼠标就变成了双箭头的形状，按下左键拖动鼠标，就可以改变图片的大小。
- 如要精确调整图片大小，可打开“图片工具”选项卡，在“大小”组中进行调整。

（2）移动图片

用鼠标左键点选按住图片，即可将图片拖放到需要的位置。

（3）删除图片

选中图片，按 Delete 键或 BackSpace 键即可将图片删除。

（4）图片的位置

打开“图片工具”选项卡，单击“大小”组右下角的箭头按钮，弹出“布局”对话框，如图 5-34 所示。选择“位置”选项卡，设置图片的位置。或选中图片后，单击鼠标右键，弹出快捷菜单，从中选择“大小和位置”，也能弹出对话框。

5．图文混排

在 Word 2010 中，刚插入的剪贴画或图片为嵌入式，既不能随意移动位置，也不能在其周围环绕文字。如果想使图片的周围环绕文字，可以使用 Word 的图文混排功能。

在文档中单击图片将其选定，打开“布局”对话框，选择“文字环绕”选项卡，从“环绕方式”中选择不同的选项，可以得到不同的文字环绕效果，如图 5-35 所示。

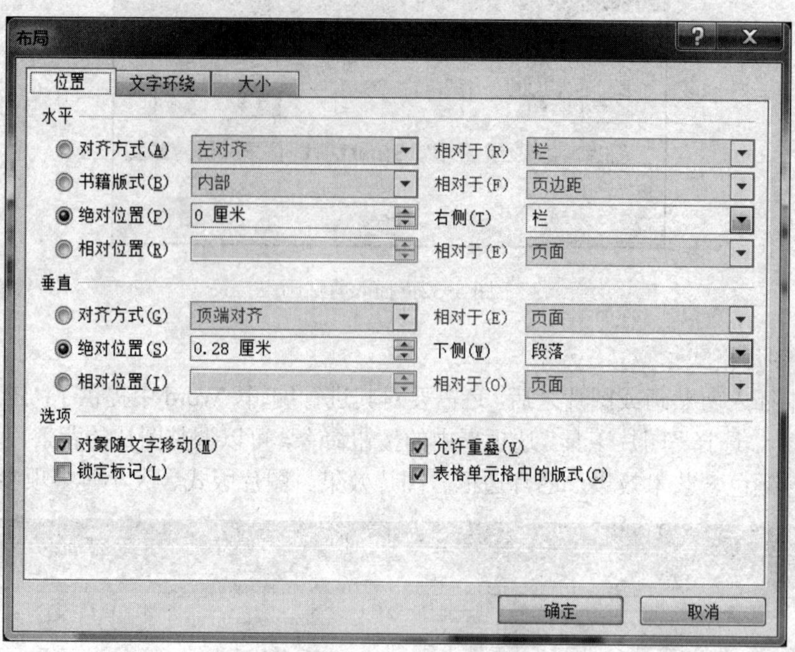

图 5-34 “位置”选项卡

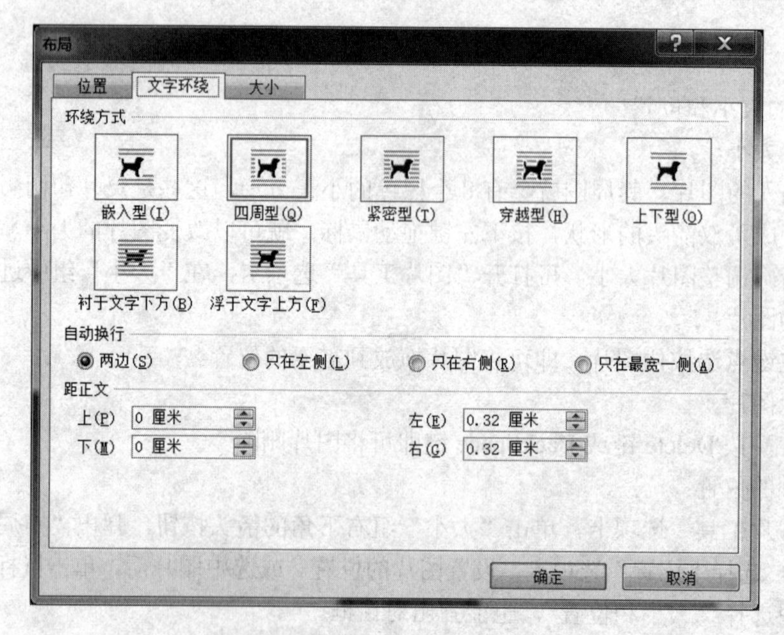

图 5-35 “文字环绕”选项卡

5.5.2 绘制图形

在实际工作中，经常需要在文档中插入一些简单的图形。使用 Word“形状”工具可以绘制出多种几何图形，并能对图形进行各种简单的编辑。

1．插入形状

单击“插入”选项卡，在“插图”组中选择“形状”，弹出的面板中选择需要的图形按钮，如图 5-36 所示。在要绘制图形的开始位置单击鼠标左键并拖动到结束位置，松开鼠标左键即可绘制出上述基本图形。

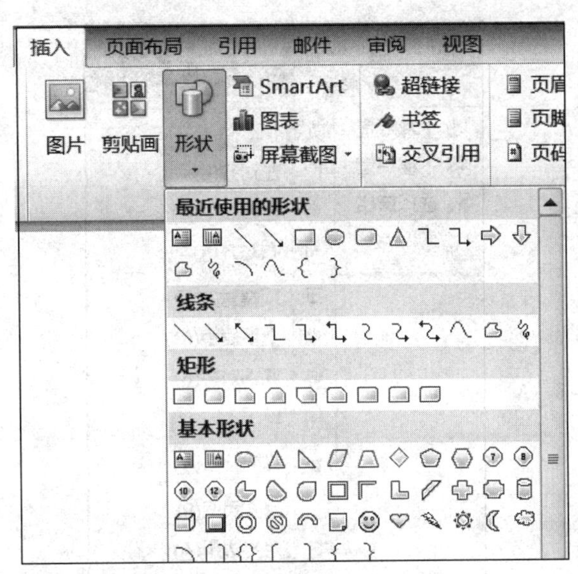

图 5-36 插入形状

若要绘制正方形或圆形，只需在单击“矩形”或“椭圆形”按钮之后，按住 Shift 键拖动鼠标即可。若在绘制图形时按住 Ctrl 键拖动鼠标，则绘制出的是从中心向外延伸的图形，即绘制操作的开始点是图形的中心。

若要绘制任意多边形，则单击“任意多边形”按钮，根据需要选择“绘制直线”或“绘制任意曲线”。要结束图形并使其保持开放状态（起点和终点不重合），则双击图形中的任何位置。要完成封闭多边形绘制，则在其起点附近单击。

若要在封闭的图形中添加文字，则用鼠标右键单击要添加文字的图形，从弹出的菜单中选择“添加文字”选项，此时插入点出现在图形的内部，即可输入所需的文字并进行排版。

2．编辑图形对象

（1）调制图形对象的大小

选定了图形对象之后，在其拐角和沿着矩形的边界上会出现尺寸句柄，通过拖动对象的尺寸句柄可以调整对象的大小。如果要保持原图的比例，则拖动时按住 Shift 键；如果想以图形对象中心为基点进行缩放，则拖动句柄时按住 Ctrl 键。

（2）移动和复制图形对象

选定了图形对象之后，可以将鼠标左键移到图形对象的边框上（不要放在句柄上），鼠标指针将变为四箭头形状，按住鼠标左键拖动，拖动时会出现一个虚线框表明该图形对象将要放置的位置，拖到目标位置后松开鼠标左键即可。如果要限制对象只能横向或纵向移动，则按住 Shift 键拖动对象。如果在拖动过程中按住 Ctrl 键，则将选定的图形对象复制到新位置。

（3）对齐和排列图形对象

首先选定要对齐的多个图形对象，然后单击“图片工具”→“格式”→“排列”，打开“对齐”命令按钮，在弹出的列表中选择相应的对齐或分布方式。如图 5-37 所示。

图 5-37 对齐或分布方式

（4）图形的叠放

在其他对象顶层绘制一个对象时，可以创建一种重叠的叠放方式，可以叠放所需的所有图形对象，如图 5-38 所示。

① 选择要改变叠放次序的图片。

② 单击“图片工具”→“格式”→“排列”。

③ 利用“上移一层”或者“下移一层”命令按钮来改变图形的次序。

（5）图形的组合

① 选择要组合的对象。方法是在按下 Shift 键的同时单击每个对象。

② 选择“图片工具”→“格式”→“排列”，然后单击“组合”命令。或用鼠标右键单击要添加文字的图形，从弹出的菜单中选择“组合”选项。如图 5-39 所示。

取消组合的方法类似。

（6）图形的旋转或反转

可以使用“图片工具”→“格式”→“排列”中的“旋转”命令将图形对象或图形对象集

按顺时针或逆时针方向旋转 90°，或者水平或垂直地翻转。或用“自由旋转”工具将图形对象旋转到任何所需角度。

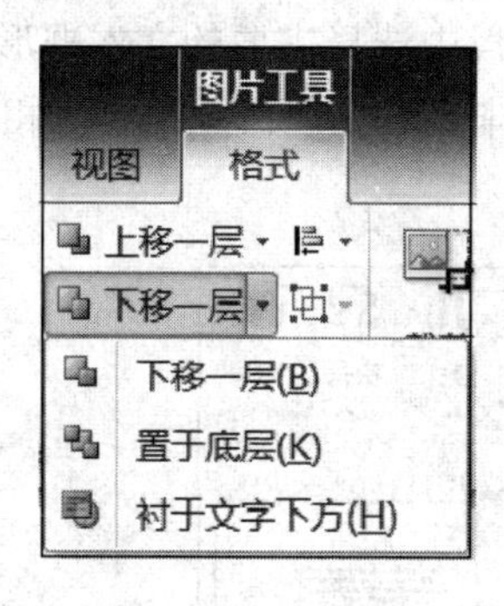

图 5-38 叠放次序

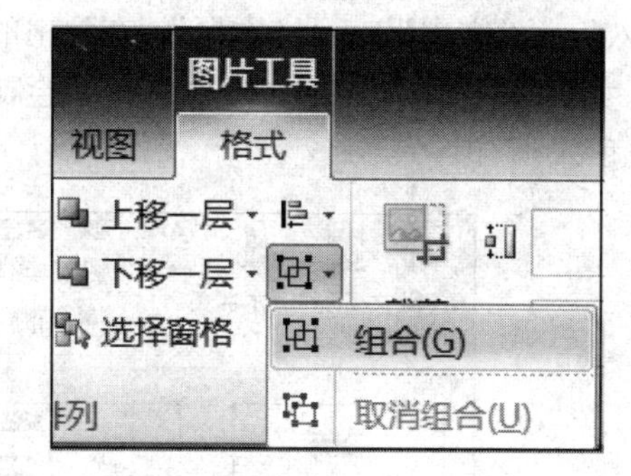

图 5-39 组合

3．格式化图形对象

① 选中自选图形。

② 选择“绘图工具”→“格式”→“形状样式”，如图 5-40 所示。利用其中的“形状填充”“形状轮廓”和“形状效果”进行相关格式的调整。

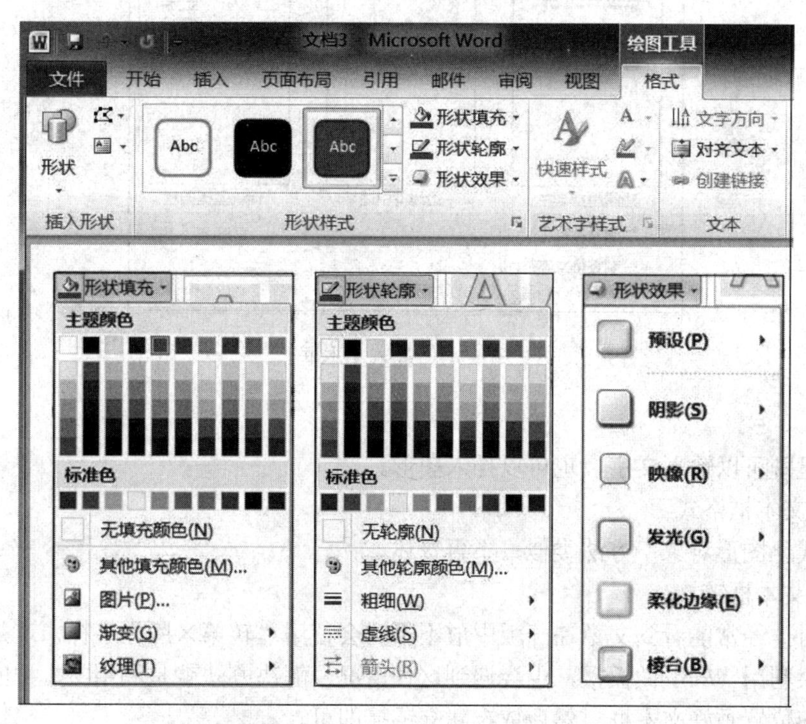

图 5-40 格式化图形对象

5.5.3 插入文本框

文本框是一种图形，是存放文本的容器，可在页面上定位并调整其大小。可以在其中键入文本，调整其大小、移动和设置其格式。

1．插入文本框

单击“插入”→“文本”→“文本框”，在弹出的面板中选择需要的文本框形式，比如“简单文本框”等。也可以利用“绘制文本框”和“绘制竖排文本框”命令来绘制相应类型的文本框。如图 5-41 所示。

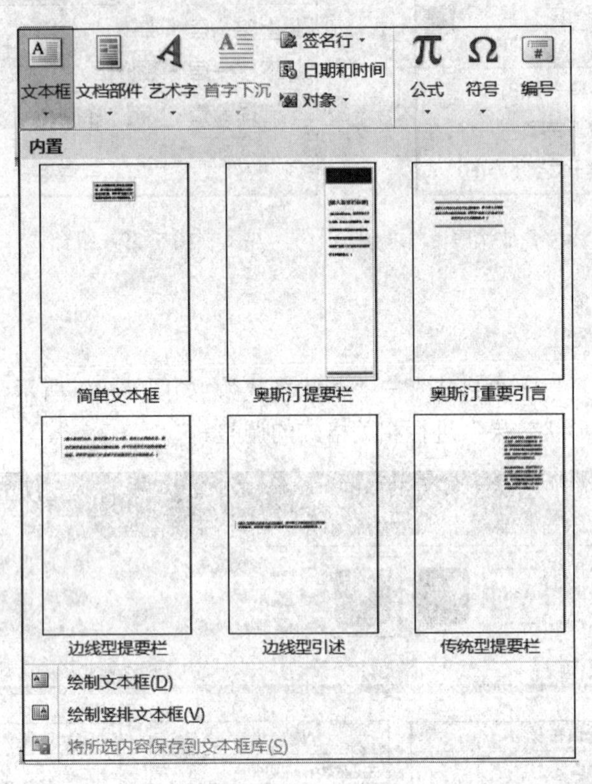

图 5-41　插入文本框

注意：

文本框里既可以输入文字，也可以插入图形。

2．设置文本框格式

同“格式化图形对象”方法类似，不再赘述。

3．创建文本框链接

看报纸时，经常能看到文章在一版中放不下时会使用“转第×版”字样，这是很有用的排版方式。如果利用 Word 做板报，也会遇到这种情况，解决办法就是利用文本框的链接。在不同版面的相应位置画好文本框，然后依次建立链接即可。

用链接文本框将文字部分排至文档的另一位置，如果要对文本进行大量的编辑或格式修改，最好在其他位置保留文本的副本。修改完毕之后，再将文本复制到空的链接文本框中。

① 在页面中插入两个文本框。

② 选择第一个文本框，单击“绘图工具”→“格式”→“创建链接”命令，如图 5-42 所示，此时鼠标指针变成杯子状。

③ 单击要与之建立链接的文本框（该文本框必须未键入任何文本），两个文本框就建立了链接。

④ 在第一个文本框中输入所需的内容。如果该文本框的内容已满，则超出的文字将自动转入到下一个文本框。

5.5.4 艺术字的使用

Word 2010 的艺术字功能可以生成特殊的文字效果。

1．艺术字的建立

① 光标定位于插入点。

② 单击“插入”→“文本”→“艺术字”按钮，如图 5-43 所示 。

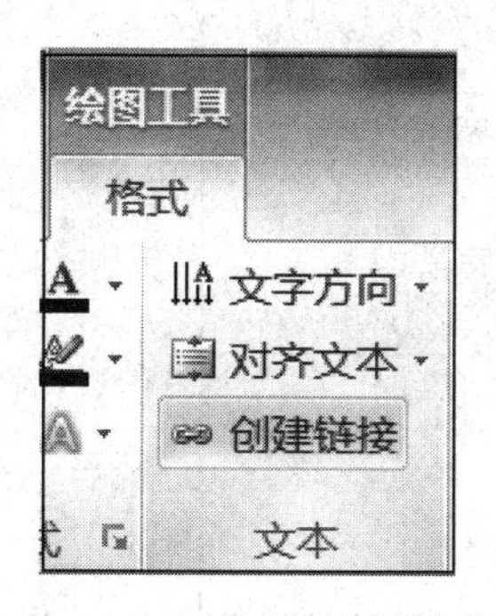

图 5-42 链接文本框

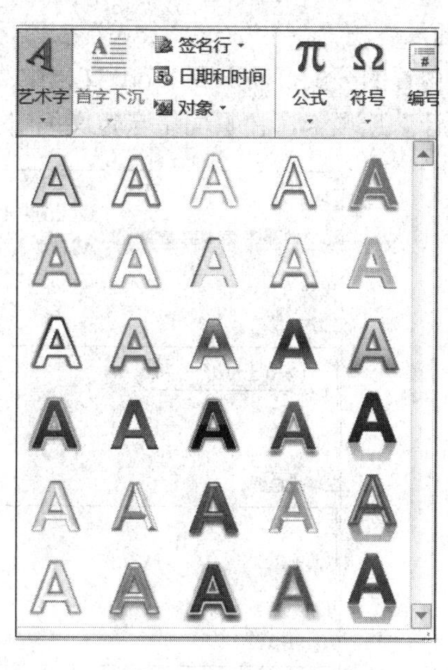

图 5-43 插入艺术字

③ 从打开的“艺术字”列表中选择一个样式。

④ 在文档中出现的框体里输入文字。

2．调整“艺术字”格式

选中文档中的艺术字后，选择“绘图工具”→“格式”→“艺术字样式”组，如图 5-44 所示。

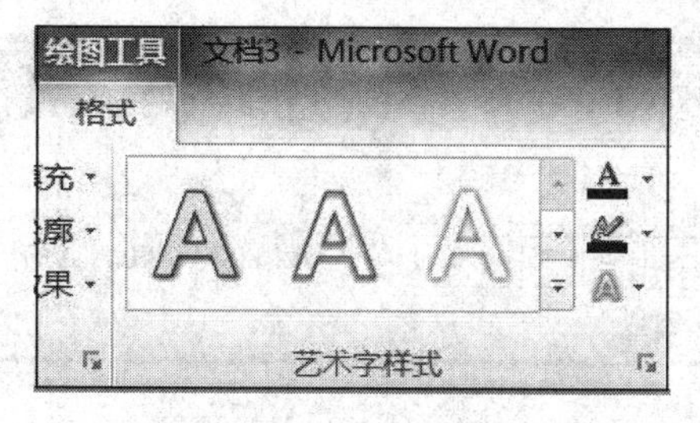

图 5-44 艺术字样式

- 单击“快速样式”按钮，可以修改已存在的艺术字样式。
- 单击“文本填充”按钮，可对艺术字颜色进行修改。
- 单击“文本轮廓”按钮，可对艺术字的边框进行修改。
- 单击“文字效果”按钮，可设置艺术字的特殊效果，例如“阴影”“发光”“转换”等。

此外，艺术字也可以同图片一样设置对齐、环绕等格式。

5.5.5　公式编辑

利用 Word 提供的公式编辑器可在文档中输入和编辑数学公式。

1．插入公式

① 单击要插入公式的位置。

② 单击“插入”→“符号”→“公式”按钮，如图 5-45 所示，打开公式选择面板，可以直接单击面板中内置的公式，插入到 Word 文档中；也可以单击“插入新公式”命令，利用“公式工具”→“设计”选项卡，在页面中自定义编辑公式，如图 5-46 所示。

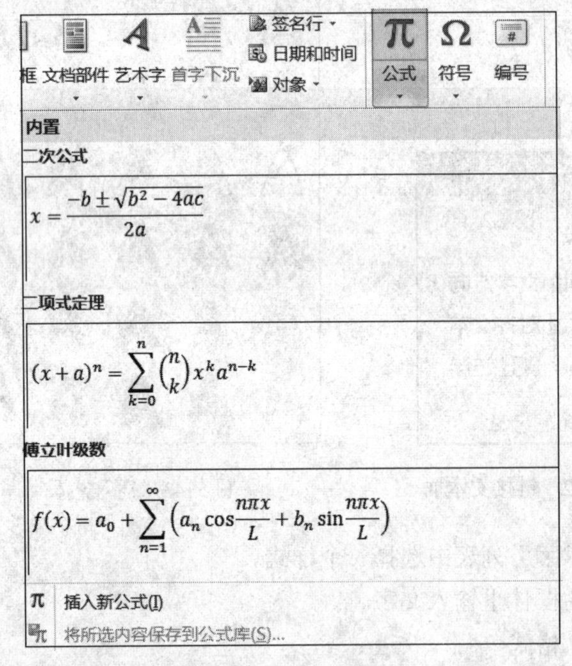

图 5-45　插入公式

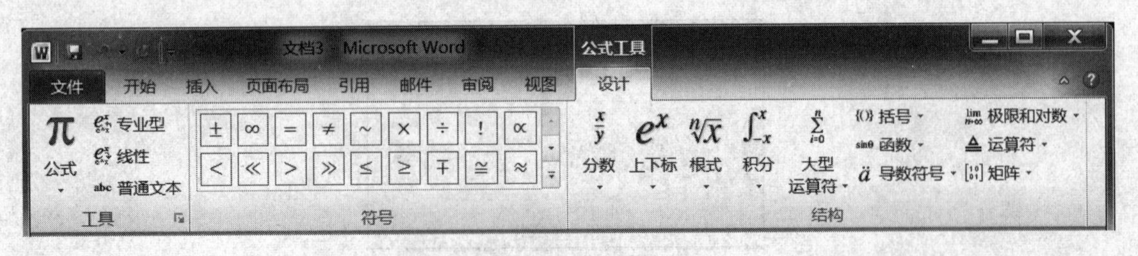

图 5-46　“公式工具”选项卡

2．编辑公式

① 双击要编辑的公式。

② 使用“公式”工具栏上的选项编辑公式。

③ 单击 Word 文档可返回 Word。

“公式”工具栏内提供了多种模板，每个模板按钮下又包括一系列符号，可以从“公式”工具栏的上面一行中选择 150 多个数学符号。在下面一行中，可以从众多的样板或框架（包含分式、积分和求和等）中进行选择。利用这些符号可以建立相应的数学公式。

[思考与问答]

1. 简要介绍 Word 2010 的窗口元素，工具栏及标尺的显示及隐藏如何实现？
2. Word 2010 常用功能区的按钮的名称及它们的主要功能是什么？
3. 打开文档意味着什么，打开文档有几种常用的方法？
4. 保存文档时，“保存”和“另存为”命令有何异同？
5. 如何实现对文本、图形、表格及表格内各单元格的选定？
6. 总结设置字符格式及段落格式的常用操作方法。
7. Word 2010 提供了几种视图，各有什么作用？
8. 如何显示“文档结构图”，文档结构图有什么作用？
9. 样式有何作用，如何创建？
10. 如何设置分栏？
11. 页面设置包括哪些内容，如何进行页面设置？
12. 如何插入页眉和页脚，如何编辑页眉页脚，如何插入页码？
13. 在文档中插入表格有几种方法？请简述它们的操作方法。
14. 如何进行表格与文档的混排？
15. 如何设置表格的边框？如何进行表格数据的计算？
16. 图片的环绕格式有哪几种，它们的设置效果如何？

第6章

电子表格处理软件 Excel 2010

6.1 Excel 的基本知识

Excel 是美国微软（Microsoft）公司开发的办公软件Microsoft Office的组件之一，可以进行各种数据的处理、统计分析和辅助决策操作，被广泛地应用于管理、统计、财经、金融等众多领域。1985 年，第一款 Excel 诞生，此后 Excel 历经了 Excel 95、Excel 97、Excel 2000、Excel 2002、Excel 2007、Excel 2010、Excel 2013 等不同版本，本章介绍的是 Excel 2010 中文简体版。

6.1.1 Excel 的主要功能

Excel 主要具有三大功能：

- 电子表格（SpreadSheet）编辑：工作表的操作、工作表数据的编辑、工作表的页面设置及打印等功能。
- 制作图表：根据工作表的数据，绘出各种图表，以更直观地显示数据。
- 数据分析：排序、分类汇总、自动筛选、高级筛选、建立数据透视表、合并计算。

6.1.2 Excel 的基本概念

工作簿、工作表及单元格是 Excel 中的 3 个重要概念。

工作簿是用来存储及处理数据的文件，其扩展名为.xlsx，和其他计算机文件一样，可对其进行新建、打开、保存等操作，启动 Excel 时会自动建立并打开名为“工作簿 1”的工作簿。

一个工作簿可以包含多个工作表，默认为 3 个，通过对工作表的插入及删除操作来改变工作表的数量，最少保留 1 个。每个工作表由 2^{20} 行、2^{14} 列虚表组成，其中行号为 1、2、3……列号为 A~Z、AA~AZ、BA~BZ、…、ZA~ZZ、AAA~AAZ、ABA~ABZ……

行列交叉处形成单元格，整个工作表由单元格组成，单元格由其所在的列号行号命名并引用，如 A1 表示 1 行 A 列的单元格。如需引用其他工作簿或工作表单元格。则可表示为[工作簿名]工作表名!列号行号，如[Book1]Sheet1!A1。

6.1.3 Excel 2010 应用程序窗口

启动 Excel 2010 后，会出现如图 6-1 所示的界面，该界面由 Excel 2010 应用程序窗口和打开的工作簿文档窗口组成，主要包括以下内容。

1．标题栏

标题栏显示当前工作簿的名称、应用程序窗口控制菜单图标、控制按钮及常用操作按钮。

2．选项卡

选项卡包括文件、开始、插入、页面布局、公式、数据、审阅、视图和加载项 9 个选项卡，单击某项即可在选项卡中看到其包含的一组相关操作按钮。

3．工具栏

工具栏显示当前所选选项卡对应的操作按钮。

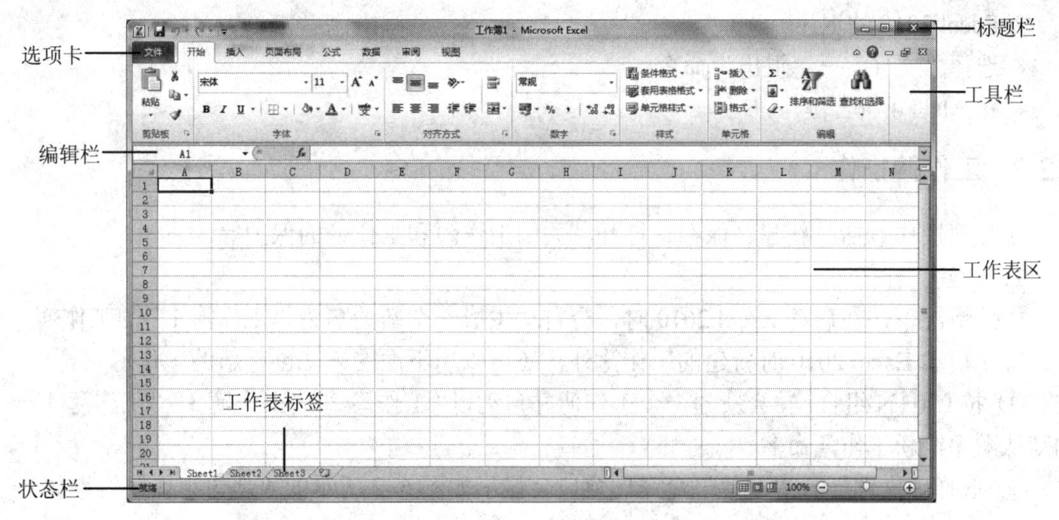

图 6-1　Excel 2010 应用程序窗口

4．编辑栏

编辑栏由名称框、按钮区和编辑框 3 部分组成。

名称框显示当前单元格名称。按钮区包括“取消”“确认”和“插入函数”按钮，分别用于取消当前编辑、确认当前编辑和打开“插入函数”对话框进行插入函数操作。编辑框用来显示或编辑当前单元格内容。

5．工作表区

工作表区是 Excel 2010 窗口的主要组成部分，是打开的工作簿文档窗口，显示当前工作表。

6．工作表标签

工作表标签用于显示工作表的名称，单击工作表标签可以使相应工作表成为当前工作表。如果工作表很多，不能全部显示，可单击标签栏左侧的滚动箭头从而找到需要的工作表标签。

7．状态栏

状态栏显示键盘、系统状态和帮助信息。

6.2　Excel 2010 应用程序的基本操作

本节介绍 Excel 2010 的一些基本功能和操作。

6.2.1 Excel 2010 应用程序的启动与退出

1. Excel 2010 的启动

Excel 2010 的运行程序为 Excel.exe，一般在 C:\Program Files\Microsoft Office\Office14 文件夹中。双击 Excel.exe 就可以启动 Excel 2010，也可用下面的方法快速启动 Excel 2010。

- 选择“开始”→“所有程序”→“Microsoft Office”→“Microsoft Excel 2010”命令。
- 在 Windows 资源管理器中双击 Excel 文件（扩展名为.xlsx 的文件）。
- 在文件夹中建立 Excel 2010 应用程序的快捷方式，双击快捷方式图标。

2. Excel 2010 的退出

- 选择“文件”→“退出”命令。
- 按 Alt+F4 组合键。

6.2.2 工作簿操作

工作簿操作包括：新建、保存、打开、关闭工作簿和工作簿的保护等。

1. 新建工作簿

一般情况下，在启动 Excel 2010 时，会自动生成一个新的名为“工作簿 1”的工作簿。

除了启动 Excel 2010 时新建的工作簿外，还可以用下面的方法创建新的工作簿。

① 按 Ctrl+N 组合键，会新建一个工作簿并自动以“工作簿 2”“工作簿 3”“工作簿 4”……的默认顺序给新工作簿命名。

② 选择“文件”→“新建”命令，窗口会显示如图 6-2 所示的“新建工作簿”界面。

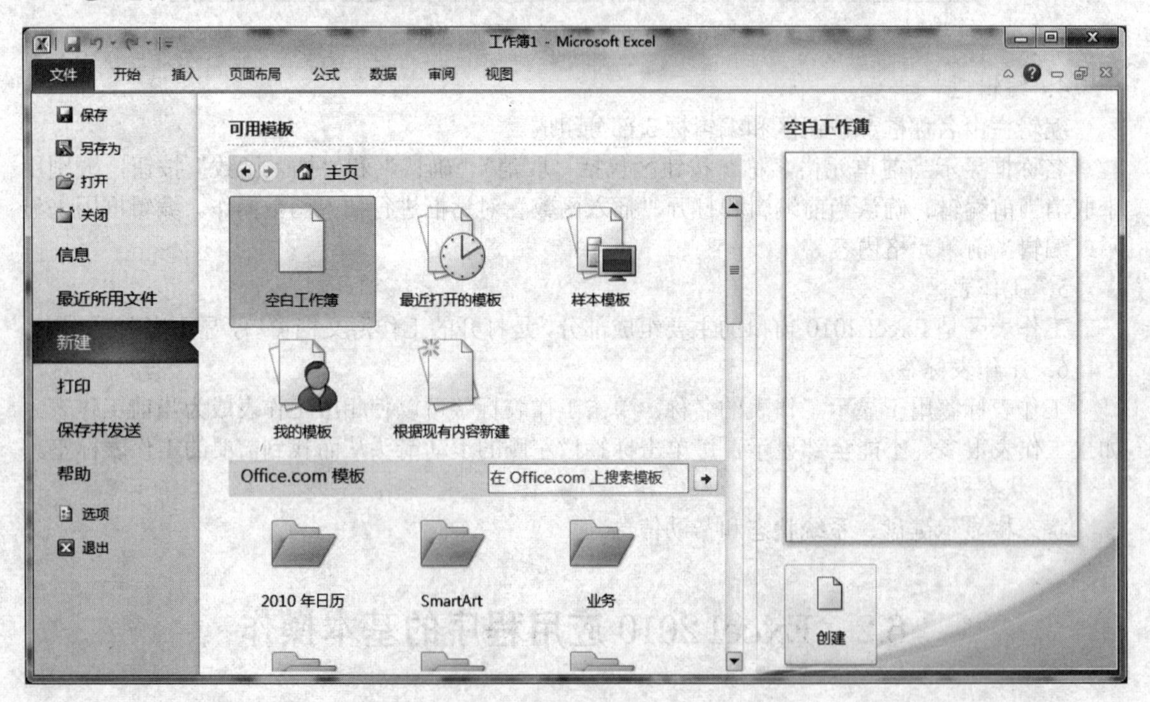

图 6-2 “新建工作簿”界面

③ 选择“空白工作簿”选项，单击“创建”按钮，则新建一个顺序命名的空白工作簿。

④ 单击“样本模板”选项，打开如图 6-3 所示的“样本模板”界面。在模板列表中选择一个，单击“创建”按钮，则新建一个套用模板的工作簿。

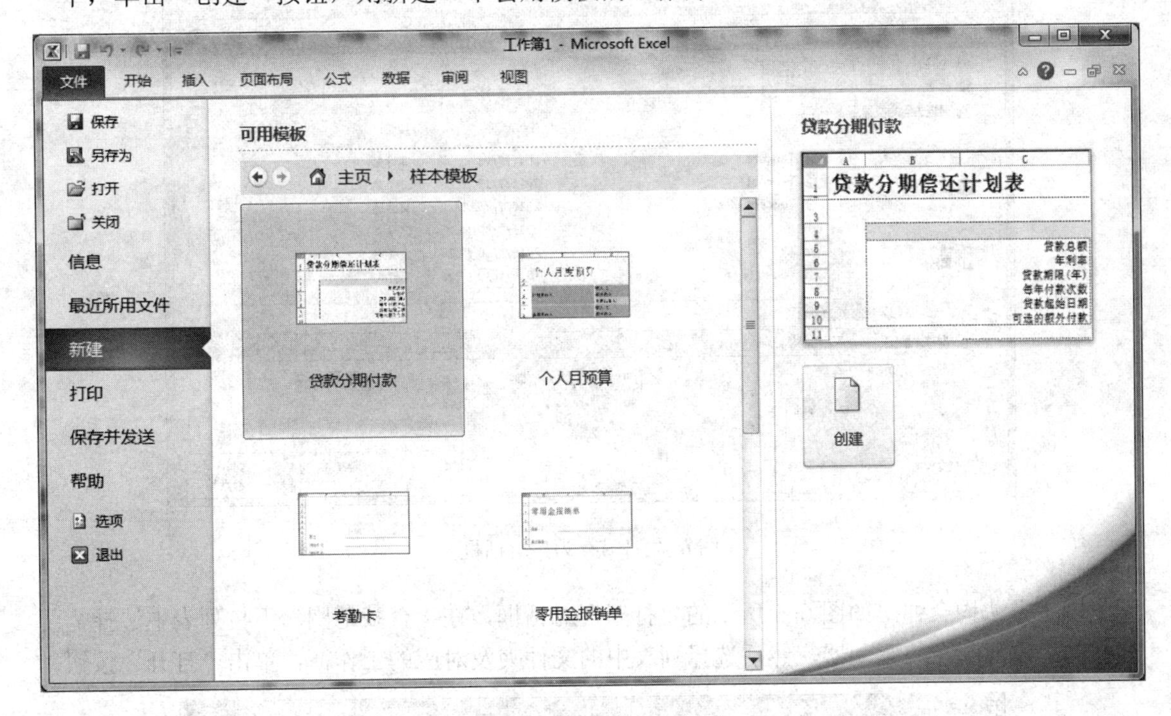

图 6-3 “样本模板”界面

2．保存工作簿

编辑后的工作簿，数据只是保留在内存中，如需长期保存，必须进行存盘操作。可以用下面的方法保存工作簿。

- 选择“文件”→“保存”命令。
- 单击标题栏上的“保存”按钮。
- 按 Ctrl+S 组合键。

如果要保存的工作簿是新建的，屏幕上会弹出如图 6-4 所示的“另存为”对话框。在对话框的左侧可以选择保存工作簿的驱动器和文件夹，在“文件名”文本框中输入工作簿名称，在“保存类型”下拉列表中选择需要保存的文件类型（默认为 Excel 工作簿），然后单击“保存”按钮即可。如果要保存的工作簿已存在磁盘上，保存时将不会出现“另存为”对话框，Excel 直接将新工作簿覆盖旧工作簿。

- 选择“文件”→“另存为”命令，也会弹出如图 6-4 所示的“另存为”对话框，用于在不改变当前工作簿的情况下把它的一个副本保存在指定磁盘的指定文件夹中，将另存后的工作簿作为当前的工作簿，并关闭原工作簿。操作过程同上段描述。

3．打开工作簿

对于已保存的工作簿通常可以用下面方法打开。

- 选择“文件”→“打开”命令。

• 按 Ctrl+O 组合键。

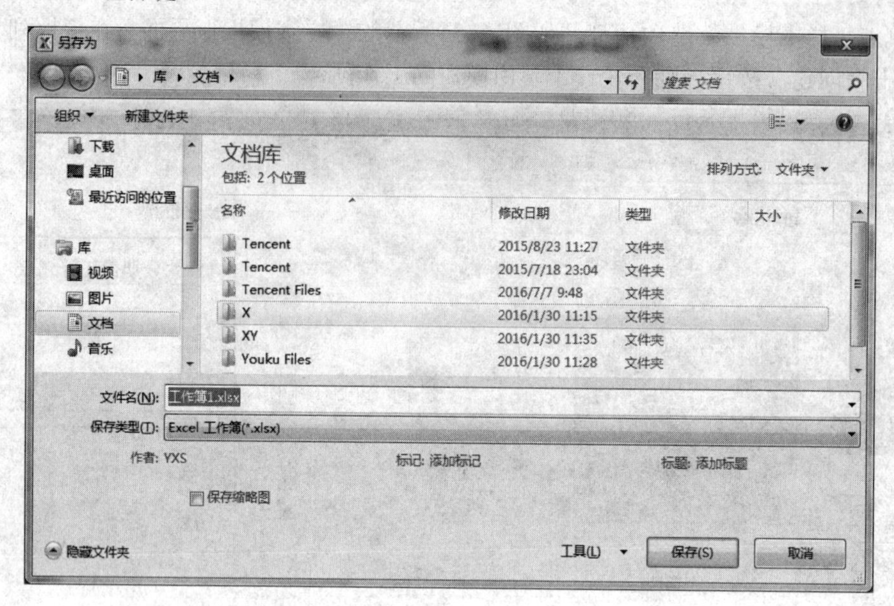

图 6-4 “另存为”对话框

以上方法均会弹出如图 6-5 所示的“打开”对话框，在“查找范围”下拉列表中选择需要打开的工作簿所在的驱动器，然后选择列表中的文件夹及对应的工作簿，单击“打开”按钮。

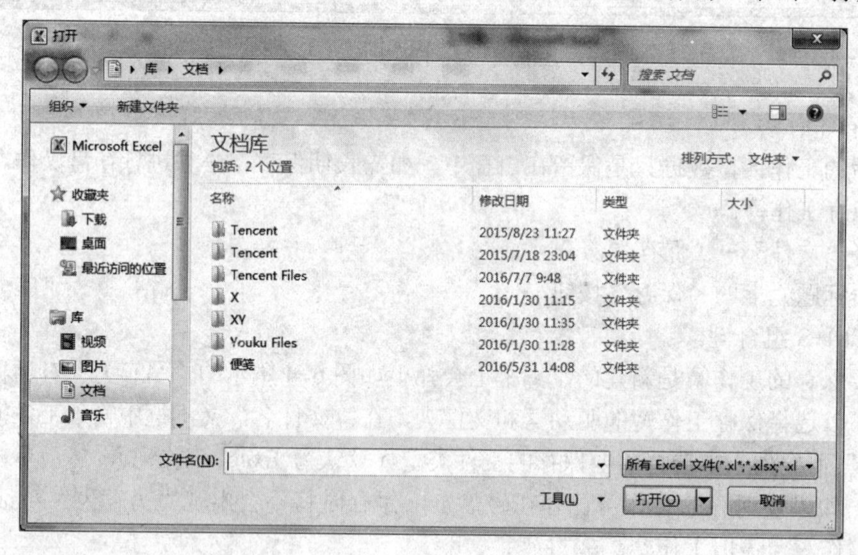

图 6-5 “打开”对话框

4．关闭工作簿

关闭当前工作簿文件有下面几种方法。

• 单击标题栏上的“关闭”按钮。
• 双击标题栏左上角的“控制菜单”图标。

- 选择“文件”→“关闭”命令。
- 按 Ctrl+F4 组合键。

如果文件已经修改但未保存，系统会打开如图 6-6 所示的存盘提示对话框，提示用户进行存盘处理。

5. 工作簿的保护

Excel 2010 对工作簿的保护有下面几种方法。

（1）保护工作簿文档

打开想保护的工作簿，选择“文件”→“另存为”命令，在如图 6-4 所示的“另存为”对话框中，单击“工具”→“常规选项”命令，弹出如图 6-7 所示的“常规选项”对话框。

图 6-6　存盘提示对话框

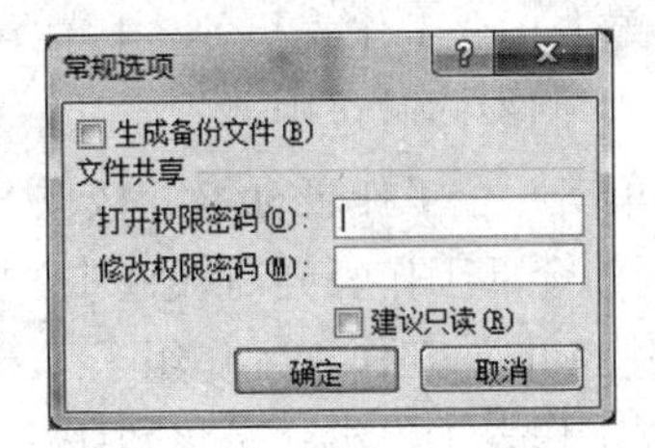

图 6-7　“常规选项”对话框

在“打开权限密码”或“修改权限密码”文本框中输入密码，单击“确定”按钮，弹出如图 6-8 所示的“确认密码”对话框，在“重新输入密码”文本框中输入刚才的密码，单击“确定”按钮完成保护的设定。用户在打开被保护的工作簿时需要输入正确的密码，防止不知道密码的人打开工作簿或修改工作簿。要想取消保护，打开如图 6-7 所示的“常规选项”对话框，在“打开权限密码”或“修改权限密码”文本框中删除密码，单击“确定”按钮即可。

（2）保护工作簿的结构和窗口

保护工作簿的“结构”是指对被保护的工作簿不能执行移动、复制、删除、插入、隐藏及重命名工作表等操作。

保护工作簿的“窗口”是指对被保护的工作簿，其文档窗口不能执行移动、改变大小、关闭等操作。

打开想保护的工作簿，选择“审阅”→“更改”组→“保护工作簿”命令，弹出如图 6-9 所示的“保护结构和窗口”对话框，选择“结构”或“窗口”复选框，在“密码”文本框中输入密码，单击“确定”按钮，弹出如图 6-8 所示的“确认密码”对话框，在“重新输入密码”文本框中重新输入刚才的密码来确认，单击“确定”按钮完成保护的设定。要想撤销保护，选择“审阅”→“更改”组→“保护工作簿”命令，在弹出的对话框中输入正确的保护密码即可。

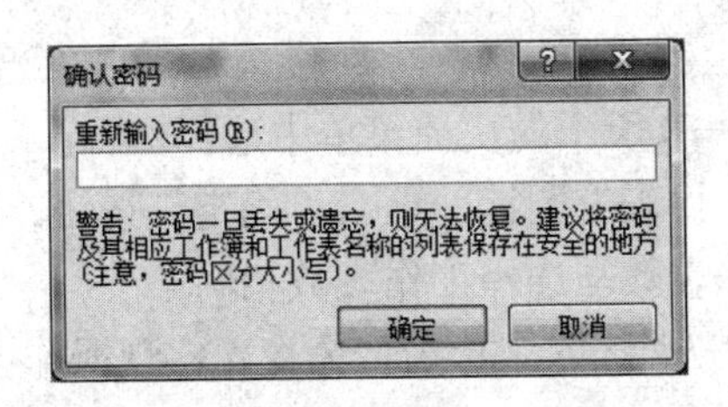

图 6-8　“确认密码”对话框

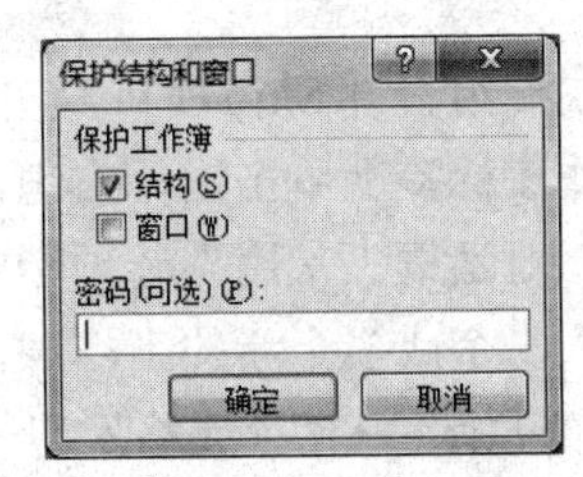

图 6-9　“保护结构和窗口”对话框

6.2.3 工作表操作

一个工作簿可以由多个工作表组成，用户可以根据需要对工作表进行下面几种操作。

1. 活动工作表的选定

打开工作簿后，Excel 2010 默认 Sheet1 为活动工作表，又称当前工作表。若想使其他工作表成为活动工作表，只需单击相应的工作表标签即可。

2. 多工作表的选中

① 在任一工作表标签上右击，弹出如图 6-10 所示的快捷菜单，从中选择“选定全部工作表”命令，全部工作表处于被选中状态。

② 单击一个工作表标签，按住 Ctrl 键，再依次单击其他工作表标签，这些工作表标签反白显示，它们被同时选中。

③ 单击一个工作表标签，按住 Shift 键，再单击其右侧其他任一工作表标签，则这两个工作表之间的全部工作表同时被选中。

3. 建立/取消工作表工作组

建立工作表工作组就是将数张工作表联系在一起，当用户对其中一张工作表操作时，工作组内其他工作表也进行相应操作，如同复写纸在数张格式相同的表格上写数据一样。

当一个以上工作表被选中时，自动建立工作组；当工作表多选状态取消时，自动取消工作组。

4. 工作表的插入

• 选择一个或多个工作表标签，单击如图 6-10 所示的“插入工作表”按钮，即可在所有工作表后建立一张新工作表，并顺序命名。

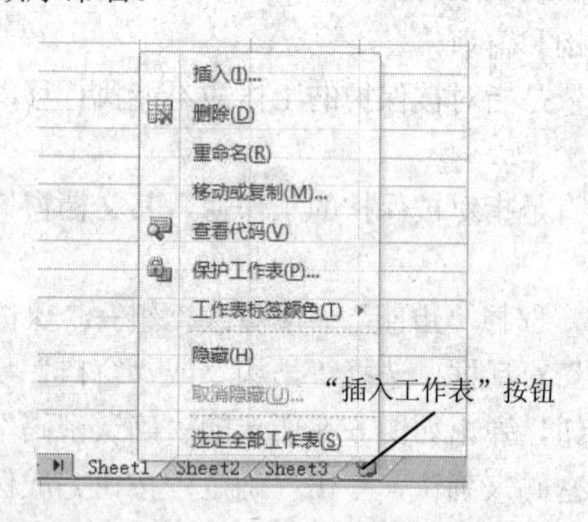

图 6-10 “工作表操作”界面

• 按下快捷组合键 Shift+F11，实现操作同上。

• 在工作表标签上单击鼠标右键，在如图 6-10 所示的快捷菜单中选择“插入”命令，在弹出的“插入”对话框“常用”选项卡中选择“工作表”图标，单击“确定”按钮，即可在当前工作表前插入一个或多个新的工作表，插入工作表数与选择工作表数相同。

• 选择“开始”→“单元格”组→“插入”→“插入工作表”命令，实现操作同上。

5. 工作表的删除

- 选择要删除的工作表标签，选择“开始”→“删除”→ “删除工作表”命令。
- 在工作表标签上单击鼠标右键，在如图 6-10 所示的快捷菜单中选择“删除”命令，在弹出的“确认删除”对话框中，单击“删除”按钮。

6. 工作表的重命名

每个工作表都有自己的名称，默认情况下是“Sheet1”“Sheet2”“Sheet3”……依次类推，用户可以根据工作表内容给工作表重新命名。

- 双击工作表标签。
- 在工作表标签上单击鼠标右键，在如图 6-10 所示的快捷菜单中选择“重命名”命令。
- 选择“开始”→“单元格”组→“格式”→“重命名工作表”命令。

上面的方法可以使当前工作表标签处在编辑状态，输入新的工作表名，按 Enter 键确认。

7. 工作表的移动或复制

用户可以在一个或多个工作簿中移动或复制工作表。若要在不同的工作簿中移动或复制工作表，这些工作簿必须都是打开的。

① 选择需要移动或复制的工作表标签，按下鼠标左键将它拖到目标位置，松开鼠标左键，即可实现工作表的移动。松开鼠标之前，按下 Ctrl 键，鼠标指针上多出一个“+”号，即可实现工作表的复制。

② 在工作表标签上单击鼠标右键，在如图 6-10 所示的快捷菜单中选择“移动或复制”命令。

③ 选择“开始”→“单元格”组→“格式”→“移动或复制工作表”命令。

第②、③步均会弹出如图 6-11 所示的“移动或复制工作表”对话框，在“工作簿”下拉列表中选择目标工作簿名称，在“下列选定工作表之前”列表中选择工作表参照位置，选择“建立副本”复选框为复制工作表，否则为移动工作表，单击“确定”按钮。

8. 工作表的隐藏与取消隐藏

为避免工作表数量太多，并防止不必要的修改，用户可以隐藏工作表，需要对其进行操作时取消隐藏即可。

- 选择要隐藏的工作表标签，单击鼠标右键，在弹出如图 6-10 所示的快捷菜单中选择“隐藏”命令。
- 选择“开始”→“单元格”→“格式”→“隐藏和取消隐藏”→“隐藏工作表”命令。

以上两种方法均可隐藏所选工作表。

- 在工作表标签处单击鼠标右键，在弹出如图 6-10 所示的快捷菜单中选择“取消隐藏”命令。
- 选择“开始”→“单元格”组→“格式”→“隐藏和取消隐藏”→“取消隐藏工作表”命令。

以上两种方法均会弹出如图 6-12 所示的“取消隐藏”对话框，在“取消隐藏工作表”列表中选择需要重新显示的工作表，单击“确定”按钮，即可取消隐藏该工作表。

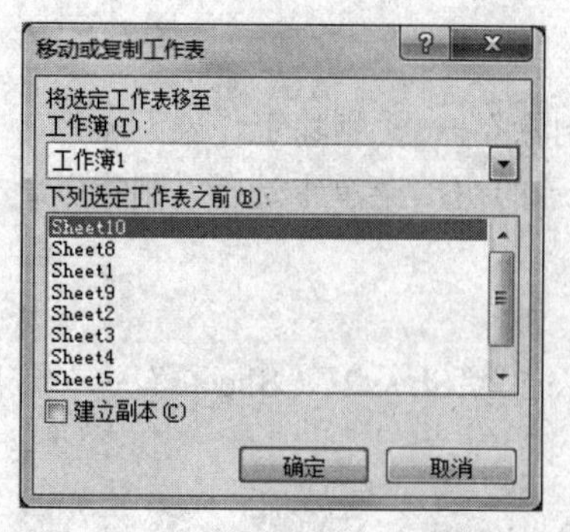

图 6-11 “移动或复制工作表”对话框

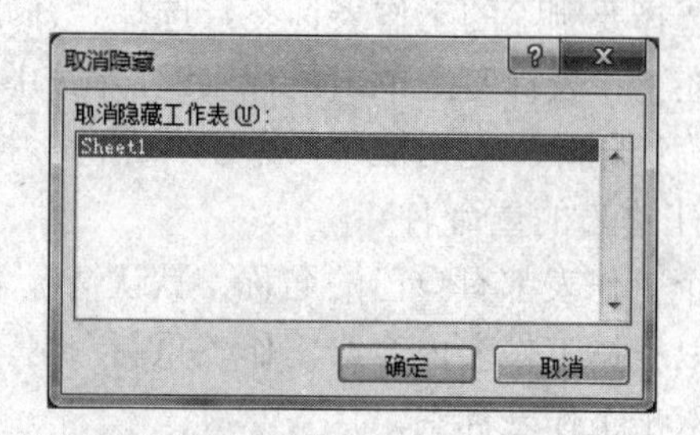

图 6-12 “取消隐藏”对话框

6.2.4 单元格数据录入

输入数据是 Excel 2010 的一种基本操作，不仅可以从键盘直接输入，而且可以自动填充，输入时还能检查其正确性。

在工作表中可以输入两种基本数据：常数和公式。常数是指文本、数值、日期、时间等数据。公式是指包含“=”的表达式、函数、宏命令等，它由操作符、常数、函数、单元格引用等构成。

1. 单元格的选定

在输入数据和进行编辑之前需要选定单元格。选定单元格有以下几个情况：

① 单选单元格：单击某一单元格即可。

② 选定连续的多个单元格。

- 选定整行：单击该行左侧的行号。
- 选定整列：单击该列上方的列号。
- 选定整个工作表：单击工作表左上角行列交会处的“全选”按钮。
- 选定矩形区域：从矩形左上角单元格开始，沿对角线拖动鼠标到右下角单元格；或按住 Shift 键，先后单击矩形对角线两个端点的单元格。

③ 选定不连续的多个单元格。

单击其中的一个单元格，按住 Ctrl 键，然后单击其他所需的单元格。

2. 常数数据输入

选定需要输入数据的单元格，输入数据后，按 Enter 键、Tab 键、单击编辑栏中的“√”即“输入”按钮或单击其他任一单元格即可在当前单元格确认输入，按 Ctrl+Enter 组合键即可在所选单元格中全部确认输入。按 Esc 键或单击编辑栏中的“×”即“取消”按钮可取消输入。

（1）文本的输入

① 文本输入后自动默认左对齐。

② 按 Alt+Enter 组合键，可在一个单元格中容纳多行数据。

③ 如果需要将数字作为文本型数据处理，需要先输入一个英文半角单引号“'”作为前导符，然后再输入全数字字符串，如'075000。

（2）数值的输入

① 数字输入后自动默认右对齐。

② 数值由数字 0～9 和小数点组成，还可以包括+、-、%、$、￥、()、/（分数符号）、E（指数符号）和,（千位符号）等一些特殊符号，但这些符号的位置必须适合。正确的输入：-5、3E2、￥10、1,000 等；不正确的输入：5+、E2、10$、10,00 等。

③ 如果要输入分数，需要在分数前面输入 0 和空格作为前导符，如 0 1/5，即可在单元格中输入 1/5。

④ 当数字超过 11 位时，单元格将自动以科学计数法显示，而编辑栏显示保持不变。

（3）日期和时间的输入

Excel 2010 中内置了一些日期、时间的常用格式。当数据以规范的日期和时间形式输入时，Excel 2010 将它们的数据类型自动识别为日期和时间，否则会被当作其他数据类型处理。

① 日期和时间输入后自动默认右对齐。

② 日期规范格式有：年-月-日，月-日，年-月，其中间隔符“-”可用“/”替代，无年则默认为系统当前年份，无日则默认为 1 日。

③ 时间规范格式有：时:分:秒，时:分，时:分:秒 AM（PM），时:分 AM（PM），其中 AM 代表上午，PM 代表下午。字母不区分大小写，并且字母前面必须要有一个空格，否则就会被当作文本处理。

④ 按 Ctrl+;组合键，可以输入系统日期；按 Ctrl+Shift+;组合键，可以输入系统时间。

如果输入数据的宽度超过单元格的宽度，单元格内显示的是一串“#”字符，表示单元格宽度不够。增大单元格的宽度，数据就会正确显示出来。

3. 常数数据填充

当需要输入的数据有规律时，可以考虑使用数据填充功能来实现数据的自动输入。数据填充可以输入等差、等比或者自定义的数据系列。当关系简单时，可以采用自动填充的方法，当关系比较复杂时，可以采用菜单产生序列填充的方法。

（1）自动填充

在序列的第一个单元格中输入数据作为初始值，用鼠标指向初始值单元格边框右下角的填充柄，此时鼠标指针会变成黑色实心十字形，拖动鼠标到要填充的最后一个单元格，即可实现自动填充。填充规则是：

① 初始值为数字：直接拖动填充柄实现数字复制；若同时按住 Ctrl 键则填充步长为 1 的等差序列。

② 初始值为字符：直接拖动填充柄或同时按住 Ctrl 键，均实现字符复制。

③ 初始值为日期：直接拖动填充柄实现按日递增，同时按住 Ctrl 键实现日期复制。

④ 初始值为时间：直接拖动填充柄实现按小时递增，同时按住 Ctrl 键实现时间复制。

⑤ 初始值为字符数字混合体：直接拖动填充柄字符不变；如果初始值中包含多处数字，则最右边数字递增，其余数字不变；如果只包含 1 处数字，则不论在什么位置都递增。同时按住 Ctrl 键实现全部数据复制。

⑥ 初始值为自定义序列中数据：直接拖动填充柄实现自定义序列填充；按住 Ctrl 键实现数据复制。

用户可以选择现有的自定义序列，也可以通过下面的方法建立满足自己需求的自定义序列。

① 选择“文件”→“选项”命令，弹出如图 6-13 所示的“Excel 选项”对话框，选择“高级”选项，在右侧对应的列表最下侧单击“编辑自定义列表”按钮，弹出如图 6-14 所示的“自定义序列”对话框。

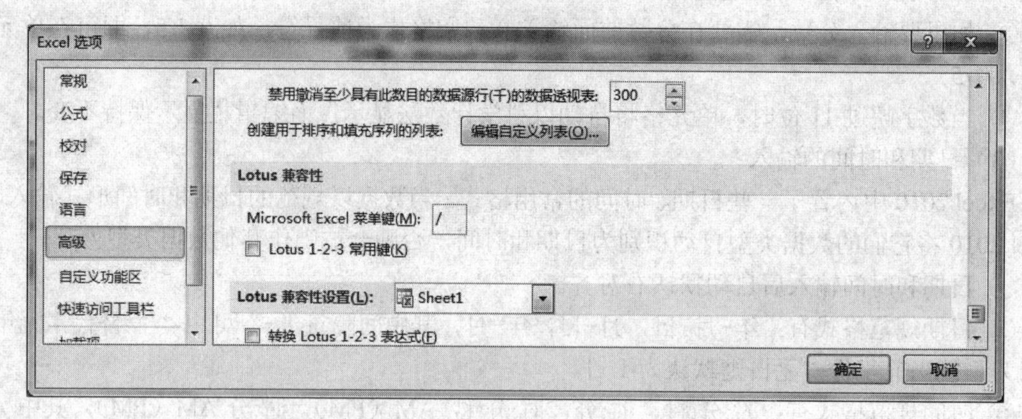

图 6-13 “Excel 选项”对话框

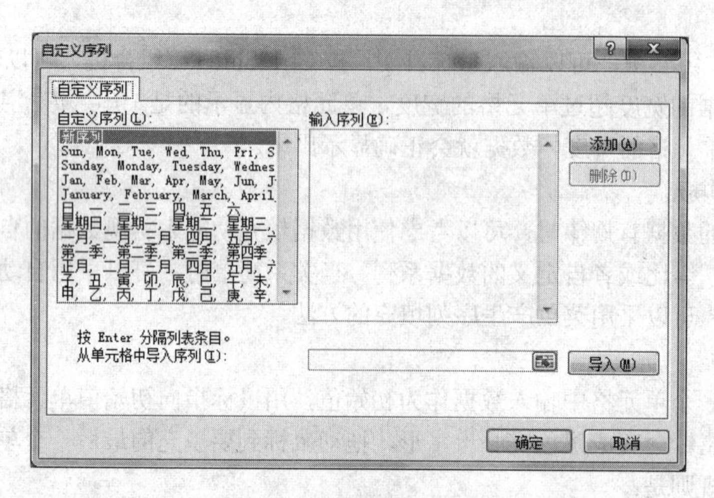

图 6-14 “自定义序列”对话框

② 在“自定义序列”列表框中选择“新序列”，在“输入序列”框中输入新序列的项目，项目之间用回车或英文半角逗号分隔，单击“添加”按钮，新序列就出现在了“自定义序列”列表框中，再单击“确定”按钮即可。

（2）按序列填充

① 在序列的第一个单元格中输入数据作为初始值。

② 选定需要填充序列的单元格区域（包括初始值单元格）。

③ 选择“开始”→“填充”→“序列”命令，弹出如图 6-15 所示的“序列”对话框。选择填充类型及日期单位，输入步长值（可为负值，用于以递减方式填充），输入终止值以确定填充区域的范围（可以不填）。

④ 单击“确定”按钮，就会在选定的区域内出现特定的数据序列。

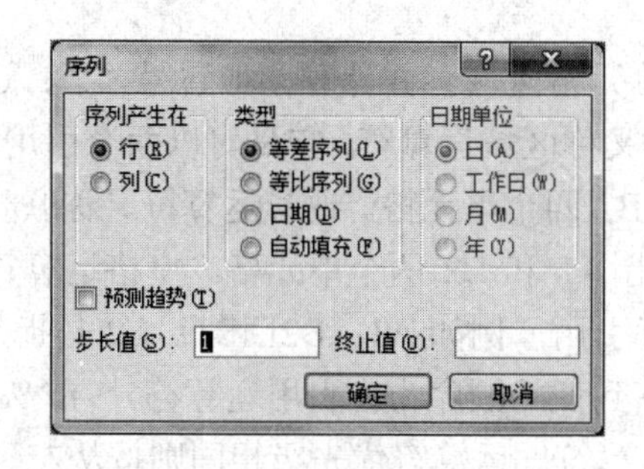

图 6-15 “序列”对话框

（3）按指定等差序列填充

① 在序列的第一个单元格中输入数据作为初始值。

② 在序列的第二个单元格中输入“初始值+步长”的值。

③ 选定这两个单元格，拖动填充柄到最后一个单元格，即可在拖动的区域内填充按步长递增的等差序列。

4. 公式和函数

Excel 2010 提供了强大的计算功能，可以通过公式和函数实现对数据的计算和分析。

（1）单元格的引用

单元格的引用就是单元格的地址。单元格的引用把单元格中的数据和公式联系起来。通过引用可以在公式中使用工作表的单元格中的数据。

（2）单元格的引用分为相对引用、绝对引用和混合引用

① 相对引用：是指单元格引用会随公式所在单元格位置的改变而改变，而引用单元格与公式单元格之间的相对位置不变。引用形式为：列号行号，如 A1。

② 绝对引用：是指单元格引用不随公式所在单元格位置的改变而改变。引用形式为：$列号$行号，如A1。

③ 混合引用：是指单元格行、列一个是相对引用一个是绝对引用，当公式所在单元格的位置发生变化时，相对引用的部分随公式所在单元格位置的改变而改变，绝对引用的部分不随公式所在单元格位置的改变而改变。引用形式为：$列号行号或列号$行号，如$A1 或 A$1。

如果希望公式中的相对引用和绝对引用切换，在编辑栏中选择要更改的引用并按下 F4 键，每次按下将以下面的顺序循环切换：$列号$行号，列号$行号，$列号行号，列号行号。

（3）公式运算

在 Excel 2010 中，公式就是一个等式，是一组数据、单元格引用和运算符组成的序列。

① 运算符。

在创建公式之前需要了解 Excel 中的运算符。Excel 2010 中的运算符包括算术运算符、比较运算符、文本运算符、引用运算符。

- 算术运算符：完成基本数学运算的运算符，如+（加）、-（减）、*（乘）、/（除）、^（乘方）、%（百分比）等，运算结果为数值。
- 比较运算符：用来比较两个数之大小的运算符，如> （大于）、<（小于）、=（等于）、>=（大于等于）、<=（小于等于）、<>（不等于）等，运算结果为逻辑值 TRUE 或 FALSE。
- 文本运算符：用来将多个文本连接成组合文本，如连接运算符“&”。

• 引用运算符：可以将单元格区域合并计算。如冒号“:”、逗号“,”、空格“□”等，均为英文半角状态。冒号运算符又称区域运算符，它是对以两个引用为对角线的矩形区域的引用，如 A1:B2 是指 A1，A2，B1，B2 四个单元格。逗号运算符又称联合运算符，它是仅仅引用列举出来的单元格，如 A1,B2 是指 A1 和 B2 两个单元格。空格运算符又称交叉运算符，它是对两个引用之间共有的单元格进行引用，例如 A1：B2□B1：C2 是指 B1 和 B2 两个单元格。

这些运算符的优先级从高到低的顺序为：引用运算符，()，%，^，乘除号（*、/)，加减号（+、-)，文本运算符，比较运算符。运算符优先级相同则按从左到右的顺序计算。

② 公式的输入。

输入公式时首先要在单元格中输入一个等号“=”，然后输入公式内容，最后按 Enter 键，结果将在单元格中显示出来，而公式会在编辑栏中显示。

下面是几个输入公式的实例。

- =3^2，在单元格中显示 9。
- =1<2，在单元格中显示 TRUE。
- = “李” &B5，若 B5 内容为“明”，在单元格中显示“李明”。
- =A1:A2□A2:A3+A4，在单元格中显示 A2+A4 的结果。

（4）函数运算

函数就是预定义的内置公式，它使用参数并按照特定的顺序进行计算。Excel 2010 提供了大量的内置函数，包括财务函数、日期和时间函数、数学与三角函数、统计函数、查找和引用函数、数据库函数、文本函数、逻辑函数、信息函数、工程函数、多维数据集函数和兼容性函数。

函数的语法：函数名（参数 1,参数 2,…)。其中的参数可以是常量、单元格引用或其他函数。

函数可以直接输入，以“=”起始，如在单元格中输入“=SUM（A1:A4)”，按 Enter 键即可得出 A1，A2，A3，A4 4 个单元格中数据的和。

函数也可以用“插入函数”对话框进行函数名称及参数的选择从而完成计算。这样可以避免记忆大量函数名称及参数。操作方法如下：

① 选择要输入函数的单元格，选择“公式”→“插入函数”命令（即 fx 插入函数），弹出如图 6-16 所示的“插入函数”对话框。

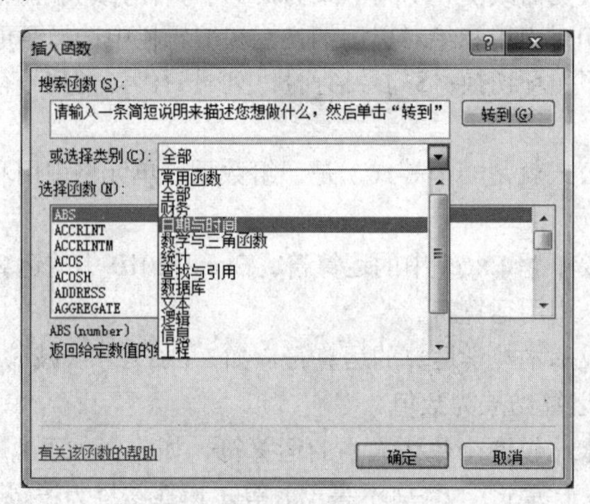

图 6-16 “插入函数”对话框

② 在“或选择类别”列表框中选择函数类型，在“选择函数”列表框中选择函数，如 SUM。单击“确定”按钮，弹出如图 6-17 所示的“函数参数”对话框。

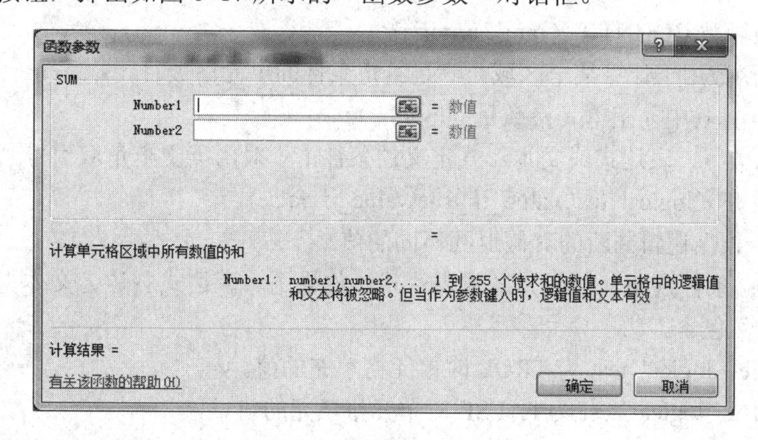

图 6-17 “函数参数”对话框

③ 在参数文本框中输入参数，参数可以是常量、单元格或单元格区域。如果对单元格区域没有把握，可单击参数框右侧的“折叠对话框”按钮，以暂时折叠起对话框，显露出工作表，在工作表中选择单元格区域后，再单击“展开对话框”按钮来恢复参数输入对话框。直到把所有参数输入完毕。

④ 单击“确定”按钮结束函数的输入。计算结果显示在单元格中，而公式显示在编辑栏中。

（5）常用函数

- 求和函数 SUM（number1,number2,…)

SUM 函数用于对函数中的多个参数进行求和运算。

- 平均值函数 AVERAGE（number1,number2,…)

AVERAGE 函数用于对函数中的多个参数进行求平均值的运算。

- 计数函数 COUNT（number1,number2,…)

COUNT 函数用于计算参数中数值类型的非空单元格个数。

- 最大值函数 MAX（number1,number2,…)

MAX 函数用于在参数中找最大值。

- 最小值函数 MIN（number1,number2,…)

MIN 函数用于在参数中找最小值。

其中，number1，number2，…是参与运算的参数，最多为 30 个，每个参数都可以是数值、单元格引用或其他函数。

上述函数是最常用到的函数，可以通过选择“公式”→“自动求和”→“求和/平均值/计数/最大值/最小值”命令或选择“开始”→“自动求和”→“求和/平均值/计数/最大值/最小值”命令，实现函数的自动输入，检查其中的参数，如果不妥重新选择，否则按 Enter 键确认输入。

- 条件求和函数 SUMIF（range,criteria,[sum_range])

SUMIF 函数用于对满足条件的单元格求和。

range：要进行计算的单元格区域。

criteria：以数字、表达式或文本形式定义的条件，一般用英文半角双引号“""”包含。

sum_range：用于求和计算的实际单元格。可以省略，如果省略则将使用区域中的单元格。

- 条件计数函数 COUNTIF（range,criteria)

COUNTIF 函数用于计算某个区域内满足给定条件的单元格数目。

range：要计算其中非空单元格数目的区域。

criteria：以数字、表达式或文本形式定义的条件，一般用英文半角双引号“""”包含。

- 逻辑函数 IF（logical_test,value_if_true,value_if_false)

IF 函数用于根据逻辑判断的真假返回不同的值。

logical_test：条件判断，一般为逻辑表达式。如果逻辑表达式右边为文本型数据，用英文半角双引号“""”包含。

value_if_true：logical_test 为 TRUE 时单元格填充的值。

value_if_false：logical_test 为 FALSE 时单元格填充的值。

如果一个 IF 函数不足以表达多种情况，可以在 value_if_false 处嵌套使用 IF 函数。IF 函数最多可以嵌套 7 层。

- 日期函数 YEAR（serial_number)/ MONTH（serial_number)/ DAY（serial_number)

这些函数用于返回日期参数的年/月/日。

serial_number：日期类型数据。

- 日期函数 DATE（year,month,day）

DATE 函数用于返回年、月、日参数所对应的日期。

year：代表年份的数字。

month：代表月份的数字。

day：代表日子的数字。

- 日期函数 TODAY（)

TODAY 函数用于返回系统当前日期。

- 时间函数 NOW（)

NOW 函数用于返回系统当前日期和时间。

- 排名函数 RANK（number,ref,order)

RANK 函数用于返回某数字在一列数字中相对于其他数字的大小排名。

number：要查找排名的数字。

ref：一组数或一个数据列表的引用（应该为绝对引用），非数字值将被忽略。

order：排序的方式。0 或忽略为降序，非 0 值为升序。

- 匹配函数 VLOOKUP（lookup_value,table_array,col_index_num,range_lookup)

VLOOKUP 函数用于搜索表区域首列满足条件的元素，确定待检索单元格在区域中的行序号，再进一步返回选定单元格的值。

lookup_value：需要在数据表首列进行搜索的值。

table_array：需要在其中搜索数据的信息表。

col_index_num：满足条件的单元格在数组区域 table_array 中的列序号。

range_lookup：指定在查找时是要求精确匹配还是大致匹配。如果为 FALSE，大致匹配；

如果为 TRUE 或忽略，精确匹配。

5. 公式审核

在 Excel 2010 中如果输入的公式或函数不正确，不仅不能得到正确的运算结果，还会在单元格中显示出错信息。了解各种出错信息的含义，对于迅速找到错误原因是很有帮助的。下面给出一些常见的错误信息。

• #####：如果单元格计算的结果比单元格宽或者单元格的日期时间公式产生了一个负值，则会产生#####错误，如表 6-1 中 B1 单元格公式计算结果。

• #DIV/0!：在公式中，除数使用了指向空单元格或值为 0 的单元格，则会产生#DIV/0! 错误，如表 6-1 中 B2 单元格公式计算结果。

• #N/A：在公式或函数中没有可用数值，则会产生#N/A 错误，如表 6-1 中 B3 单元格公式计算结果。

• #NAME?：在公式或函数中包含了 Excel 不能识别的字符，则会产生#NAME?错误，如表 6-1 中 B4 单元格公式计算结果。

• #NUM!：在公式或函数中某个数字有问题或者是输入公式产生的数值太大或太小，则会产生#NUM! 错误，如表 6-1 中 B5 单元格公式计算结果。

• #REF!：在公式或函数中存在无效引用，则会产生#REF! 错误，如表 6-1 中 B6 单元格公式计算结果。

• #VALUE!：在公式或函数中本该使用数值却使用了文本，则会产生#VALUE! 错误，如表 6-1 中 B7 单元格公式计算结果。

表 6-1 公式审核常见错误

序号	A	B
1	1998-1-1	=A1-A2
2	1999-5-5	=1/A3
3	0	=NA()
4	1	=sum(y)
5	9.90E+307	=A5+A6
6	9.90E+307	=A3+A4，并将 A3 或 A4 单元格删除
7		=sum("y")

6.2.5 编辑工作表

1. 单元格、行、列的插入

（1）行、列的插入

选定行或列，然后用如下两种方式之一都可插入行或列：

• 选择“开始”→“单元格”组→“插入”→“插入工作表行”或“插入工作表列”命令。

• 单击鼠标右键，在弹出的快捷菜单中选择“插入”命令。

以上两种方法，均可在所选行上方插入行或在所选列左侧插入列，插入行列数与选定行列数相同。

（2）单元格的插入

选定需要插入单元格的区域，然后用如下两种方式之一都可插入单元格：

- 选择“开始”→“单元格”组→“插入”→“插入单元格”命令。
- 单击鼠标右键，在弹出的快捷菜单中选择“插入”命令。

以上两种方法均会弹出“插入”对话框，如图 6-18 所示，选择对应选项单击“确定”按钮即可。其中，选择“活动单元格右移”，则新单元格出现在选定单元格左边；如果选择“活动单元格下移”，则新单元格出现在选定单元格上边；插入单元格数与选定单元格数相同。选择“整行”，则在选定单元格上方插入与选定区域所占行数相同的行；选择“整列”，则在选定单元格左侧插入与选定区域所占列数相同的列。

2. 单元格、行或列的清除或删除

Excel 2010 中删除数据有两种情况：清除和删除。清除是指对单元格的内容、格式、批注和超链接的部分删除或全部删除，单元格本身并没有被删除。而删除不仅删除单元格中的内容、格式、批注和超链接，所选定的单元格也从工作表中删除。

① 选定需要清除或删除的单元格、行或列。

② 如果要清除数据，选择“开始”→“编辑”组→“清除”→“清除全部”/“清除内容”/“清除格式”/“清除批注”/“清除超链接”命令即可清除相关内容。清除内容或批注，也可单击鼠标右键，在快捷菜单中选择“清除内容” 或“删除批注”命令。清除内容还可直接按下 Delete 键。

③ 如果要删除数据，单击鼠标右键，在弹出的快捷菜单中选择“删除”命令；或选择“开始”→“删除”命令。如果所选区域为单元格，则会弹出如图 6-19 所示的“删除”对话框。

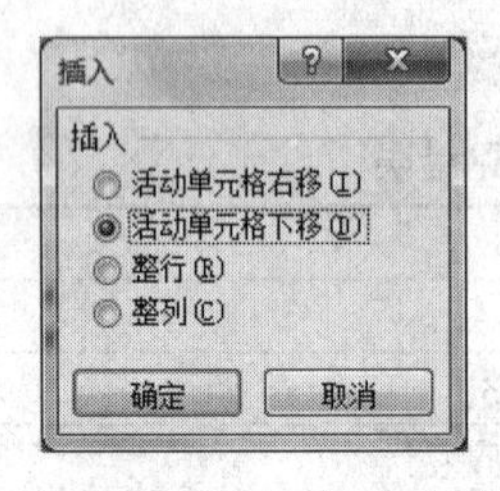

图 6-18 “插入”对话框

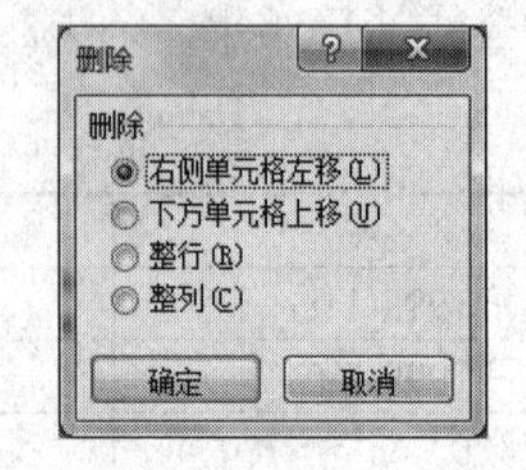

图 6-19 “删除”对话框

④ 在“删除”对话框中选择“右侧单元格左移”，则右侧单元格补充删除位置；如果选择“下方单元格上移”，则下方单元格补充删除位置；选择“整行”，则选定单元格所在的行全部被删除；选择“整列”，则选定单元格所在的列全部被删除。

3. 工作表的行高及列宽

在工作表中，行高和列宽的默认值分别为 13.5 和 8.38。可用鼠标操作和菜单命令两种方法来改变工作表的行高和列宽，使工作表显示更合理、更美观。

（1）鼠标拖动法

选定需要改变的行或列，单行或单列不用选定。移动鼠标到其中一行的下边界或其中一列的右边界，当鼠标指针变为黑十字时，再用如下方式调整：

① 拖动鼠标到所需高度或宽度释放，即可调整行高或列宽到任意高宽。

② 双击鼠标左键，则所选行/列自动调整为最适合的行高/列宽。

（2）菜单命令法

选定需要改变高或宽的行或列。

① 单击鼠标右键，在弹出的快捷菜单中选择“行高”/“列宽”选项，或选择“开始”→“单元格”组→“格式”→“行高”/“列宽”命令，弹出如图 6-20 所示的“行高”/“列宽”对话框。在“行高”/“列宽”中输入设置的数值，单击“确定”按钮，即可设置固定大小的行高或列宽。

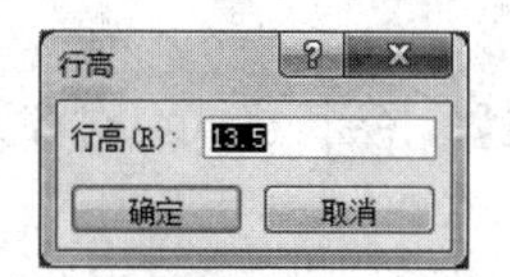

图 6-20　“行高”/“列宽”对话框

② 选择“开始”→“单元格”组→“格式”→“自动调整行高”/“自动调整列宽”命令，则所选行/列自动调整为最适合的行高/列宽。

4. 隐藏/取消隐藏行/列

有时工作表中行/列过多，在一屏中显示不下全部行/列，即可把暂时不用的行/列隐藏起来，需要时再取消隐藏。

选定需要隐藏的行/列，单击鼠标右键，在弹出的快捷菜单中选中“隐藏”命令；或选择“开始”→“单元格”组→“格式”→“隐藏和取消隐藏”→“隐藏行”/“隐藏列”命令，则所选行/列被隐藏。

需要显示时，选中被隐藏行/列的上下两行/左右两列，选择“开始”→“单元格”组→“格式”→“隐藏和取消隐藏”→“取消隐藏行”/“取消隐藏列”命令，被隐藏行/列即可重新显示。

5. 单元格的合并与拆分

合并单元格是将一组连续的单元格合并为一个大的单元格，拆分单元格则是将经过合并处理的大单元格恢复成原来的多个小单元格。

选定需要合并/拆分的单元格，单击鼠标右键，在弹出的快捷菜单中选择“设置单元格格式”命令，弹出“设置单元格格式”对话框。单击“对齐”选项卡，如图 6-21 所示，选中/取消“合并单元格”复选框，单击“确定”按钮，即可合并/拆分选定单元格。

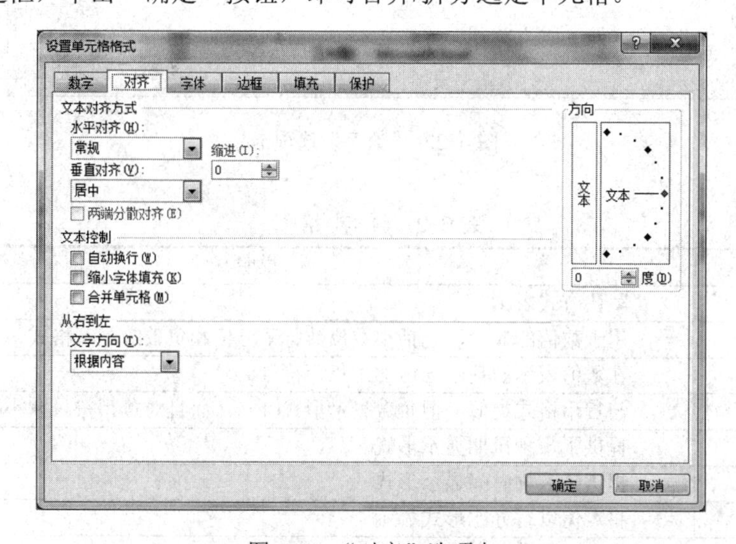

图 6-21　“对齐”选项卡

若选中的多个单元格中都有数据，合并后只会保留左上角单元格中的数据。选择“开始”→“对齐方式”组→“合并后居中”命令，可直接将选定的单元格合并，同时将单元格的内容水平居中；也可选择“开始”→“对齐方式”组→“合并后居中”→“跨越合并”/“合并单元格”/“取消单元格合并”命令进行所选单元格的每行合并/合并/取消合并。

6. 单元格格式的设定

单元格格式的设定包括单元格数据的数字类型、字符格式、对齐方式、单元格的边框、图案和单元格的保护等内容。操作方法如下：

① 选定要设置格式的单元格。

② 选择“开始”→“单元格”组→“格式”→“设置单元格格式”命令；或单击鼠标右键，在弹出的快捷菜单中选择“设置单元格格式”命令。

③ 在弹出的“设置单元格格式”对话框中，选择不同的选项卡可以进行数字、对齐等各种单元格格式的设置。

- “数字”选项卡：如图6-22所示。用于设置单元格的数字格式，其中左边“分类”列表框中列出数字格式的类型，右边显示该类型的格式，具体说明见表6-2。

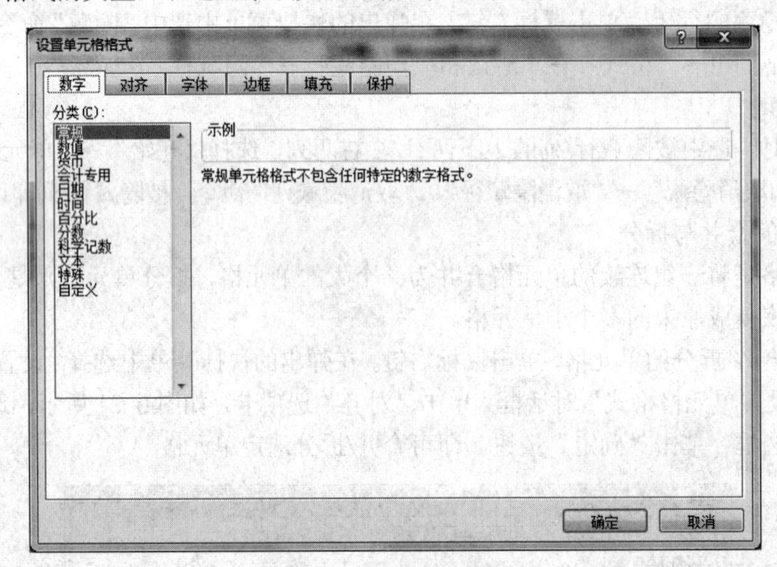

图6-22 “数字”选项卡

表6-2 数字格式

分类	说明
常规	默认方式表示
数值	用于数值的显示，包括小数位数、千分位和负数的显示格式
货币	在数值表示的基础上增加了货币符号
会计专用	与货币格式类似，但负数表示形式唯一，而且对货币符号和小数点对齐
日期	提供了多种日期显示形式
时间	提供了多种时间显示形式
百分比	将数值以百分比形式显示

续表

分类	说明
分数	将数值以分数形式显示
科学计数	将数值以科学计数法表示
文本	将数字作为文本处理
特殊	以中文大小写或邮政编码表示数值
自定义	用户自定义所需显示格式

- “对齐”选项卡：如图 6-21 所示。可以设置以下内容：

水平对齐：包括常规、靠左（缩进）、居中、填充、两端对齐、跨列居中、分散对齐等。

垂直对齐：包括靠上、居中、靠下、两端对齐、分散对齐等。

自动换行：对输入的文本根据单元格列宽自动换行。

缩小字体填充：减小字体使数据的宽度与列宽相同。

合并单元格：将多个单元格合并为一个单元格或拆分已合并的单元格。

方向：用来改变单元格中文本旋转的角度，范围从–90°～90°，正数表示文本逆时针旋转。

- “字体”选项卡：如图 6-23 所示。通过它可以设置单元格中数据的字体、字形、字号、颜色、下画线，以及给数据设置删除线、上标、下标等特殊效果。

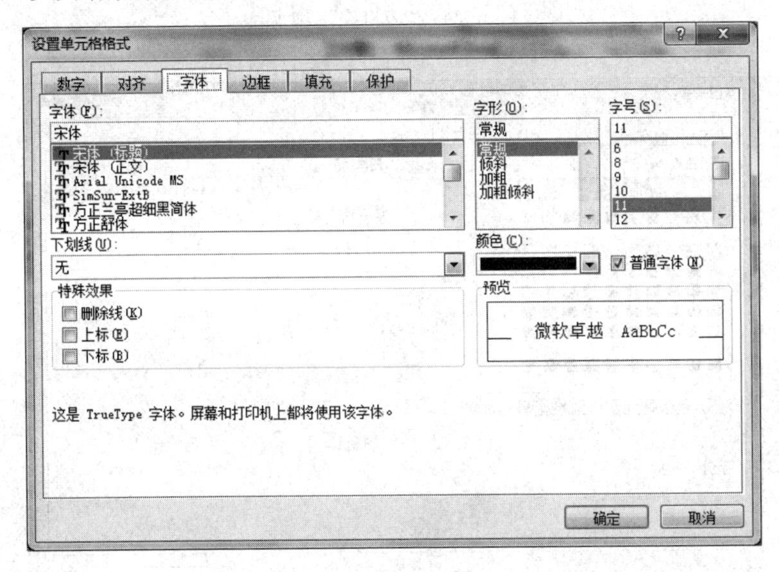

图 6-23 “字体”选项卡

- “边框”选项卡：如图 6-24 所示。Excel 默认的边框为淡虚线，打印时没有边框。通过此项设置，可以给选定的单元格设置各种样式、颜色的边框，边框类型有外边框、内部、上、下、左、右、斜线。设置的顺序为先选颜色和样式再选边框类型。

简单的边框可以选择“开始”→“字体”组→“边框”按钮 的下拉列表框中的对应选项来完成。

- “填充”选项卡：如图 6-25 所示。用于设置单元格的背景颜色和图案。单击“背景色”

下方的颜色来设置单元格的背景颜色。单击“填充效果”按钮，在打开的对话框中可以进行颜色“渐变”效果的设置。“图案样式”列表框中提供了各种网格、斜线、直线或点状的背景图案，可在已设定的背景颜色下添加。“图案颜色”列表框中可以设置图案的颜色。

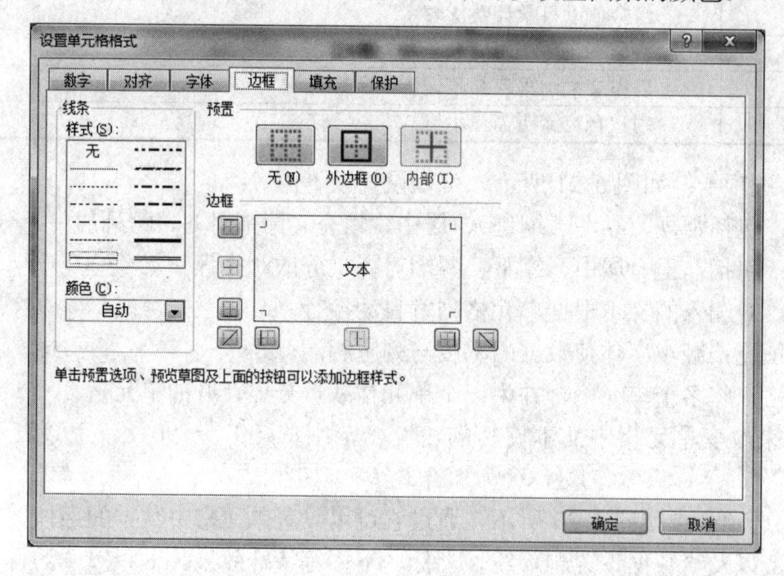

图 6-24 “边框”选项卡

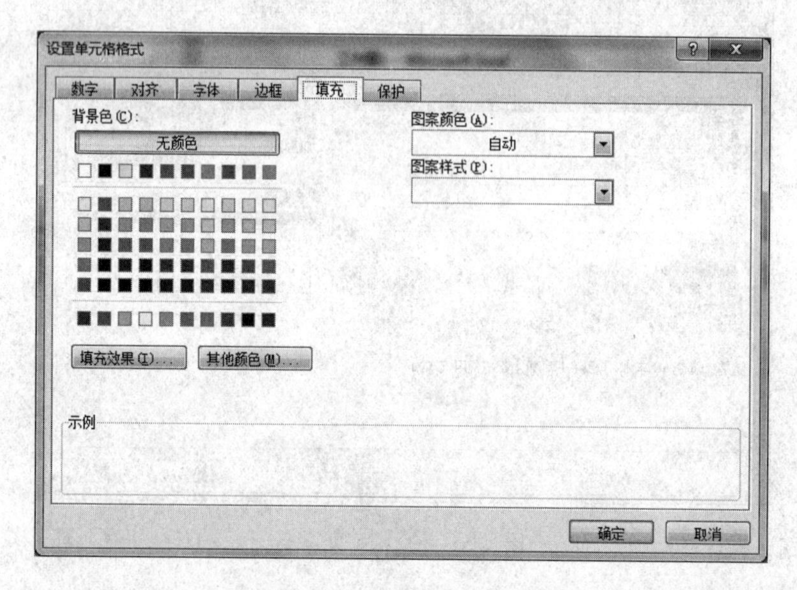

图 6-25 “填充”选项卡

由于“填充”选项卡上的背景颜色不具有提示，因此设置单元格背景颜色时最好选择“开始”→“字体”组→“填充颜色”按钮的下拉列表框中的颜色来完成，这里可以看到颜色提示。

- “保护”选项卡：如图 6-26 所示。“锁定”复选框可以禁止对单元格数据的编辑，默认处于选中状态。“隐藏”复选框可以将公式隐藏起来，在编辑栏中看不到单元格计算所对应的公式，默认处于未被选中状态。设定完该保护功能后要将工作表保护起来，这两项功能才会生效，否则此项设置无效。选择“审阅”→“更改”组→“保护工作表”命令，弹出如图 6-27 所示的“保护工作表”对话框，在“允许此工作表的所有用户进行”列表框中，选择保护状态下允许进行的操作，在“取消工作表保护时使用的密码”框中输入密码并确认密码即可将工作表保护起来。

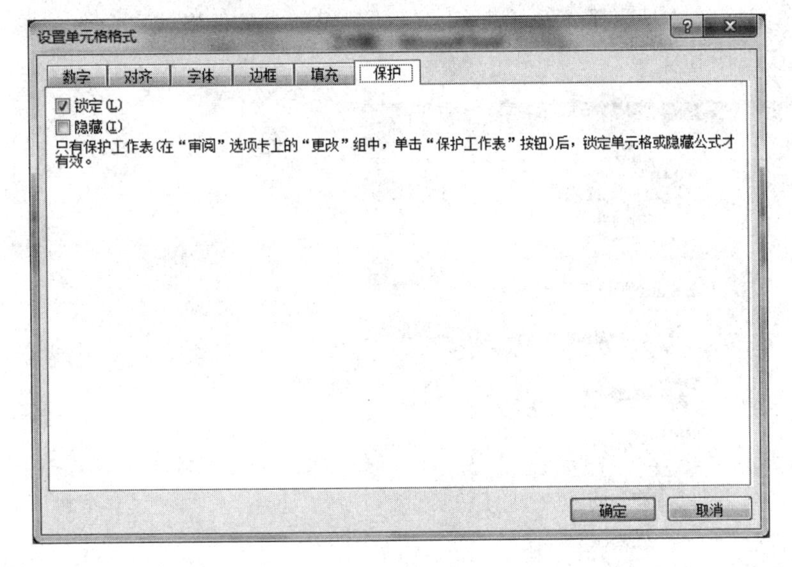

图 6-26 “保护”选项卡

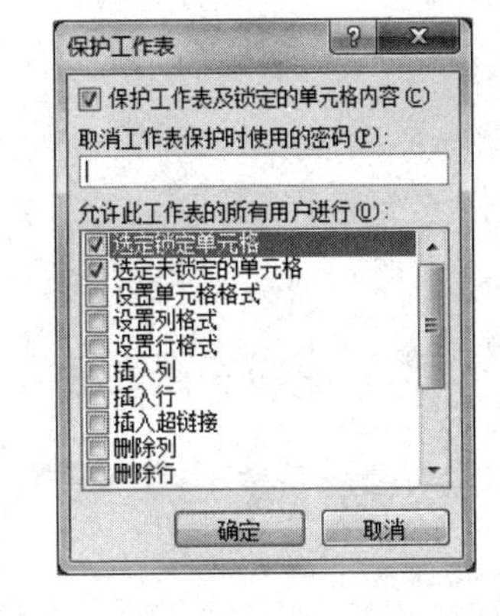

图 6-27 “保护工作表”对话框

7. 自动套用格式

Excel 2010 提供了多种预设的单元格样式和表格样式，用户选择使用这些样式，既可以省去手动格式化的繁琐，又可以快速制作出美观的表格。

（1）单元格样式

选取要格式化的单元格区域，选择“开始”→“样式”组→“单元格样式”列表框中的某一项即可。

（2）表格样式

选取要格式化的单元格区域，选择“开始”→“样式”组→“套用表格格式”列表框中的某一项，即弹出如图 6-28 所示的“套用表格式”对话框，可以修改表数据的来源，单击“确定”按钮即可为此区域添加样式。

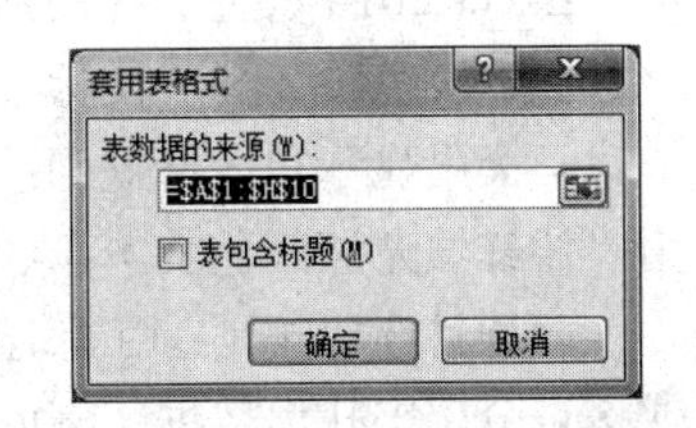

图 6-28 “套用表格式”对话框

在自动套用样式的任一单元格中定位，在选项卡区中会多出一个如图 6-29 所示的“表格工具|设计”选项卡，在其对应的工具栏中，可以调整表格样式并进行表格样式选项的设定。

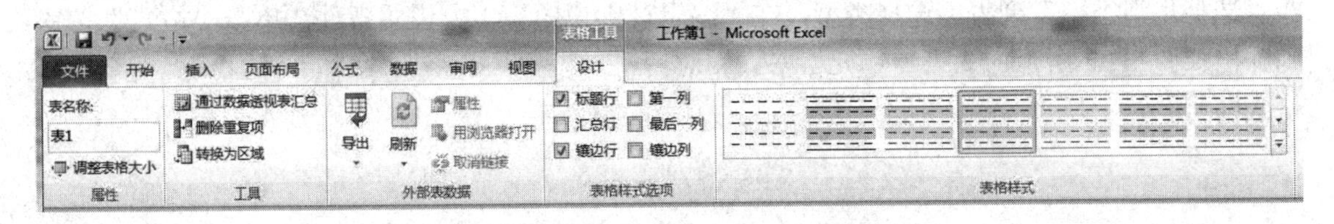

图 6-29 “表格工具|设计”选项卡

8. 条件格式

条件格式是指为满足某些条件的单元格设置字体、边框和图案等特定的格式，用以强调、分类等。例如把学生成绩中不及格的用红色显示，满分的加边框等。用户可以根据自己的要求设定各种条件格式，以使表格外观更加丰富、美观。操作如下：

选定要设置条件格式的单元格区域，选择“开始”→“样式”组→“条件格式”命令，弹出如图 6-30 所示的“条件格式”下拉菜单。

图 6-30 “条件格式”下拉菜单

（1）Excel 2010 内置规则

Excel 2010 内置 5 种规则，如图 6-30 所示，有“突出显示单元格规则”“项目选取规则”“数据条”“色阶”和“图标集”。

- 突出显示单元格规则：用于突出满足某个条件的单元格。例如，将“>3”的单元格设置为“浅红填充深红色文本”。
- 项目选取规则：用于统计数据，可以很容易地突出数据范围内高于或低于平均值的数据，或按百分比来找出数据。例如，将最小值设置为“红色边框”。
- 数据条、色阶和图标集：用于按照所选区域中单元格数值的不同填充不同的格式。

（2）新建规则

如图 6-30 所示，选择“新建规则”命令，弹出如图 6-31 所示的“新建格式规则”对话框，在“选择规则类型”列表中选择类型，在“编辑规则说明”下方设置条件，单击“格式”按钮则弹出如图 6-32 所示的“设置单元格格式”对话框，设置“数字”“字体”“边框”“填充”等格式即可。

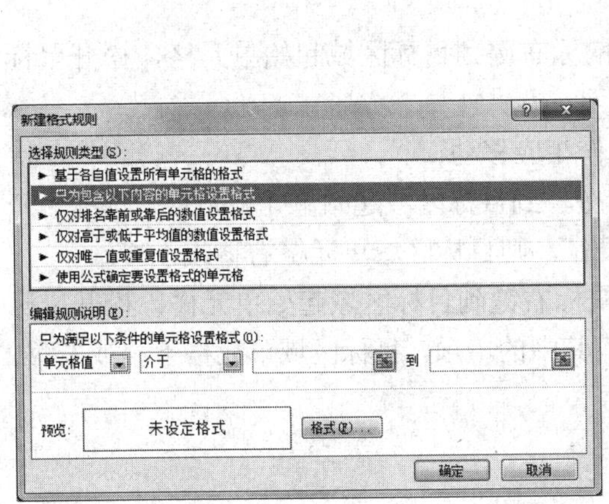

图 6-31 “新建格式规则”对话框

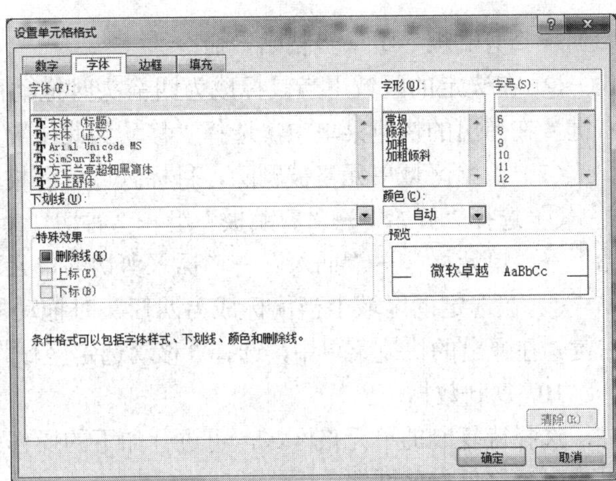

图 6-32 “设置单元格格式”对话框

（3）清除规则

如图 6-30 所示，选择“清除规则”命令，在级联菜单中选择“清除所选单元格的规则”命令，则所选区域的条件格式被取消；选择“清除整个工作表的规则”命令，则工作表中全部的条件格式都被取消。

（4）管理规则

如图 6-30 所示，选择“管理规则”命令，弹出如图 6-33 所示的“条件格式规则管理器”对话框，单击“新建规则”按钮，弹出如图 6-31 所示的“新建格式规则”对话框，同（2）操作，即可建立新的条件格式；选择列表框中已有的条件规则，单击“删除规则”按钮，则所选条件格式被删除；选择列表框中已有的条件规则，单击“编辑规则”按钮，弹出与图 6-31 相似的“编辑格式规则”对话框，同（2）操作，即可对现有的条件格式进行修改。

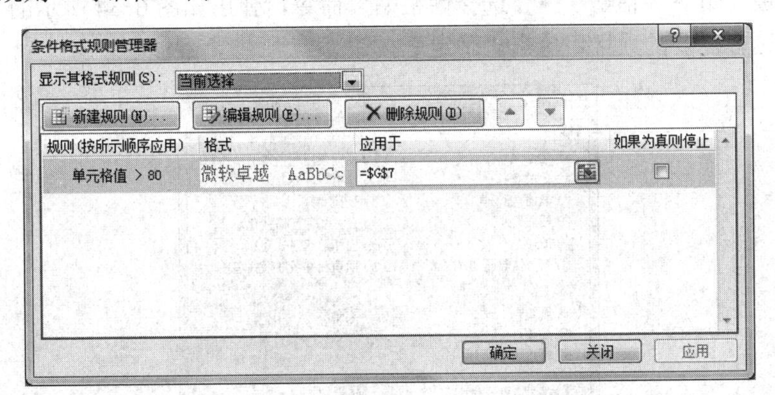

图 6-33 “条件格式规则管理器”对话框

9. 移动数据

选择要移动的单元格区域，可进行如下的操作：

（1）原始区域数据被清除但未被删除，将目标区域覆盖

① 选择“开始”→“剪贴板”组→“剪切”命令，到目标区域起始单元格定位，选择“开

始”→“剪贴板”组→“粘贴”命令。

② 在选定的区域上当鼠标成为四箭头时拖动鼠标右键到目标区域起始单元格，松开鼠标右键，在弹出的快捷菜单中，选择“移动到此位置”。

(2) 原始区域单元格被删除，目标区域单元格作相应移动

① 选择“开始”→“剪贴板”组→“剪切”命令，到目标区域起始单元格定位，选择“开始”→“单元格”→“插入”→“插入剪切的单元格”，则目标区域单元格右移或下移。

② 在选定的区域上当鼠标成为四箭头时拖动鼠标右键到目标区域起始单元格，松开鼠标右键，在弹出的快捷菜单中，选择“移动选定区域”其中的一项，目标区域单元格下移或右移。

10. 复制数据

选择待复制的单元格区域，可进行如下的操作：

(1) 将目标区域覆盖

① 选择“开始”→“剪贴板”组→“复制”命令，到目标区域起始单元格定位，选择“开始”→“剪贴板”组→“粘贴”命令或按下 Enter 键。

② 在选定的区域上，当鼠标成为四箭头时拖动鼠标右键到目标区域起始单元格，松开鼠标右键，在弹出的快捷菜单中选择“复制到此位置”。

(2) 目标区域单元格作相应移动

① 选择“开始”→“剪贴板”组→“复制”命令，到目标区域起始单元格定位，选择“开始”→“单元格”组→“插入”→“插入复制的单元格”，则目标区域单元格右移或下移。

② 在选定的区域上，当鼠标成为四箭头时拖动鼠标右键到目标区域起始单元格，松开鼠标右键，在弹出的快捷菜单中选择“复制选定区域”中的一项，目标区域单元格下移或右移。

(3) 选择性复制数据

① 选择“开始”→“剪贴板”组→“复制”命令，到目标区域起始单元格定位，选择“开始”→“剪贴板”组→“粘贴”→“选择性粘贴”命令，弹出如图 6-34 所示的“选择性粘贴”对话框，从中选择需要的项目，单击“确定”按钮。

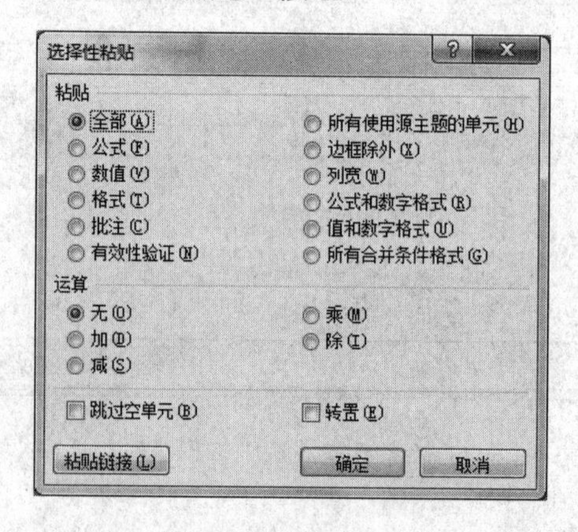

图 6-34 “选择性粘贴”对话框

② 在选定的区域上，当鼠标成为四箭头时拖动鼠标右键到目标区域起始单元格，松开鼠标右键，在弹出的快捷菜单中选择“仅复制数值”或“仅复制格式”。

6.3 图 表 操 作

Excel 2010 可以将抽象的数据表转化成直观、易懂的统计图表，这就是数据的图表化。

6.3.1 创建图表

① 选定要在图表中反映的数据区域。如图 6-35 所示的数据表窗口中需要建立各学生数学、物理、化学成绩图表，则选择“B1∶E14”区域。

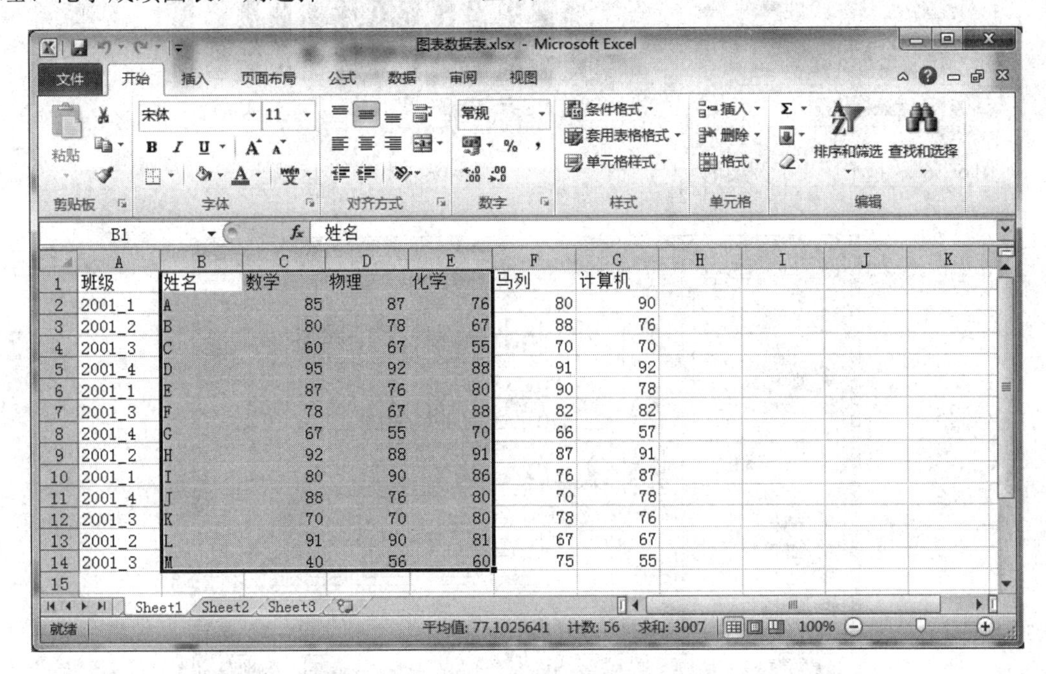

	A	B	C	D	E	F	G
1	班级	姓名	数学	物理	化学	马列	计算机
2	2001_1	A	85	87	76	80	90
3	2001_2	B	80	78	67	88	76
4	2001_3	C	60	67	55	70	70
5	2001_4	D	95	92	88	91	92
6	2001_1	E	87	76	80	90	78
7	2001_3	F	78	67	88	82	82
8	2001_4	G	67	55	70	66	57
9	2001_2	H	92	88	91	87	91
10	2001_1	I	80	90	86	76	87
11	2001_4	J	88	76	80	70	78
12	2001_3	K	70	70	80	78	76
13	2001_2	L	91	90	81	67	67
14	2001_3	M	40	56	60	75	55

图 6-35 数据表窗口

② 在“插入”选项卡的“图表”组中选择需要的图表类型，如“柱形图”，弹出如图 6-36 所示的“柱形图”下拉菜单，在其中任何一个图标上定位即可弹出关于此图表类型的介绍，单击之即可确定图表类型，同时生成如图 6-37 所示的图表窗口。如果对当前图表类型不满意，则在图 6-36 中选择“所有图表类型”命令，会弹出如图 6-38 所示的“插入图表”对话框，选择需要的图表类型，单击“确定”按钮，也会生成类似图 6-37 的图表。

6.3.2 图表编辑

图表创建后，可以对图表及图表对象进行编辑和格式化，使图表更加美观实用。其中包括移动图表、改变图表类型、改变图表要反映的数据、设置图表对象的格式等。

在如图 6-37 所示的图表区域定位，则选项卡区域会出现“图表工具”选项卡，包括“布局”“设计”和“格式”3 项，其中前两项比较常用，如图 6-39 和图 6-40 所示。

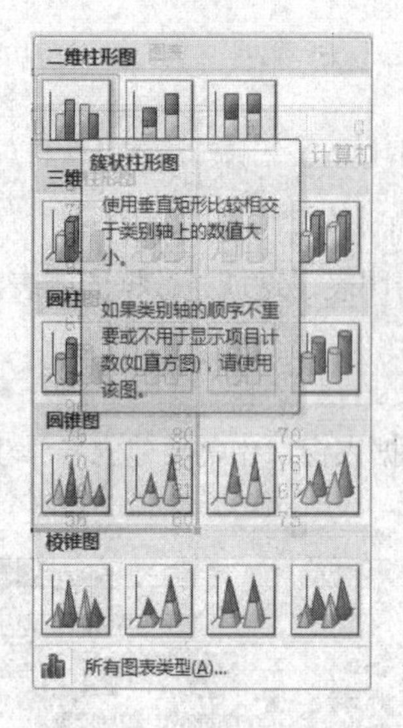

图 6-36 “柱形图”下拉菜单

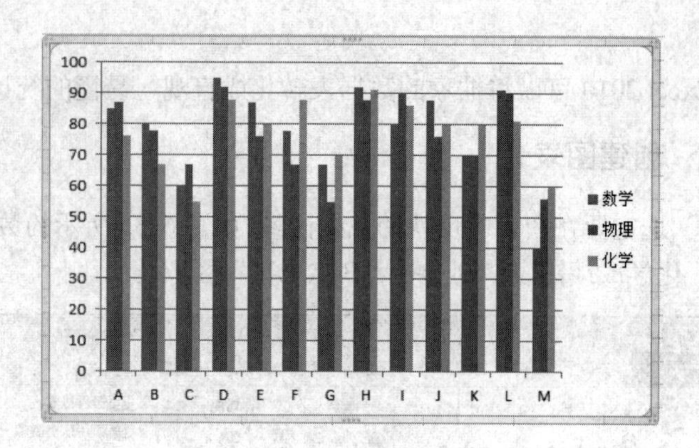

6-37　图表区域

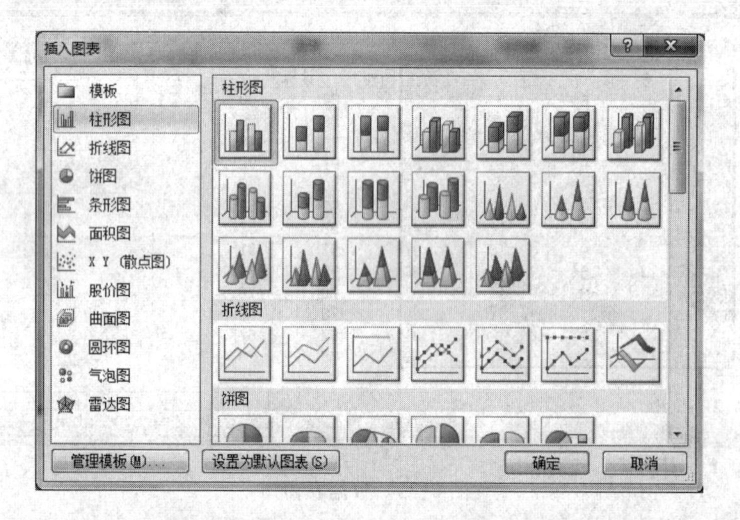

图 6-38 “插入图表”对话框

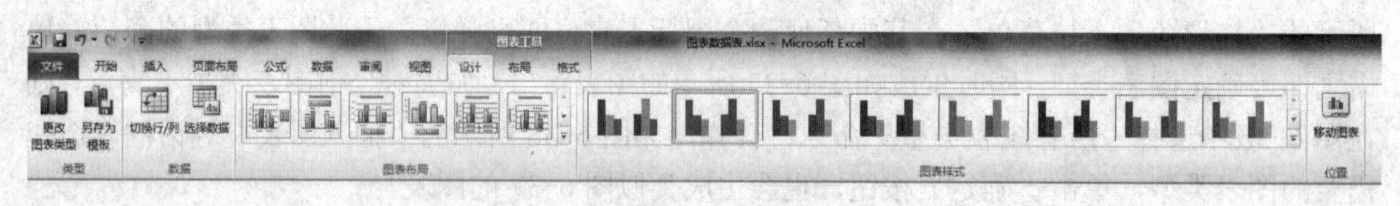

图 6-39 “图表工具|设计”菜单

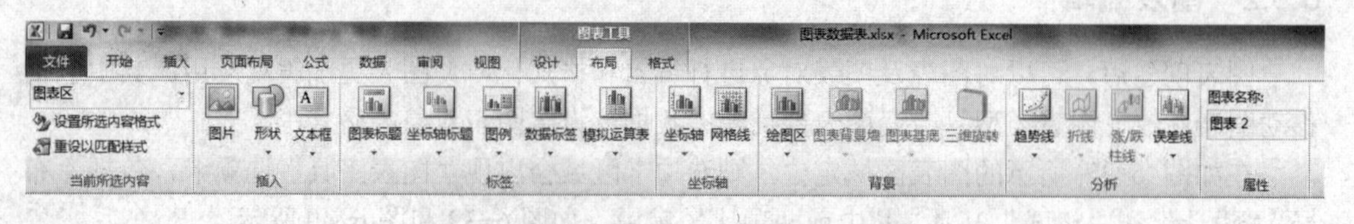

图 6-40 “图表工具|布局”菜单

1. 移动图表

如图 6-39，选择“图表工具|设计”→“位置”组→“移动图表”命令，弹出如图 6-41 所示的“移动图表”对话框，选择“新工作表”并改名，即可使图表出现在新的工作表中；选择“对象位于”列表框中的工作表即可使图表移动到当前工作簿的其他工作表中。

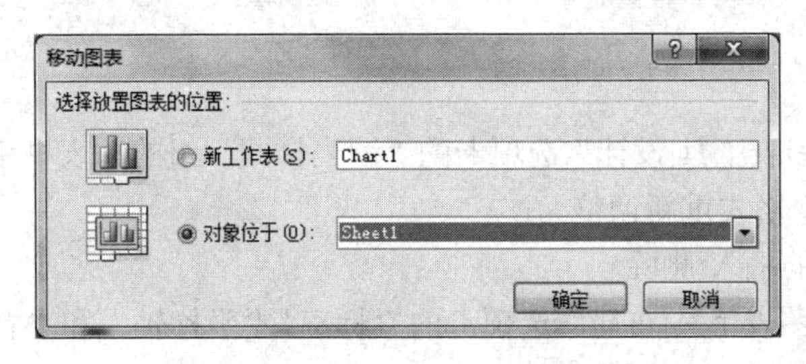

图 6-41 “移动图表”对话框

2. 改变图表类型

如图 6-39，选择“图表工具|设计”→“类型”组→“更改图表类型”命令，弹出与图 6-38 类似的“更改图表类型”对话框，选择新的图表类型，单击“确定”按钮即可改变图表类型。

3. 改变图表数据

如图 6-39，选择“图表工具|设计”→“数据”组→“选择数据”命令，弹出如图 6-42 所示的“选择数据源”对话框，在“图表数据区域”中可改变图表要反映的数据；在“图例项”列表框中选择“添加”“编辑”或“删除”按钮，可以改变图表系列；在“水平（分类）轴标签”中选择“编辑”按钮，弹出如图 6-43 所示的“轴标签”对话框，单击按钮，重新选择分类轴数据，按下 Enter 键即可。

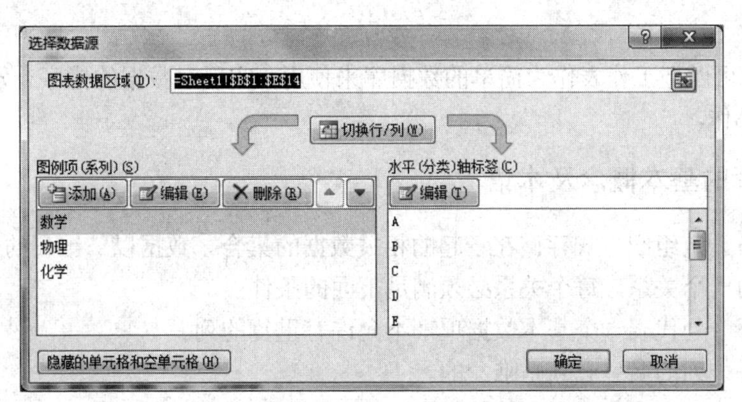

图 6-42 “选择数据源”对话框

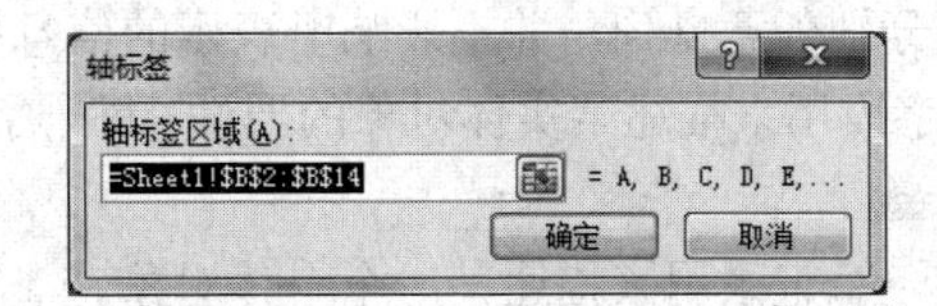

图 6-43 “轴标签”对话框

如果需要将分类轴和数值轴数据互换，则选择“图表工具|设计”→“数据”组→“切换行/列”命令，或在如图 6-42 所示的“选择数据源”对话框中选择“切换行/列”按钮即可。

4. 设置图表布局

如图 6-39，在“图表工具|布局”选项卡的列表框中选择某种布局，则图表按此布局重新调整。

5. 设置图表样式

如图 6-39，在“图表工具|设计”选项卡的“图表样式”组的列表框中选择某种样式，则图表中各对象均按其设定格式重新调整。

6. 图表区各对象的插入/删除

如图 6-40，在“图表工具|布局”选项卡的“标签”“坐标轴”和“背景”组中选择需要添加的对象及其添加位置即可将对象插入。选择要删除的对象，右击鼠标，从弹出的快捷菜单中选择“无”命令即可将对象删除。或者在图表区域中选择要删除的对象，然后按下 Delete 键。

7. 更改图表对象格式

① 如图 6-40，在“图表工具|布局”选项卡的“标签”“坐标轴”和“背景”组中选择需要更改对象格式的对象，在弹出的菜单中选择“其他对象选项”（标题、主要数值轴、数据标签、图例等）。

② 在图表区域中双击要更改格式的对象。

以上两种方法，均可弹出对应对象的“设置对象格式”对话框，然后设置对应格式即可。

6.4　数据管理和分析

Excel 2010 可以把工作表作为简单的数据库来使用，实现对数据的排序、分类汇总、筛选、数据透视表等操作。

6.4.1　数据库的基本概念及术语

数据库是按一定组织方式存储在一起的相关数据的集合。数据以二维表的形式表现出来，每个二维表称为一个关系。每个关系必须满足下面的条件：

- 表中的每一列代表一个基本数据项，不允许有重复的列。
- 表中的每一列的名字必须是唯一的。
- 表中的每一列必须有相同的数据类型。
- 表中不允许有内容完全相同的行。
- 表中行和列的顺序可分别任意排列，并不影响所表示的信息内容。

表中的列被称为字段，字段用来描述某实体对象的属性，每一字段都有一个字段名，如“姓名”“数学”“物理”等。

表中的行被称为记录，一个记录用来描述某一个个体对象。

数据表是工作表上第一行中含有列标志的一系列数据行构成的数据区域。可以把数据表看作一个数据库，数据表中的列是数据库的字段，数据表中的列标志是数据库的字段名称，数据表中的每一行对应数据库中的一个记录。

6.4.2 数据管理与分析操作

1. 排序

排序就是按照一个或多个字段的值大小，对数据表中的全部记录顺序进行重新排列。

在进行排序操作之前，有必要了解 Excel 默认的排序顺序。在按递增排序时，Excel 使用如下的顺序：

① 数值型数据按其数值大小排序。

② 文本型数据按其 ASCII 编码和汉字区位码值的大小排序。

③ 在逻辑值中，FALSE 排在 TRUE 之前。

④ 所有错误值的优先级相同。

⑤ 空单元格排在最后。

按一个字段进行排序时，在这一字段上定位，选择“数据”→“排序和筛选”组→“升序”命令，则按升序进行排列，选择“数据”→“降序”命令，则按降序排列。可能遇到这一字段中数据相同的情况，则保持默认顺序。如果想进一步排序，就要使用多字段排序。具体操作如下：

① 单击数据表中的任一单元格。

② 选择“数据”→“排序”命令，弹出如图 6-44 所示的“排序”对话框。

图 6-44 “排序”对话框

③ 在“主要关键字”下拉列表框中选择需要排序的字段名、排序依据和次序，即可完成单关键字排序。

④ 如果需要更多条件，则单击“添加条件”按钮，则可在主要关键字下方添加“次要关键字”条目，同样进行设置即可。下方关键字只有在上方关键字无法判断记录顺序时才被使用。

⑤ 如果关键字的排序方法需要改变，则单击“选项”按钮，弹出如图 6-45 所示的“排序选项”对话框，在其中选择排序的方法、方向及大小写要求，单击“确定”按钮。

⑥ 单击“确定”按钮，即可完成排序。

2. 分类汇总

分类汇总就是根据某一字段的数据值，先对记录进行分类，再对记录的某些字段数据进行统计。分类汇总时需指定分类字段、汇总的数据项和用于计算的函数（汇总方式）。分类汇总前必须对分类字段进行排序。具体操作如下：

① 首先对数据表按“分类字段”进行排序。

② 选择“数据”→“分级显示”组→“分类汇总”命令，弹出如图6-46所示的“分类汇总”对话框。

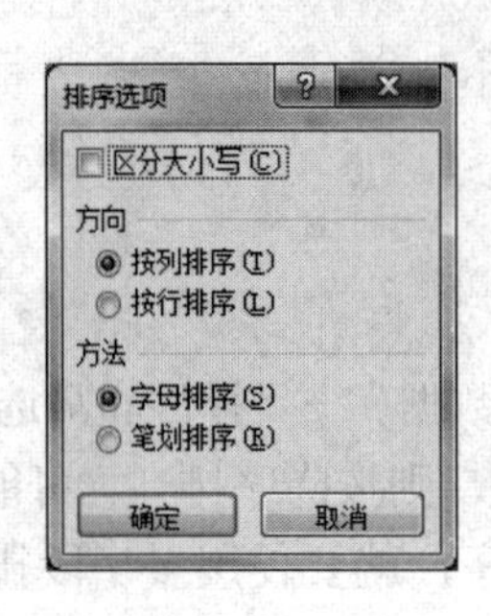

图6-45 “排序选项”对话框

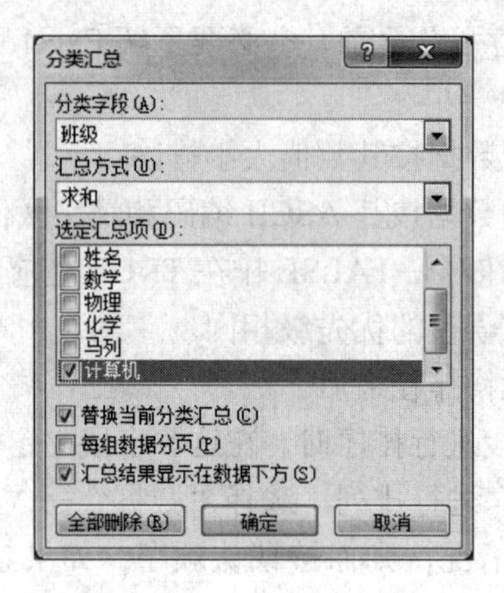

图6-46 “分类汇总”对话框

③ 在“分类字段”下拉列表框中选择分类字段。

④ 在“汇总方式”下拉列表框中选择计算分类汇总的函数。

⑤ 在“选定汇总项”列表框中选定需要对其进行汇总计算的字段（可选多个）。

⑥ 选择对话框中需要的复选框。

- “替换当前分类汇总”复选框：选中则将前一次汇总结果删除，显示新的汇总结果；否则两次汇总结果都显示。
- “每组数据分页”复选框：选中则分类字段中的每一项值所对应的记录及汇总结果都分页显示，否则连续显示。
- “汇总结果显示在数据下方”复选框：选中则将汇总结果显示在数值项下方，否则显示在上方。

⑦ 单击“确定”按钮，在数据表中即显示分类汇总结果。

如果需要清除分类汇总，选择“数据”→“分级显示”组→“分类汇总”命令，再单击“全部删除”按钮即可。

3. 数据筛选

数据筛选就是在数据表中查找满足一定条件的记录，这个操作可以通过把不符合条件的记录暂时隐藏起来，而把满足条件的记录显示在原有区域，也可以把满足条件的记录复制到新的位置。Excel 2010的数据筛选分为自动筛选和高级筛选两种。

（1）自动筛选

自动筛选用于条件简单的筛选，只能完成不同字段条件的“与”关系，即在多个字段都有条件的情况下，筛选出来的是同时满足这些条件的记录，而且每个字段的条件设置不得多于2个。如图6-47所示的数据表中，能筛选如姓名为A的记录，或数学成绩在70~90分之间且物理成绩在 80 分以上的记录，或数学成绩最高的记录等，而筛选如数学或物理有一门成绩在 80 以上的记录，自动筛选则不能实现。

自动筛选的操作过程如下：

① 单击数据表中任一单元格。

② 选择“数据”→“排序和筛选”组→“筛选”命令，数据表每个字段名称右侧出现下拉箭头，如图 6-47 所示。

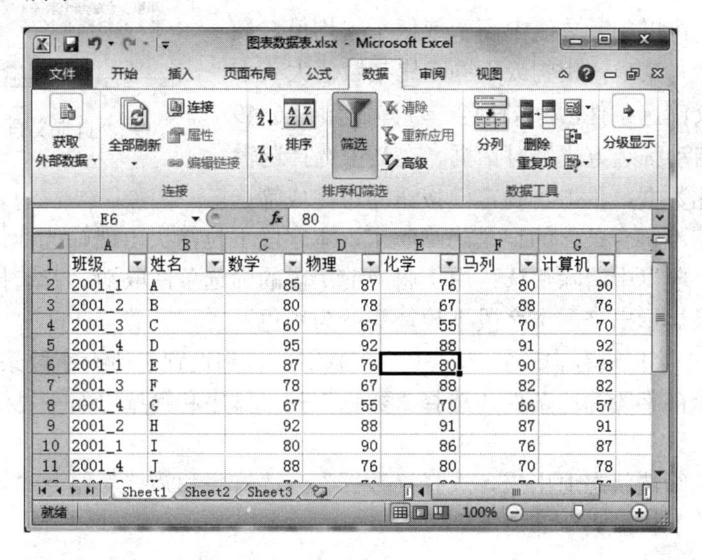

图 6-47　自动筛选状态下的数据表

③ 单击作为自动筛选条件的字段名右侧的下拉箭头，打开“自动筛选”下拉列表框，如图 6-48 所示，有下面一些选项。

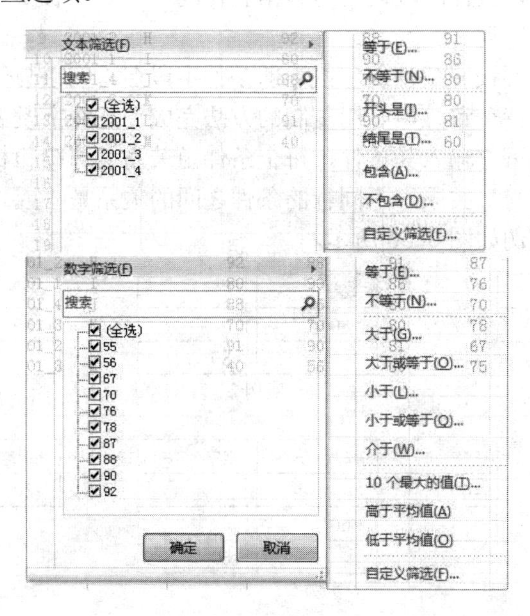

图 6-48　“筛选”菜单

• 40、60、67 等是每个记录的当前字段值，单击此项筛选出字段值所对应的记录。

• 文本筛选：可以判断与原文本相同、不同、包含、不包含、开头或者结尾的条件或者自定义筛选条件，单击任意一项弹出如图 6-49 所示的“自定义自动筛选方式”对话框，在其中选择逻辑运算符、输入对比数据，单击“确定”按钮即可完成筛选。

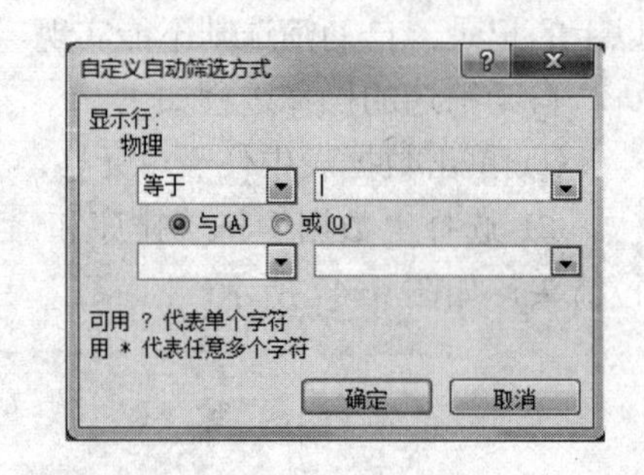

图 6-49　“自定义自动筛选方式”对话框

• 数字筛选：可以判断数值中高于或低于平均值，最大或最小的几项，与某数值相同或不同，比某数值大或小等条件或者自定义筛选条件，单击任意一项弹出如图 6-49 所示的“自定义自动筛选方式”对话框，在其中选择逻辑运算符、输入对比数据，单击“确定”按钮即可完成筛选。

设置完成后将不符合条件的记录隐藏起来，本字段下拉箭头出现筛选标记。

• 从“××字段”中清除筛选：用于将当前字段的筛选条件取消。若选择此项，则因本字段条件隐藏的记录显示出来，本字段下拉箭头变为黑色。

④ 如果对多个字段进行自动筛选，重复步骤③，直到设置了所有字段条件。

如果要取消全部字段筛选条件，选择“数据”→“排序和筛选”组→“清除”命令，则全部记录都显示出来。

如果要从自动筛选状态退出来，选择“数据”→“排序和筛选”组→“筛选”命令，则每个字段名称右侧的下拉箭头全部消失。

（2）高级筛选

高级筛选用于条件较为复杂的筛选，不同字段条件的“与”“或”关系都可完成，每个字段的条件个数不受限。使用高级筛选时，数据表必须有标题行，还必须有一个矩形单元格区域用于输入条件即条件区域，条件区域通常与数据表在同一个工作表中，并且应该与数据表区域至少差开一个空行或一个空列。

条件区域的第一行是要设置条件的字段名即条件字段名，应该与数据区域的第一行（通常是标题行）中的字段名保持一致，最好用复制的方法完成，条件字段名可以有重复，可以是多个。在对应条件字段名的下方输入其条件，每个条件由关系运算符和相应的参数构成。同一行的条件相互间的关系是“与”关系，不同行的条件之间的关系是“或”关系。条件区域不允许有空行。一些条件区域实例如图 6-50 所示。

数学	数学
>80	<90

实例 1

数学	物理
>80	
	>80

实例 2

数学	物理	化学
>80		>80
	>80	>80

实例 3

数学
=max（C2:C14）

实例 4

数学	物理	化学
<60		
	<60	
		<60

实例 5

数学	物理	化学
>80	>80	>80

实例 6

图 6-50　条件区域实例

实例 1 表示筛选数学在 80 分以上 90 分以下的记录。

实例 2 表示筛选物理或数学有一门在 80 分以上的记录。

实例 3 表示筛选化学在 80 分以上且数学或物理有一门在 80 分以上的记录。

实例 4 表示筛选数学为最高分的记录。

实例 5 表示数学、物理和化学至少有一门不及格的记录。

实例 6 表示数学、物理和化学都在 80 分以上的记录。

高级筛选的操作过程如下：

① 设置条件区域。

② 单击数据表中任一单元格。

③ 选择“数据”→“排序和筛选”组→“高级”命令，弹出如图 6-51 所示“高级筛选”对话框。

图 6-51 “高级筛选”对话框

④ 在“列表区域”编辑框中显示默认的数据表区域，如需改变，单击“折叠对话框”按钮重新选择数据区域，再单击“展开对话框”按钮回到对话框。

⑤ 在“条件区域”编辑框中单击“折叠对话框”按钮选择条件区域，再单击“展开对话框”按钮回到对话框。

⑥ 如果要在原有区域显示筛选结果而隐藏不符合条件的记录，单击“在原有区域显示筛选结果”单选按钮；如果要将符合条件的记录复制到工作表的其他位置，单击“将筛选结果复制到其他位置”单选按钮，接着在“复制到”编辑框中选择目标区域左上角单元格名称。

⑦ 单击“确定”按钮，筛选结果将出现在指定位置。

若筛选结果显示在原区域中，选择“数据”→“排序和筛选”组→“清除”命令，则可取消对数据表的高级筛选。

4. 数据透视表

数据透视表是一种对大量数据快速汇总分析和建立交叉列表的交互式格式表格。用户可以扭转和重组页字段、行字段和列字段来修改布局，因此称为透视表。

（1）建立数据透视表

① 单击数据表中任一单元格。

② 单击“插入”→“图表”组→“数据透视表”命令，弹出如图 6-52 所示的“创建数据透视表”对话框。

③ 默认情况下，表区域为全部工作表内容，如果已选择的区域不正确，单击“折叠对话

框”按钮重新选择要分析的数据区域，再单击“展开对话框”按钮回到对话框。

④ 选择放置数据透视表的位置。选择“新工作表”单选按钮可以将数据透视表放到新建的工作表中，选择“现有工作表”单选按钮并设置起始单元格可以将数据透视表插入现有工作表的指定位置。

⑤ 在指定的数据透视表位置出现占位符，在数据表窗口右侧出现如图 6-53 所示的“数据透视表字段列表”任务窗格。

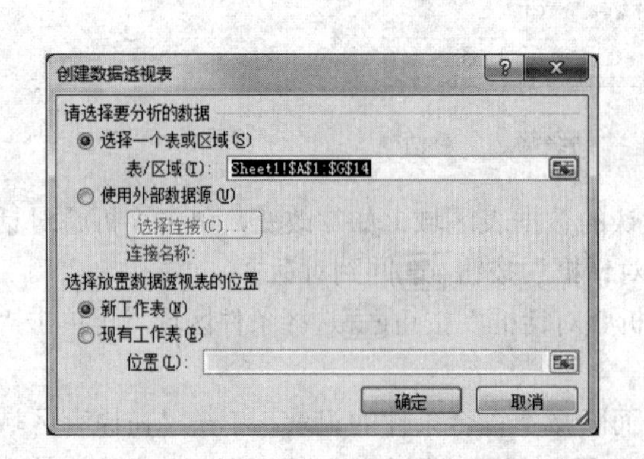

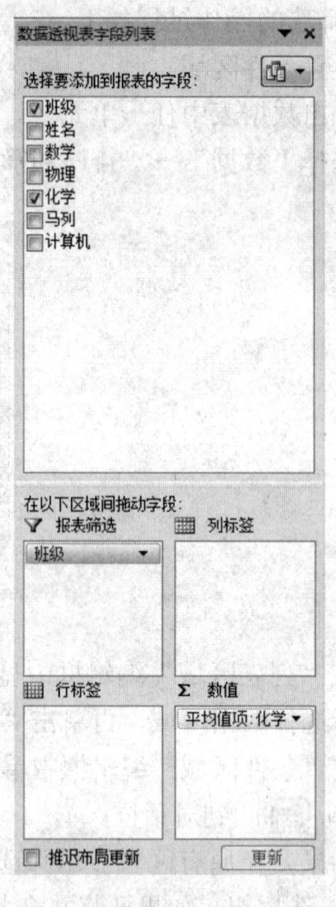

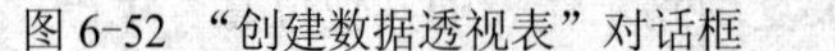

图 6-52 “创建数据透视表”对话框　　图 6-53 “数据透视表字段列表”任务窗格

在“选择要添加到报表的字段”列表框中列出数据表中的全部字段名称，将其中需要的字段用鼠标拖动到“报表筛选”“列标签”“行标签”和“数值”列表框就可以创建透视表。“报表筛选”“列标签”“行标签”列表框用来放分类字段，“数值”列表框用来放汇总字段。在数据透视表中，行标签显示在左边，列标签显示在顶部。当数值列表框中的汇总字段过多时，透视表会很庞大，数据查看不方便，此时可将某个分类字段放入报表筛选中，则会按该字段的每一项产生一个数据透视页面。数值列表框中的汇总对象是非数值型字段则默认为对其计数，数值型字段则默认为对其求和。

⑥ 用户如果不想使用默认的汇总方式，在数值列表框中单击要改变汇总方式的字段，出现如图 6-54 所示的“值字段设置”对话框，在“计算类型”列表框中选择新的汇总方式，单击“确定”按钮。

（2）修改数据透视表

单击数据透视表中任一单元格，选项卡区中出现“数据透视表工具”选项卡，包括“选项”和“设计”两个子选项卡。可以使用相关命令修改数据透视表布局、位置及样式。

（3）删除数据透视表

如果是嵌入式数据透视表，单击数据透视表的任一单元格，选择“数据透视表工具”→“选项”→“选择”→“整个数据透视表”命令，选择“开始”→“编辑”组→“清除”→“全部清除”命令。

如果是新建工作表存放数据透视表，只需删除这个工作表即可。

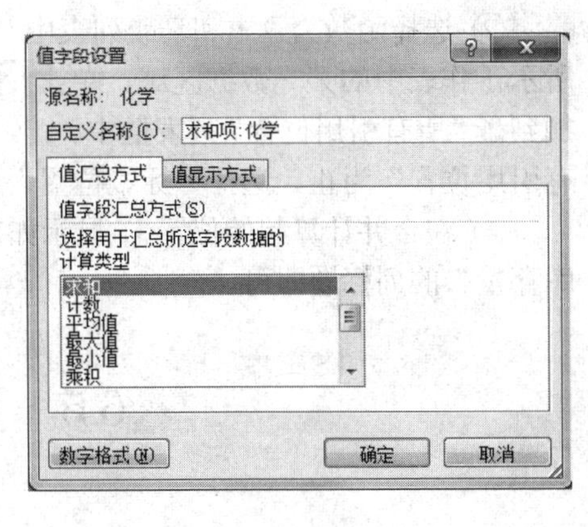

图 6-54 “值字段设置”对话框

5. 合并计算

合并计算是指将多个相似格式的数据区域按指定的方式进行自动匹配计算。其计算方式有求和、计数、平均值等。

如图 6-55 所示的工作表中，有 3 个数据区域，每个区域都包含“产品编号”和“库存量”两列，现在需要将每一产品的库存量统计求和，则使用合并计算进行如下操作。

	A	B	C	D	E	F	G	H	I	J	K
1	产品编号	库存量		产品编号	库存量		产品编号	库存量		产品编号	
2	M01	50		M01	10		M01	20		M01	80
3	M02	30		M03	15		M03	25		M02	30
4	M05	20		M04	30		M05	15		M03	40
5	M08	60		M05	50		M06	30		M04	30
6	M10	70		M08	20		M07	55		M05	85
7	M11	90		M09	25		M09	60		M08	80
8	M12	10		M10	75		M10	45		M06	30
9				M12	15		M11	35		M07	55
10							M12	10		M09	85
11							M13	70		M10	190
12										M11	125
13										M12	35
14										M13	70

图 6-55 合并计算数据区域

① 在需要存放合并计算结果的起始单元格如 J1 定位，选择“数据”→“数据工具”组→“合并计算”选项，弹出如图 6-56 所示的“合并计算”对话框。

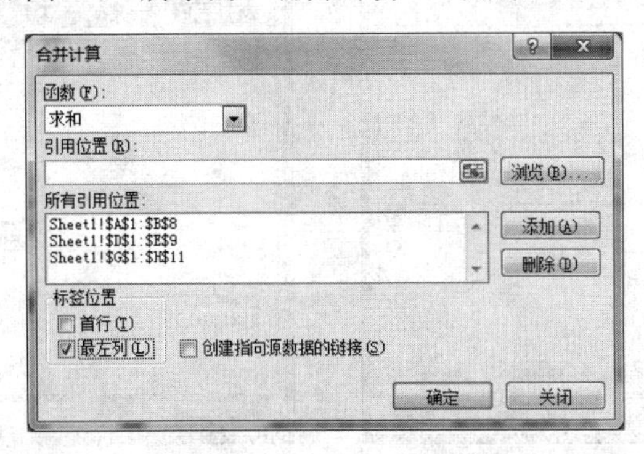

图 6-56 “合并计算”对话框

② 选择函数为“求和”或列表中其他函数，在引用位置右侧单击按钮，选择如图 6-55 所示工作表中的某一数据区域，单击按钮回到对话框，单击“添加”按钮，则这一区域添加到了“所有引用位置”列表框中。继续按照上述方法添加其他引用区域，直到全部添加到“所有引用位置”为止。选择“标签位置”为“首行”或“最左列”，单击“确定”按钮。

③ 在合并计算起始位置 J1 显示如图 6-55 所示的合并计算结果，再将 K 列数据添加如“总库存量”的列标题即可。

6.5 页面设置和打印

本节介绍页面设置和打印的功能和操作。

6.5.1 页面设置

选择“页面布局”→“页面设置”启动器，弹出“页面设置”对话框，该对话框有“页面”“页边距”“页眉/页脚”和“工作表”四个选项卡，分别介绍如下。

1.“页面”选项卡

在如图 6-57 所示的“页面”选项卡中可以设置的内容如下：

- 方向：决定表格与打印页方向相同（纵向）或垂直（横向）。
- 缩放比例：用于放大或缩小打印工作表，100%为正常大小，大于 100%为放大，小于 100%为缩小。
- 调整为：不会更改工作表上数据大小，只会缩放打印的数据。
- 纸张大小：选择要使用的纸张类型。
- 打印质量：选择打印分辨率。
- 起始页码：“自动”即为 1，也可输入所需数字。

2.“页边距”选项卡

在如图 6-58 所示的“页边距”选项卡中可以设置打印时纸张上、下、左、右留出的空白尺寸。也可以设置页眉、页脚距上下两边的距离，该距离应小于上下空白尺寸，否则页眉、页脚将与正文重合。设置数据表在纸张上水平居中或垂直居中，默认为靠上、左对齐。

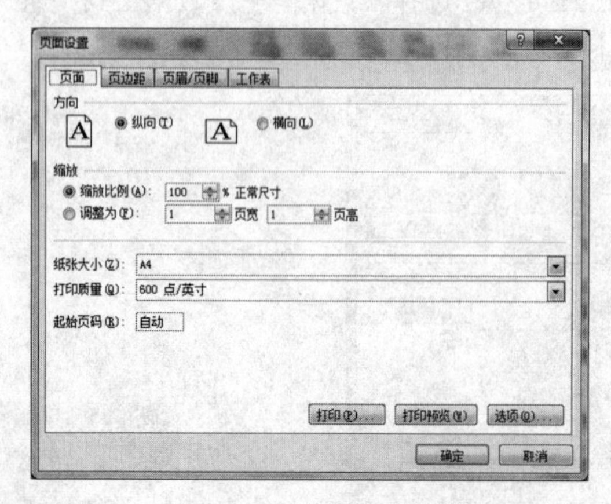

图 6-57 “页面”选项卡

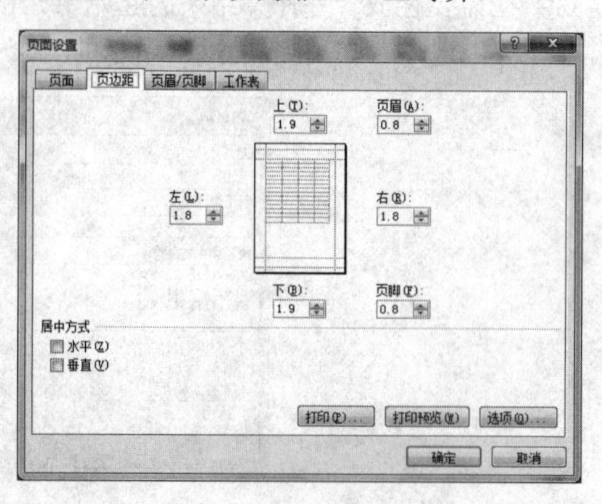

图 6-58 “页边距”选项卡

3.“页眉/页脚”选项卡

在如图 6-59 所示的“页眉/页脚”选项卡中设置页眉/页脚有两种方式，可以直接从页眉/页脚列表框中选择预定义的格式，还可以单击“自定义页眉”/“自定义页脚”按钮弹出如图 6-60 所示的“页眉”/“页脚”对话框来自定义页眉/页脚，有左对齐、居中、右对齐 3 种页眉，可以直接输入或单击编辑框上方的按钮来插入内容。

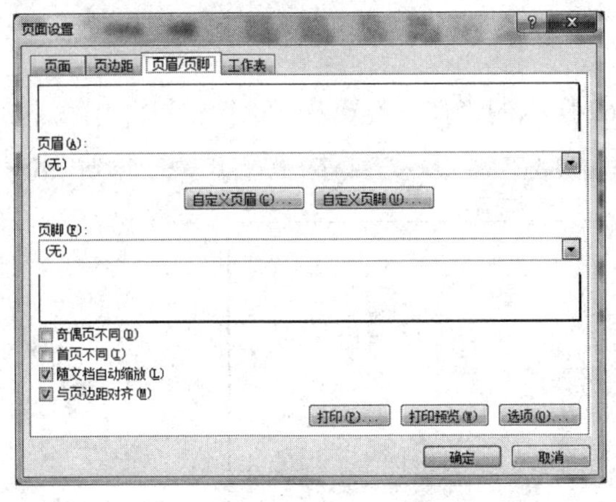

图 6-59 “页眉/页脚”选项卡

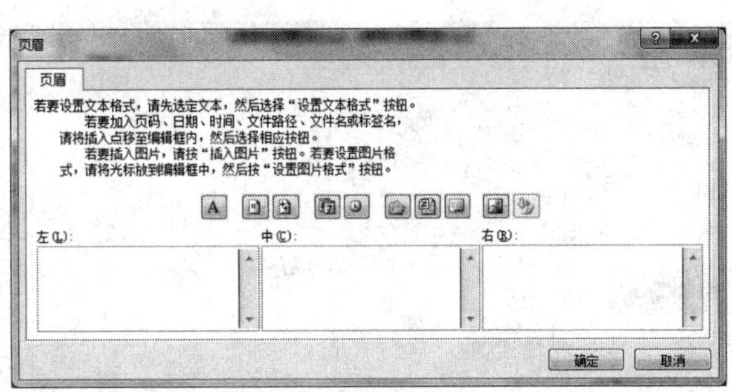

图 6-60 “页眉”对话框

4.“工作表”选项卡

在如图 6-61 所示的“工作表”选项卡中可以设置的内容如下：

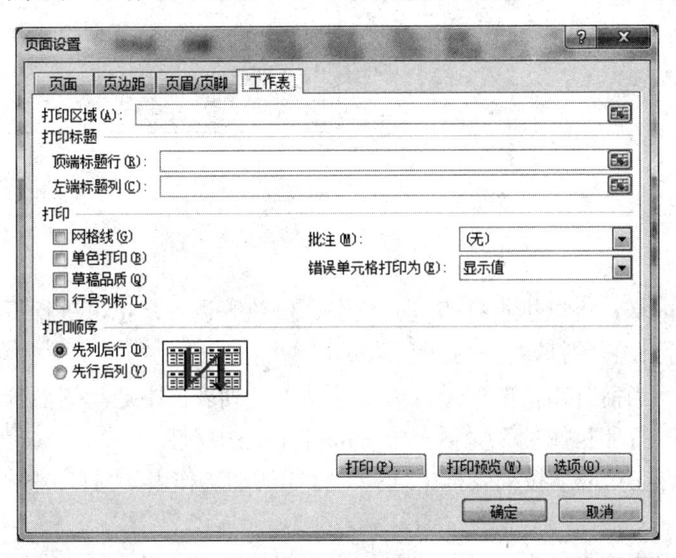

图 6-61 “工作表”选项卡

- 打印区域：选择需要打印的单元格区域。
- 打印标题：当工作表很大时，由于分页有些页中看不到行标题或列标题，在“顶端标题行”和“左端标题列”中选择或输入单元格区域，用于指出在各页上端和左端打印时的行标题与列标题，便于对照数据。

• 打印：Excel 2010 默认的打印方式是只输出工作表数据而不输出网格线和行号列号，选择“网格线”复选框可输出网格线，选择“行号列标”复选框可输出行号列号。

• 打印顺序：当工作表超出一页宽和一页高时，“先列后行”规定先垂直方向分页打印完，再水平方向分页打印。“先行后列”则相反。默认方式是“先列后行”。

6.5.2 预览和打印操作

单击“文件”→“打印”命令，打开如图 6-62 所示的“打印设置及预览”窗口。

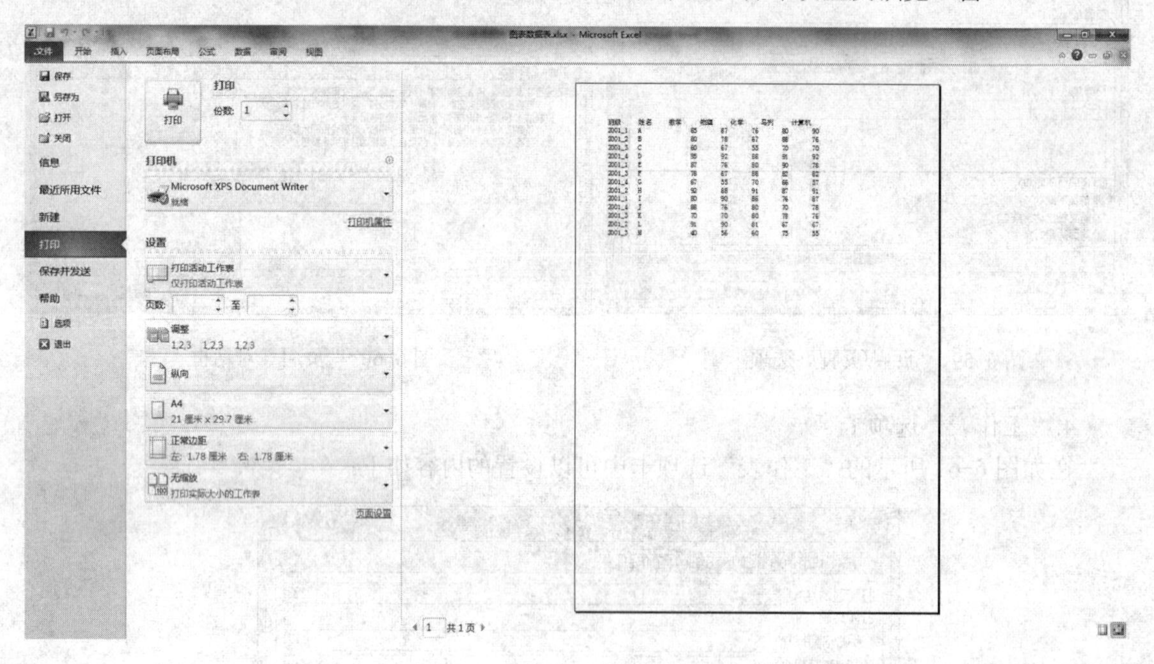

图 6-62 “打印设置及预览”窗口

在左侧的设置区域，可以进行打印机、范围、份数等设置，也可进行页面设置，单击“打印”按钮即可按自行设置的打印方式打印。

• 打印机：显示当前打印机的信息。可以从其下拉列表框中选择其他打印机。单击“打印机属性”选项，在“打印机属性”对话框中修改打印机的属性。

• 打印区域：可在对应下拉列表框中选择“打印活动工作表”“打印整个工作簿”或“打印选定区域”。

• 页数：用户可指定打印页，输入需要打印的起始页码和终止页码即可。

• 份数：选择要打印的份数。

• 页面设置：单击此选项，弹出如图 6-57 所示的对话框进行设置即可。

[思考与问答]

1. 简述 Excel 2010 中工作簿、工作表和单元格的概念以及它们之间的关系。

2. 解释"#######"代表的意义，如何处理？

3. Excel 2010 的删除操作是否等价于清除操作？有什么区别？

4. Excel 2010 是如何实现工作表的保护的？

5. 简述移动工作表和复制工作表的方法。

6. 在单元格 A1 ~ A9 中输入数字 1 ~ 9，A1 ~ I1 中输入数字 1 ~ 9，试用公式复制的方法在 B2:I9 区域设计出九九乘法表。

7. 在 Excel 2010 的自定义单元格格式设置中，是否可以定义例如"2006-03-15"的格式？如果可以定义，类型框中应输入什么内容？

8. Excel 常用的引用方式有几种？分别用在什么地方？

9. 在 Excel 的图表中，系列表示什么？如何解释"系列产生在行"？分类标志的作用是什么？

10. 在 Excel 图表设置中，设置"分类 X 轴标志"的目的是什么？

11. Excel 图表中的可编辑对象的作用是什么？简述图表中有哪几种可编辑对象，并举例说明。

12. 比较 Excel 的排序功能和筛选功能，简述两种功能分别所适用的数据分析处理操作。

13. 什么是排序关键字？如何使用排序关键字？

14. 简述高级筛选中筛选条件区域的组成及条件关系。

15. 试比较数据透视表与分类汇总的不同用途。

第 7 章

PowerPoint 2010 演示文稿制作软件

7.1 PowerPoint 概述

PowerPoint 2010 是 Microsoft Office 2010 软件包中的一个重要组件，可在 Microsoft Windows 系统下运行，是一个专门用于编制电子文稿和幻灯片的软件，是一个用来表达观点、演示成果、传达信息的强有力的工具。PowerPoint 首先引入了“演示文稿”（Presentation）这个概念，改变了过去幻灯片零散杂乱的缺点。当需要向人们展示一个计划，或者作一个汇报，或者进行电子教学等工作时，最好的办法就是制作一些带有文字和图表、图像以及动画的幻灯片，用于阐述论点或讲解内容，而利用 PowerPoint 就能够轻易地完成这些工作。

7.1.1 PowerPoint 2010 的功能和特点

PowerPoint 2010 是一个功能强大的演示文稿制作软件，用它可以制作适应不同需求的幻灯片。作为最先进的演示文稿系统，其制作的演示文稿中，幻灯片内容可以包括文字、图表、图像、动画、声音、视频等多种对象，还可以插入超链接。

幻灯片演示文稿有以下用途：课堂教学、学术论文报告、会议演讲、产品发布等。组成一张幻灯片的主要功能要素如下：

• 文本：文字说明，文本可在占位符、文本框中输入。

• 对象：图片、图表、表格、组织结构图。

• 背景：幻灯片背景色彩。

• 配色方案：由幻灯片设计中使用的 8 种颜色组成，用于背景、文本和线条、阴影、标题文本、填充、强调和超链接的颜色设置。

PowerPoint 2010 在前面版本的基础上，其功能有了更进一步的增强，主要体现在：

1. 为演示文稿带来更多活力和视觉冲击

通过使用新增和改进的图像编辑和艺术过滤器，如颜色饱和度、色温亮度、对比度虚化、画笔和水印等，可以将图像变成引人注目、颜色鲜亮的图像。

2. 动画刷

PowerPoint 2010 新增了动画刷功能，极大地减少了项目动画的重复操作过程，使添加幻灯片动画变得简便快捷。

3. 快速移除背景

在 PowerPoint 插入图片时，一些简单的图像处理可以不需要专用的图像处理软件，使用 PowerPoint 可以很轻松地去除图像背景与抠图。

4. 使用美妙绝伦的图形创建高质量的演示文稿

用户不必是设计专家，照样能够制作很专业的图表。使用新增的 SmartArt 布局可以创建多种类型的图表，如组织系统图表和图片图表等，将单调的文字转换为令人印象深刻的直观内容。

5. 更高效地组织和打印幻灯片

通过使用新功能的幻灯片轻松组织和导航，这些新功能可以帮助用户将演示文稿符合逻辑地为特定作者分配幻灯片，允许用户更轻松地管理幻灯片，如只打印用户需要的节而不是整个演示文稿等。

6. 将艺术效果应用于相片

PowerPoint 2010 可以将艺术效果应用于图片或图片填充，使图片看上去更像草图绘图或绘画。一次只能将一种艺术效果应用于图片，因此应用不同的艺术效果会替换以前应用的艺术效果。

PowerPoint 和 Word、Excel 等应用软件一样，都是 Microsoft Office 系列产品之一，主要用于设计制作广告宣传、产品演示幻灯片，制作的演示文稿可以通过计算机屏幕或者投影机播放。利用 PowerPoint，不但可以创建演示文稿，还可以在互联网上召开远程会议或在 Web 上给观众展示演示文稿。随着办公自动化的普及，PowerPoint 的应用越来越广泛。

在 PowerPoint 中，演示文稿和幻灯片这两个概念还是有差别的，利用 PowerPoint 做出来的东西就叫演示文稿，它是一个文件。而演示文稿中的每一页就叫幻灯片，每张幻灯片都是演示文稿中既相互独立又相互联系的内容。

7.1.2 PowerPoint 2010 的启动和退出

1. PowerPoint 2010 的启动

鼠标单击“开始”按钮，选择“所有程序”项，在弹出的子菜单中选择“Microsoft Office”下的“Microsoft PowerPoint”命令，或者在桌面上双击 PowerPoint 2010 快捷方式启动，出现 PowerPoint 的启动画面。如图 7-1 所示。

2. PowerPoint 2010 的退出

当用户在 PowerPoint 中完成工作后，需要退出 PowerPoint。关闭 PowerPoint 可以用鼠标单击窗口右上角的“关闭”按钮，也可执行“文件”选项卡中的“退出”命令。

7.1.3 PowerPoint 2010 窗口组成

当 PowerPoint 打开后，PowerPoint 2010 窗口如图 7-2 所示。

下面来说明一下窗口的布局。

① 标题栏：显示出软件的名称（Microsoft PowerPoint）和当前文档的名称。

② 快速启动工具栏：将一些最为常用的命令按钮集中在本工具栏上，方便调用。

③ 选项卡。

④ 格式工具条：将用来设置演示文稿相应对象格式的常用命令按钮集中于此。

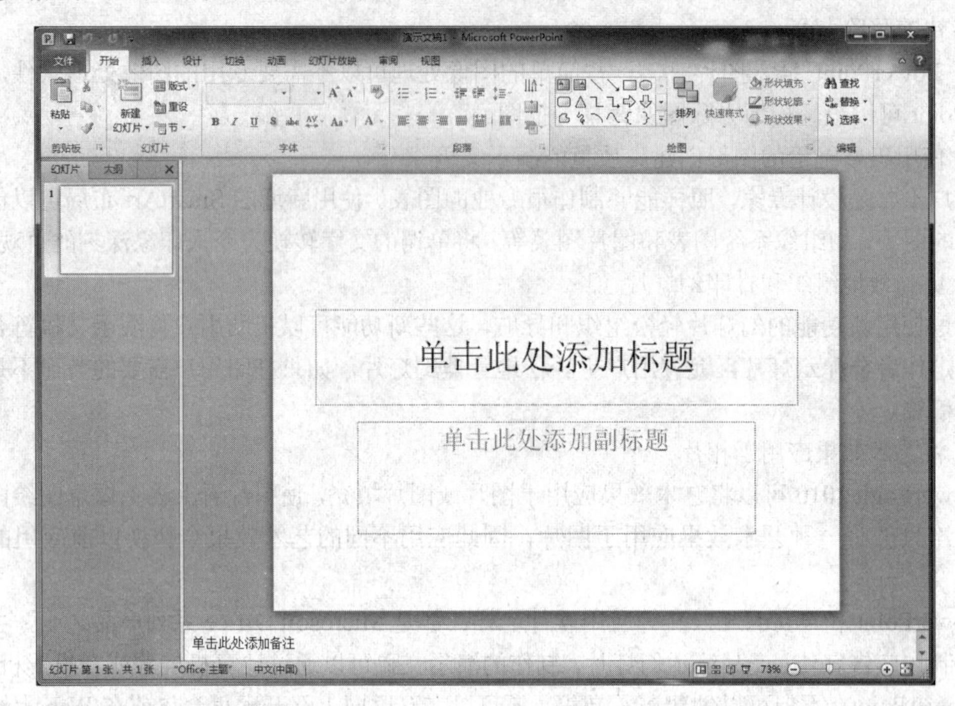

图 7-1 PowerPoint 界面

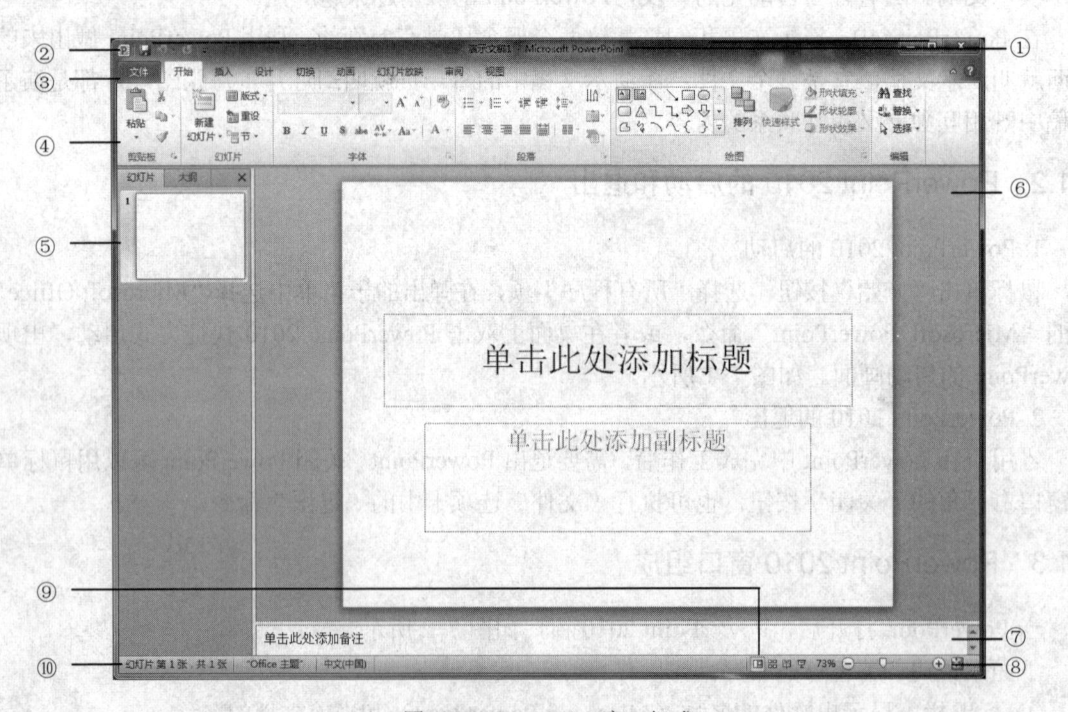

图 7-2 PowerPoint 窗口组成

⑤ 大纲区：通过“大纲视图”或“幻灯片视图”可以快速查看整个演示文稿的任意一张

幻灯片。

⑥ 工作区：编辑幻灯片的工作区。

⑦ 备注区：用来编辑幻灯片的一些“备注”文本。

⑧ 比例缩放区：可以快速地设置幻灯片的比例。

⑨ 视图切换区：可以快速地切换视图。

⑩ 状态栏：用来显示当前文档的某些状态要素。

7.1.4 PowerPoint 2010 视图

幻灯片视图就是观看工作的一种方式。为了便于设计者从不同的方式观看自己设计的幻灯片，PowerPoint 提供了多种视图显示模式，帮助人们创建演示文稿。PowerPoint 2010 主要有普通视图、幻灯片浏览视图、阅读视图和放映视图。在右下角有一个由 4 个小按钮组成的细长条，从左到右分别为“普通视图”“幻灯片浏览视图”“幻灯片阅读视图”和“幻灯片放映视图”，这就是视图方式切换组合按钮。当然，也可以通过“视图”选项卡来完成视图方式的切换。

1. 普通视图

PowerPoint 2010 默认的视图方式为普通视图。在普通视图中主要进行编辑操作，可用于撰写或设计演示文稿。该视图有 3 个工作区：左侧是用来切换以幻灯片文本显示的大纲视图和以缩略图显示的幻灯片视图状态的选项卡，如果选择了一种视图状态，在该窗格中将显示相应的文本或缩览图；右侧是幻灯片窗格，用来显示当前幻灯片；底部是备注窗格，如图 7-3 所示。

（1）“大纲”选项卡

单击“大纲”选项卡，可以切换到大纲视图。在此视图中，用户不仅可以方便地查看、编辑幻灯片的标题和正文，还可以清楚地查看幻灯片的排列顺序，了解幻灯片的整体结构，如果发现不合理的地方，可以利用“大纲”工具栏方便地调整幻灯片的顺序（如上移、下移幻灯片）或者其标题的级别（如对标题进行升级、降级等）。

（2）“幻灯片”选项卡

单击“幻灯片”选项卡，可以切换到幻灯片视图。此时，幻灯片会按一定的比例缩小，使用户能看到幻灯片的全貌。在此视图中，用户能够对每张幻灯片中所有的对象进行编辑、修改和设置。

（3）幻灯片窗格

在大纲视图中显示当前幻灯片，用户可以向其中添加文本，或插入图片、表格、图表、绘图对象、文本框、电影、声音、超级链接和动画。幻灯片窗格就是最终演示所看到的画面，不仅有幻灯片的文本内容，还有幻灯片的背景、文本格式等，也就是幻灯片的外观和效果。

（4）备注窗格

备注窗格是用来为幻灯片添加说明的。添加与每张幻灯片内容相关的备注，可使用户更方便地了解该页的内容，并且在放映演示文稿时将它们用作打印形式的参考资料或者创建者希望让观众在 Web 页上看到的备注。

单击窗口左侧“大纲”选项卡中的任意一项内容，幻灯片窗格中就会显示相应的幻灯片效果，备注窗格中的备注也随着变化。拖拽窗格的分界线，可以调整窗格大小。当窗格变窄时，“大纲”和“幻灯片”选项卡变为显示图标，如果希望在编辑窗口中观看当前幻灯片，可以单击

“幻灯片”选项卡旁边的“关闭”按钮关闭选项卡。

2. 幻灯片浏览视图

单击窗口右下角的第二个按钮，就切换到了幻灯片浏览视图，如图 7-4 所示。在这个视图中，非常方便地将演示文稿中的所有幻灯片以缩小的视图方式排列在屏幕上，第一张幻灯片排在第一行最左边，然后依次向右排，第一行排满了再排第二行，依此类推。因为幻灯片缩得很小，所以在屏幕上一次能显示很多张幻灯片，人们可以很直观地了解所有幻灯片的情况，还可以用屏幕右方的滚动条浏览排在后面的幻灯片。通过幻灯片浏览视图，可以很容易看到各幻灯片之间搭配是否协调，可以确认要展出的幻灯片放在一起看上去是否好看。

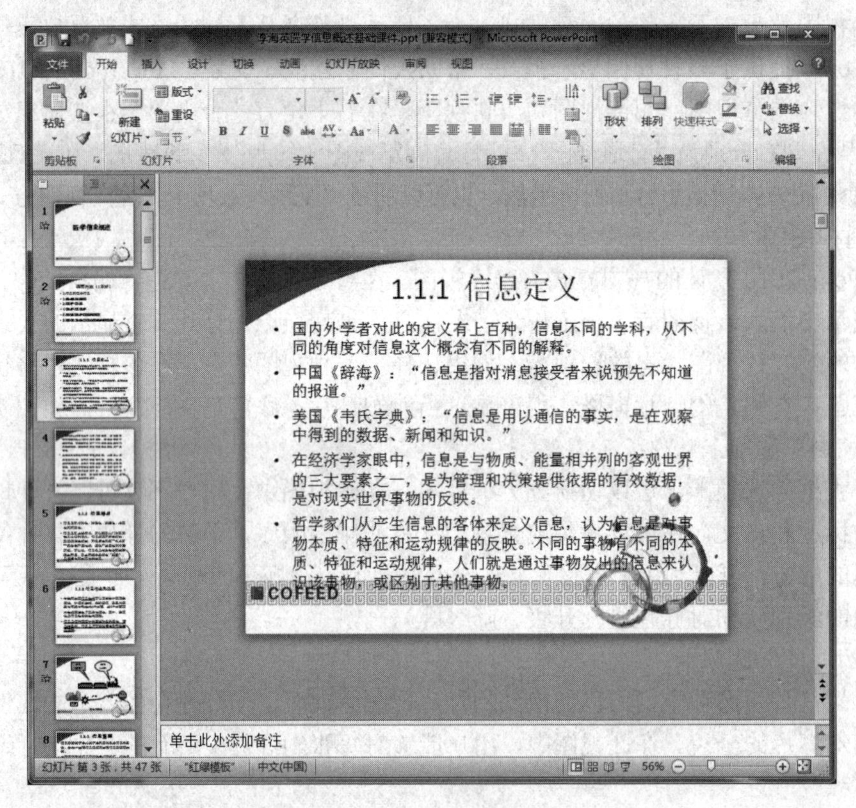

图 7-3 普通视图

在这个视图中可以同时显示多张幻灯片，也可以看到整个演示文稿，因此可以轻松地添加、删除、复制和移动幻灯片。还可以使用“幻灯片浏览”工具栏中的按钮来设置幻灯片的放映时间，选择幻灯片的动画切换方式。

3. 幻灯片阅读视图

幻灯片阅读视图和放映视图比较像，只不过在阅读视图中可以方便地切换视图，而在放映视图里则不能随意切换视图。

4. 幻灯片放映视图

在该视图下，整张幻灯片的内容占满整个屏幕。这就是在计算机屏幕上演示的、将来制成胶片后用幻灯机放映出来的效果。

图 7-4 浏览视图

7.2 PowerPoint 的基本操作

本节介绍 PowerPoint 软件的功能和基本操作。

7.2.1 建立演示文稿

在制作演示文稿之前，首先需要创建一个新的演示文稿。新建演示文稿主要有以下几种方式。

① 默认情况下，启动 PowerPoint 2010（其他版本相似）时，系统新建一份空白演示文稿，并新建一张幻灯片，如图 7-1 所示。

② 选择“文件”选项卡，在窗口的左侧选择“新建”命令，然后单击中间的“空白演示文稿”按钮，再单击右侧的“创建”按钮，即可得到新建的样式文稿，在中间区域可以选择多个模板类型，如图 7-5 所示。

③ 在“开始”选项卡中选择“版式”级联菜单，可以更改幻灯片的版式。默认的版式是“标题幻灯片”，如图 7-6 所示。

④ 将所选版式应用于选定的幻灯片后，进入幻灯片视图，应用该版式的新幻灯片出现在窗口中，在幻灯片中或“大纲”选项卡中输入所需文本即可。

图 7-5　“新建”窗口

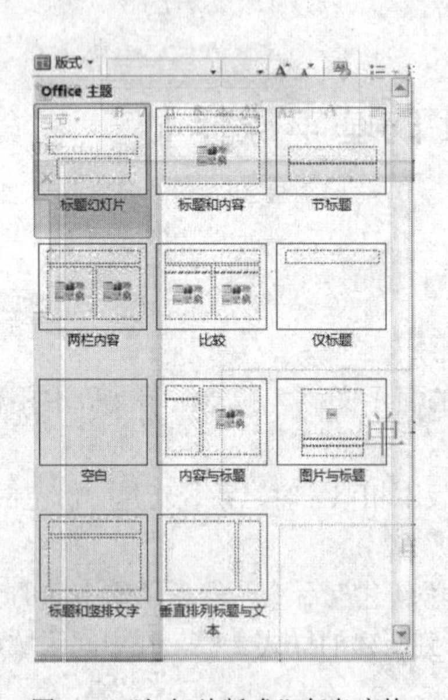

图 7-6　“幻灯片版式”任务窗格

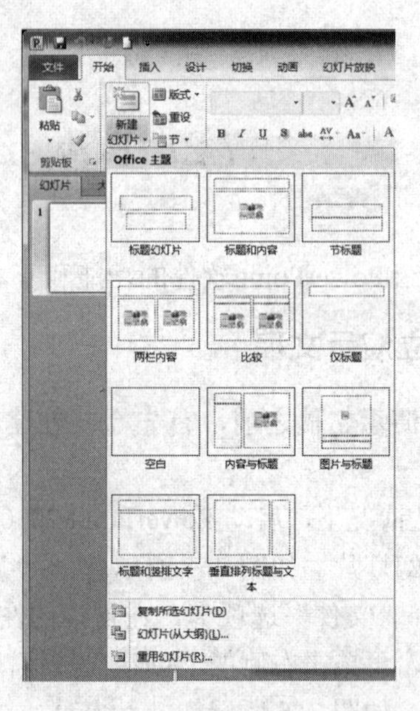

图 7-7　“新建幻灯片”任务窗格

7.2.2　幻灯片的添加、移动及删除

1. 添加幻灯片

添加幻灯片有多种方法，可以直接单击“开始”选项卡中的 “新建幻灯片”按钮，也可

用快捷组合键 Ctrl+M 直接插入幻灯片。使用上述两种方法中的任何一种，PPT 都会立即在演示文稿当前使用的幻灯片之后添加新的幻灯片。如果给新增加的幻灯片设置版式，直接单击“新建幻灯片”按钮下边的下拉三角，即可给新增的幻灯片选择版式了，如图 7-7 所示。如果想在当前幻灯片前面放置一个幻灯片，那么可以将幻灯片视图切换到“幻灯片浏览”视图，然后在两张幻灯片中间空白区域中点击一下，这时在鼠标点击的地方会弹出一个如图 7-8 所示的竖线，这时再插入幻灯片就只会在这两个幻灯片之间插入了，即在幻灯片 2 前插入。

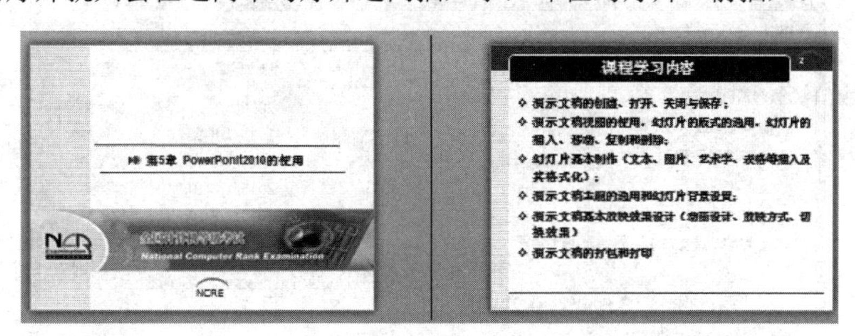

图 7-8 在浏览视图中插入幻灯片

2. 删除幻灯片

当需要删除一张幻灯片时，在普通视图或幻灯片浏览视图中，单击幻灯片将其选中，然后按 Delete 键即可将该幻灯片删除。或者右击鼠标选择“删除幻灯片”选项，也可以删除幻灯片。

3. 移动幻灯片

可以用以下两种方法移动幻灯片。

① 在普通视图或幻灯片浏览视图中，单击选中需要移动的幻灯片，可以将其拖到合适的位置，一条浮动的水平直线可以让用户知道在将幻灯片放置之前的确切位置。

② 在幻灯片浏览视图窗口中选中幻灯片，也可以将其拖动到合适的位置，此时表明移动位置的直线成为一条垂直直线。

4. 复制幻灯片

① 打开含有目标幻灯片的演示文稿。

② 在普通视图或幻灯片浏览视图中选择“幻灯片”选项卡，单击选中需要复制的幻灯片。

③ 右击鼠标，选择“复制”命令或执行“编辑”选项卡中的“复制”命令复制幻灯片或单击常用工具栏中的“复制”按钮。

④ 打开要粘贴幻灯片的演示文稿。

⑤ 在“大纲”或“幻灯片窗格”中选择“幻灯片”选项卡，选择要粘贴的具体位置。

⑥ 右击鼠标，选择“粘贴”命令或执行“编辑”选项卡中的“粘贴”命令粘贴幻灯片或单击常用工具栏中的“粘贴”按钮。

7.2.3 保存和退出演示文稿

创建好演示文稿之后，应该把文稿保存到磁盘上，以便于以后使用。保存文稿是一项很重要的工作，因为用户所做的编辑工作都是在内存中进行的，一旦计算机突然断电或者系统发生意外造成非正常退出时，这些内存中的信息将无法保存，所做的工作就会丢失。

单击“文件”选项卡中的“保存”按钮，或者单击“保存”按钮，就会弹出如图 7-9 所示的对话框，在“保存位置”栏中选择演示文稿的保存位置，或者单击对话框左边的图标直接选择保存的位置。在“文件名”文本框中输入演示文稿的保存名称，并单击“保存类型”下拉列表框的下三角按钮，从下拉列表中选择演示文稿保存类型。如图 7-10 所示，PowerPoint 2010 默认的保存类型是“.pptx”。

图 7-9 保存对话框

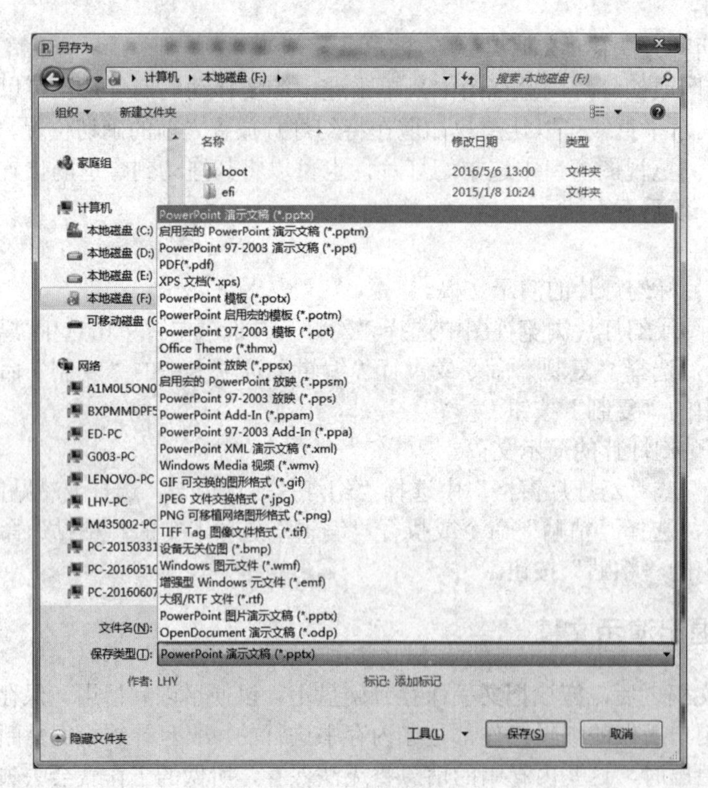

图 7-10 保存类型对话框

PowerPoint 的“保存”与“另存为”有一定的区别，“保存”就是将幻灯片文件以原文件名保存在原来的位置，“另存为”就是将已经存在的幻灯片文稿保存为一个其他格式的文稿或在其他位置保存。如果是新建的演示文稿，那么“保存”与“另存为”没有什么区别。

可以通过执行“文件”选项卡中的“关闭”命令，或者单击演示文稿右上方的“关闭”按钮，只关闭当前窗口中的演示文稿。或直接单击标题栏右侧的“关闭”按钮，把整个 PPT 窗口一起关闭。

注意：在没有保存之前如果关闭，系统会弹出对话框提示保存。

7.3　设计演示文稿的外观

本节介绍演示文稿外观设计的功能和操作。

7.3.1　应用主题统一演示文稿的风格

主题规定了演示文稿的母版、配色、文字格式和效果等设置。使用主题，可以简化演示文稿风格设计的大量工作，快速创建所选主题的演示文稿。单击“文件”选项卡，在出现的菜单中选择“新建”命令，在右侧“可用的模板和主题”中选择“主题”，在随后出现的主题列表中选择一个主题，并单击右侧的“创建”按钮即可，如图 7-11 所示。

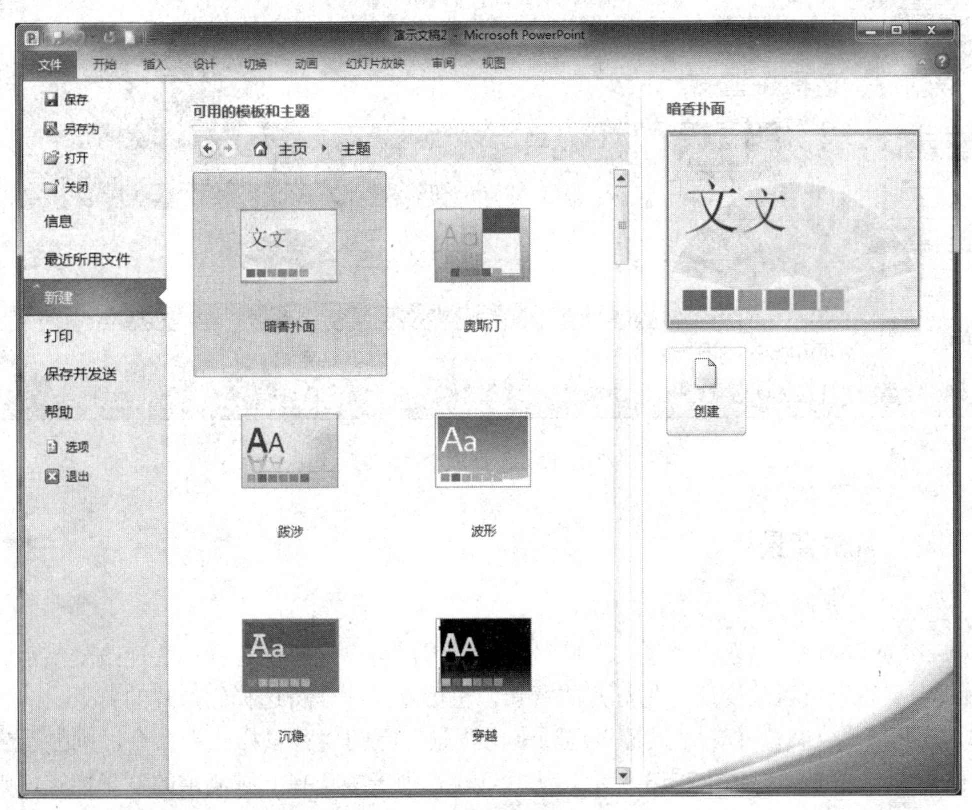

图 7-11　创建主题演示文稿对话框

如果是想给已有的演示文稿设置主题，可以直接单击“设计”选项卡，直接在下方就会显示出“主题”选项，选择相应的主题即可给演示文稿设置主题了，如图 7-12 所示。需要注意的是，主题的设置不能单独给某一张幻灯片设置，一旦应用某个主题，那么所有的幻灯片都会应用该主题。

图 7-12　“设计”选项卡“主题”组

7.3.2　幻灯片的背景

1. 幻灯片背景样式

PowerPoint 的每个主题提供了 12 种背景样式，用户可以选择一种样式快速改变演示文稿中幻灯片的背景，既可以改变所有幻灯片的背景，也可以只改变所选择幻灯片的背景。

① 打开演示文稿，单击“设计”选项卡“背景”组的“背景样式”命令，则显示当前主题 12 种背景样式列表，如图 7-13 所示。从背景样式列表中选择一种满意的背景样式，则演示文稿全体幻灯片均采用该背景样式。

图 7-13　幻灯片背景样式

② 如果只想给选中的某一张幻灯片更改背景的话，则需要在选中的某个背景样式上单击右键，选择“应用于所选幻灯片（s）”即可，如图 7-14 所示。

2. 设置背景格式

（1）改变背景颜色

① 改变背景颜色有“纯色填充”和“渐变填充”两种方式。“纯色填充”是选择单一颜色填充背景，而“渐变填充”是将两种或更多种填充颜色逐渐混合在一起，以某种渐变方式从一种颜色逐渐过渡到另一种颜色。单击“设计”/“背景样式”命令，在出现的快捷菜单中选择“设置背景格式”命令，弹出“设置背景格式”对话框。也可以单击“设计”/“背景”/“设置背景格式”按钮，也能显示“设置背景格式”对话框。如图 7-15 所示。

② 单击“设置背景格式”对话框的左侧“填充”项，右侧提供两种背景颜色填充方式：“纯色填充”和“渐变填充”。

③ 选择“纯色填充”单选按钮，单击“颜色”栏下拉按钮，在下拉列表颜色中选择背景填充颜色，如图 7-16 所示。拖动“透明度”滑块，可以改变颜色的透明度，直到满意。若不满意列表中的颜色，也可以单击“其他颜色”项，从出现的“颜色”对话框中选择或按 RGB 颜

色模式自定义背景颜色，如图7-17所示。

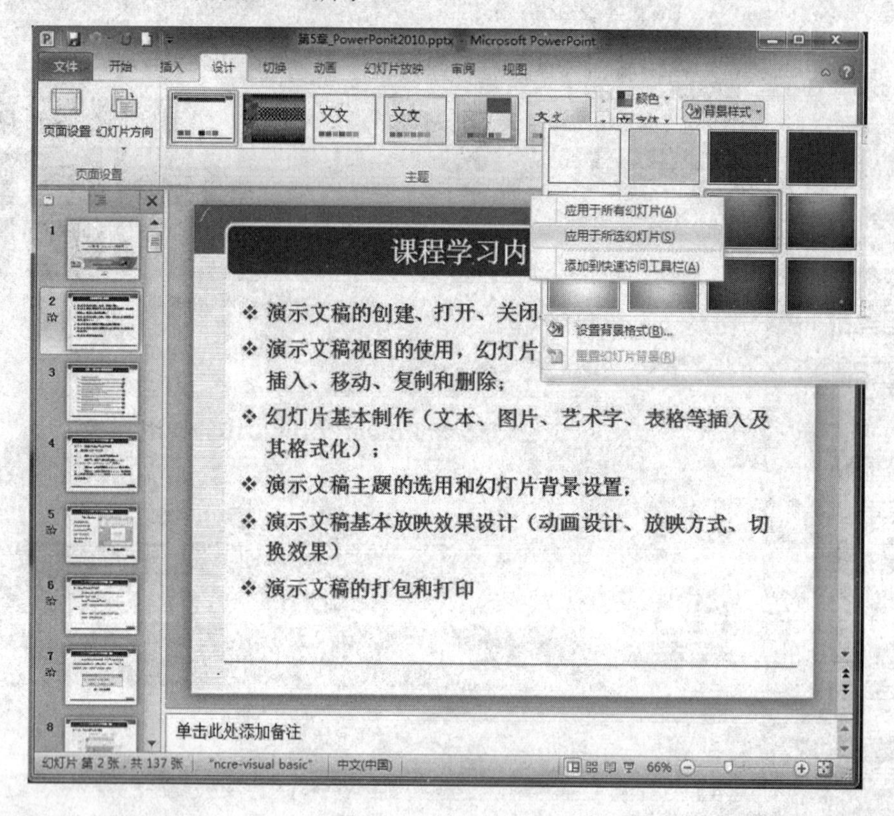

图7-14 应用于所选幻灯片选项

图7-15 “设置背景格式”对话框

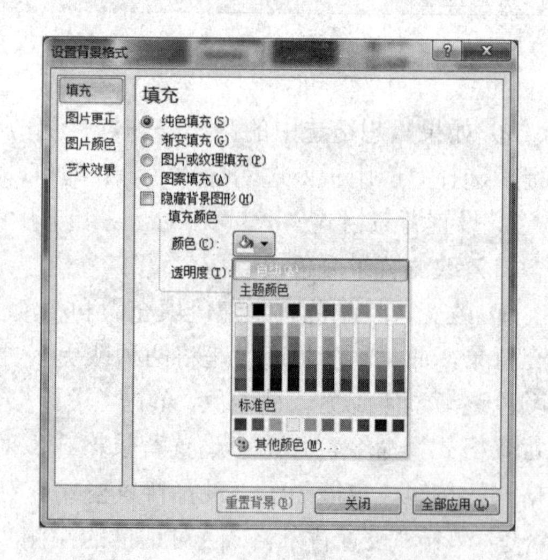

图7-16 纯色填充对话框

④ 若选择“渐变填充”单选按钮，可以直接选择系统预设颜色填充背景，也可以自己定义渐变颜色。

⑤ 单击“关闭”按钮，则所选背景颜色作用于当前幻灯片；若单击“全部应用”按钮，则改变所有幻灯片的背景。若选择“重置背景”按钮，则撤销本次设置，恢复设置前状态。

（2）纹理填充

① 单击“设计”→“背景”→“背景样式”命令，在出现的快捷菜单中选择“设置背景格式”命令，弹出“设置背景格式”对话框。

② 单击对话框左侧的“填充”项，右侧选择“图片或纹理填充”单选按钮，单击“纹理”下拉按钮，在出现的各种纹理列表中选择所需纹理（如“花束”）。

③ 单击“关闭”（或“全部应用”）按钮。

（3）图案填充

① 单击“设计”→“背景样式”组右下角的“设置背景格式”按钮，弹出“设置背景格式”对话框。

② 单击对话框左侧的“填充”项，右侧选择“图案填充”单选按钮，在出现的图案列表中选择所需图案（如“浅色下对角线”）。通过“前景”和“背景”栏可以自定义图案的前景色和背景色，如图 7-18 所示。

③ 单击“关闭”（或“全部应用”）按钮，单击“关闭”，只应用于所选幻灯片。

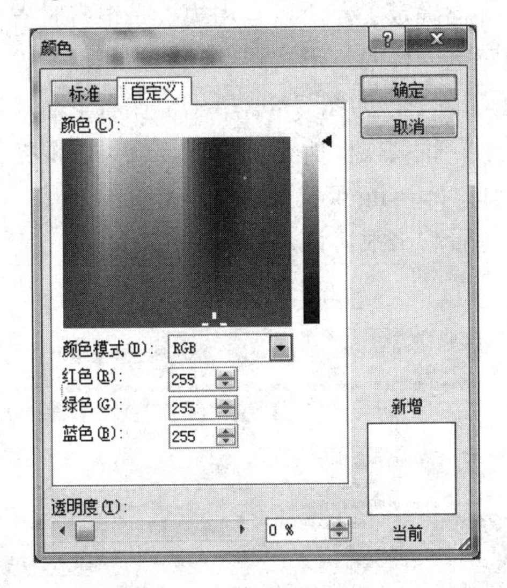

图 7-17　自定义颜色对话框

图 7-18　图案填充对话框

（4）图片填充

① 单击“设计”→“背景样式”组右下角的“设置背景格式”按钮，弹出“设置背景格式”对话框。

② 单击对话框左侧的“填充”项，右侧选择“图片或纹理填充”单选按钮，在“插入自”栏单击“文件”按钮，在弹出的“插入图片”对话框中选择所需图片文件，并单击“插入”按钮，回到“设置背景格式”对话框，如图 7-19 所示；或者单击“纹理”旁边的图片按钮，在弹出的对话框中选择相应的纹理图片，如图 7-20 所示，可以为幻灯片设置相应纹理。

③ 单击“关闭”（或“全部应用”）按钮。

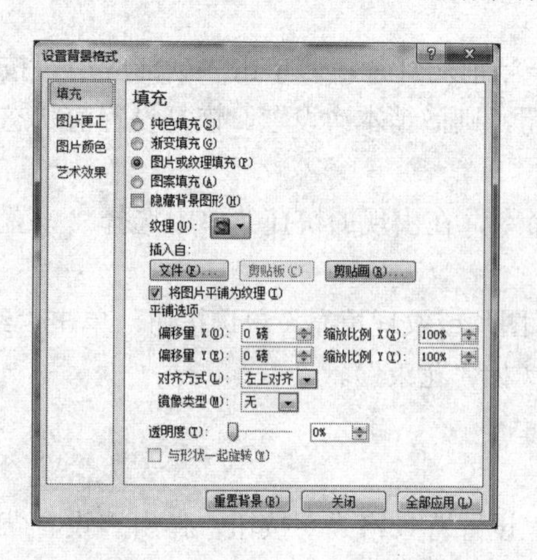

图 7-19 图片或纹理填充对话框

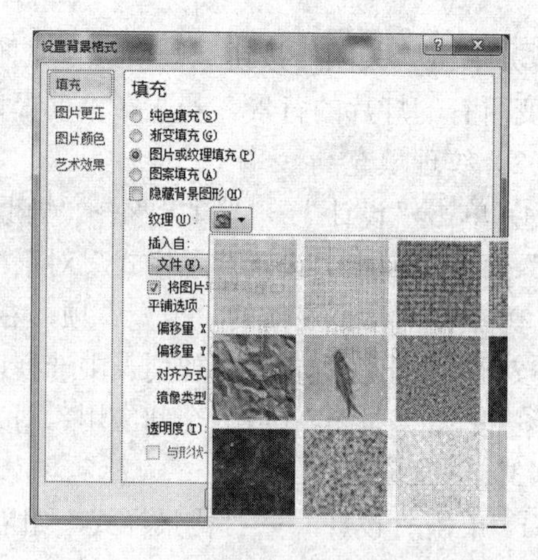

图 7-20 纹理对话框

7.3.3 应用设计模板

应用设计模板是美化演示文稿的简便方法。模板是一种以特殊格式保存的演示文稿，一旦用了一种模板后，幻灯片的背景图形、配色方案等就都已确定了，所以套用模板是很省时省力的一件事。除内容外，应用相同模板的幻灯片形式是完全一样的，形式跟主题非常相似。

单击“设计”/“主题”下拉菜单里的“浏览主题”命令，如图 7-11 所示，在右下角选择“Office 主题和 PowerPoint 模板”选项，如图 7-21 所示，找到模板所在的位置，就可以根据文稿的内容和自己的爱好，选择合适的模板样式，如选择“training.potx”模板，文稿不但有了漂亮的背景，而且文字的字体和颜色都变了，整张幻灯片看起来很协调，如图 7-22 所示。

按下 F5 键，放映一下刚刚做好的演示文稿。

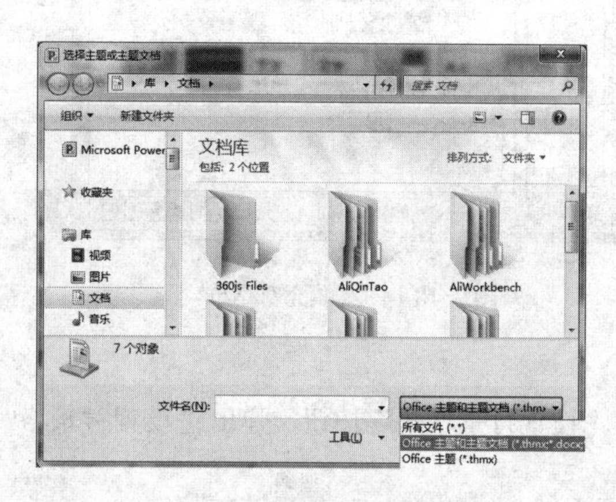

图 7-21 “应用设计模板”选项

图 7-22 选择“设计模板”对话框

7.3.4 应用幻灯片母版

如果要做的设置都是针对某一张幻灯片的，那么要更改演示文稿中所有同类型幻灯片的版式又该怎么办呢？在 PowerPoint 中有 3 个神秘的母版，它们是幻灯片母版、讲义母版及备注母版，可用来制作统一标志和背景的内容，设置标题和主要文字的格式，包括文本的字体、字号、颜色和阴影等特殊效果，也就是说母版是为所有幻灯片设置默认版式和格式。母版记录了演示文稿中所有幻灯片的布局信息。在幻灯片中，每一份演示文稿中都包含有两个母版，一个是幻灯片母版，另一个是标题母版，一般只用其中的幻灯片母版就可以了。

模板是通过对母版的编辑和修饰来制作的。如果需要某些文本或图形在每张幻灯片上都出现，比如公司的徽标和名称，就可以将它们放在母版中，只需编辑一次就可以了。具体操作步骤为：

① 在已打开的演示文稿中单击“视图”选项卡的“幻灯片母版”命令，进入“幻灯片母版视图”状态，如图 7-23 所示。

② 右击“单击此处编辑母版标题样式”字符，在随后弹出的快捷菜单中选“字体”选项，打开“字体”对话框。设置好相应的选项后单击“确定”按钮返回，如图 7-24 所示。

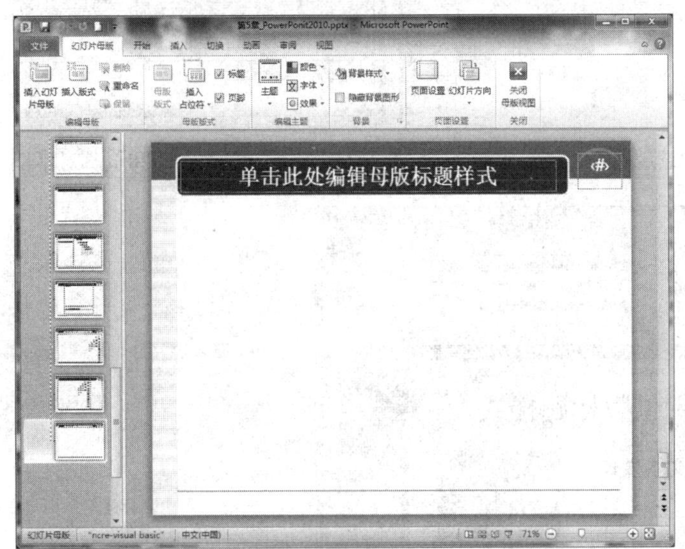

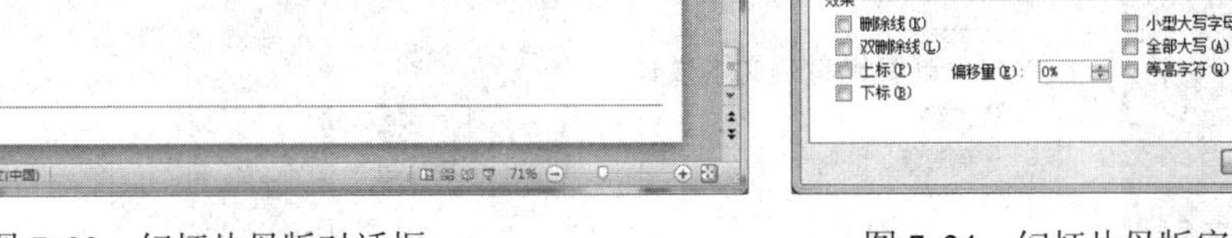

图 7-23　幻灯片母版对话框

图 7-24　幻灯片母版字体对话框

③ 然后分别右击“单击此处编辑母版文本样式”及下面的“第二级、第三级……”字符，仿照上面第②步的操作设置好相关格式。

④ 分别选中“单击此处编辑母版文本样式”“第二级、第三级……”等字符，右击出现快捷菜单，选中“项目符号和编号”命令，设置一种项目符号样式后，单击“确定”按钮退出，即可为相应的内容设置不同的项目符号样式，如图 7-25 所示。

⑤ 单击“插入”→“页眉和页脚”命令，打开“页眉和页脚”对话框，切换到“幻灯片”标签下，即可对日期区、页脚区、数字区进行格式化设置，如图 7-26 所示。

⑥ 单击“插入”→“图片”→“来自文件”命令，打开“插入图片”对话框，定位到事先准备好的图片所在的文件夹中，选中该图片将其插入到母版中，并定位到合适的位置上，如图 7-27 所示。

⑦ 全部修改完成后，单击“幻灯片母版视图”工具条上的“重命名”按钮，打开“重命名版式”对话框，输入一个名称（如“演示母版”）后，单击“重命名”按钮返回，如图 7-28

所示。

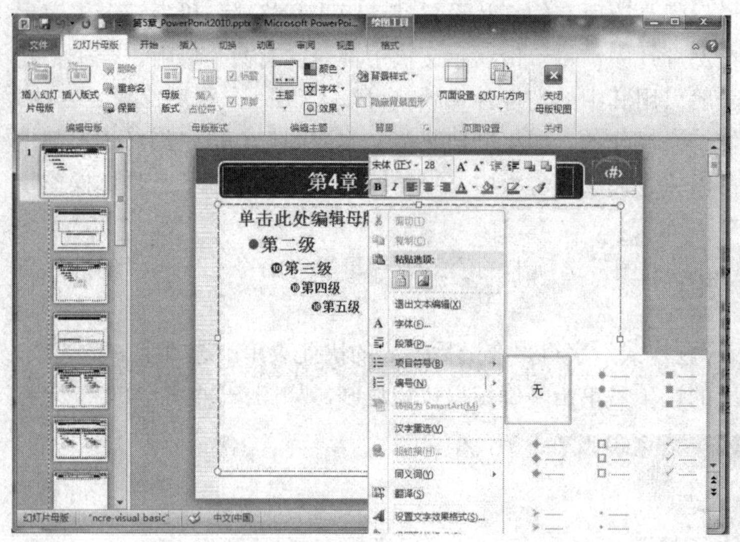

图 7-25 “项目符号”级联菜单

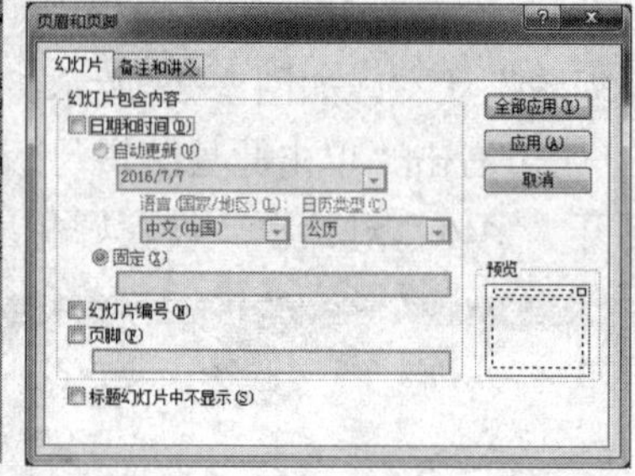

图 7-26 幻灯片母版页眉和页脚对话框

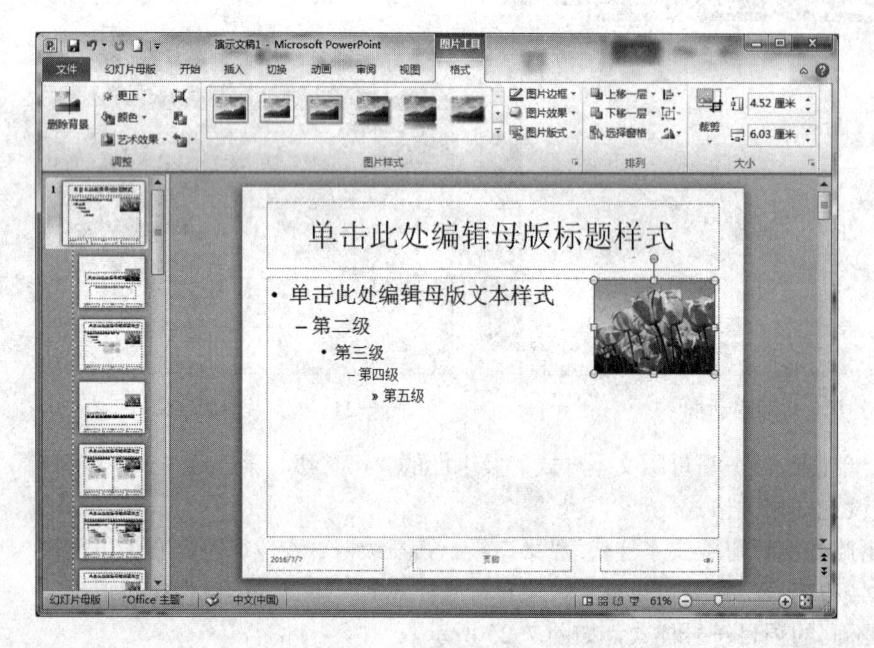

图 7-27 “幻灯片母版”放置图片

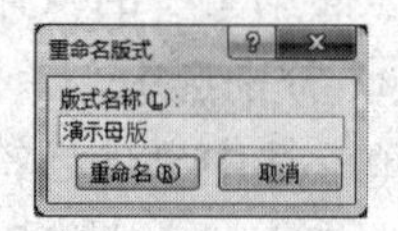

图 7-28 “重命名版式”对话框

⑧ 单击“幻灯片母版”工具条上的“关闭母版视图”按钮退出，幻灯片母版制作完成。

注意：

① 幻灯片母版对“标题幻灯片”不起作用，该幻灯片须用“标题母版”来设计。

② 可以给单张幻灯片设置背景，如果使个别的幻灯片外观与母版不同可以直接修改该幻灯片。而且幻灯片上的文字不会遮住背景，这是因为每一张幻灯片都有两个部分，一个是幻灯片本身，另一个就是幻灯片母版。就像两张透明的胶片叠放在一起，上面的一张是幻灯片本身，

下面的一张就是母版。在放映幻灯片时，母版是固定的，更换的是上面的一张。在进行编辑时，一般修改的是上面的幻灯片，只有打开“视图”选项卡，选择“母版”组中的“幻灯片母版”后，才能对母版进行修改。除了可以修改幻灯片母版，还可以修改讲义母版及备注母版，方法与上面讲的相同。

7.4 演示文稿的多媒体设计

本节介绍演示文稿多媒体设计的功能和操作。

1. 插入剪贴画、图片

插入剪贴画、图片有两种方式，一种是采用选项卡上的命令，另一种是单击幻灯片内容区占位符中剪贴画或图片的图标，如图 7-29 所示。

图 7-29 插入“剪贴画”对话框

图 7-30 “设置图片格式”对话框

① 单击“插入”→“图像”→“剪贴画”命令，右侧出现“剪贴画”窗格，在“剪贴画”窗格中单击“搜索”按钮，下方出现各种剪贴画，从中选择合适的剪贴画即可。如图 7-29 所示。

② 若想插入的不是来自剪贴画，而是平时搜集的精美图片文件，单击“插入”→“图像”→“图片”命令，出现“插入图片”对话框，在对话框左侧选择存放目标图片文件的文件夹，在右侧该文件夹中选择满意的图片文件，然后单击“插入”按钮，该图片插入到当前幻灯片中。

③ 调整图片的大小和位置。插入的图片或剪贴画的大小和位置可能不合适，可以用鼠标来调整图片的大小和位置。也可以通过对话框来实现。在图片上单击右键选择“大小和位置”选项，选择左侧的“大小”选项，可以为图片设置大小和缩放比例及旋转，如图 7-30 所示。选择“位置”选项，可以精确地设置图片的位置，如图 7-31 所示。

只要是 Office 2003 支持的格式，都能插入到 PowerPoint 中来。除常见的 BMP、WMF、JPG、TIF 等格式外，还可以在幻灯片中插入 GIF 格式的动画图片。

2. 插入影片和声音

为了使幻灯片更加活泼、生动，还可以插入影片和声音。

① 准备好声音文件（*.mid、*.wav 等格式）。

② 选中需要插入声音文件的幻灯片，执行“插入”选项卡的“媒体”组的“视频”或“音频”命令，如选择音频下的“文件中的音频”选项，如图 7-32 所示，打开“插入声音”对话框，定位到上述声音文件所在的文件夹，选中相应的声音文件，单击“确定”按钮返回。幻灯片中显示出一个小喇叭符号。如果想在放映之前先听一下，可以双击一下这个小喇叭状的图标。

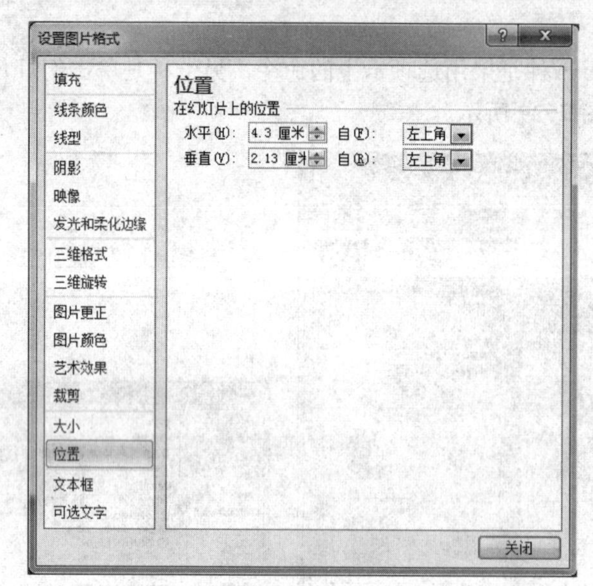

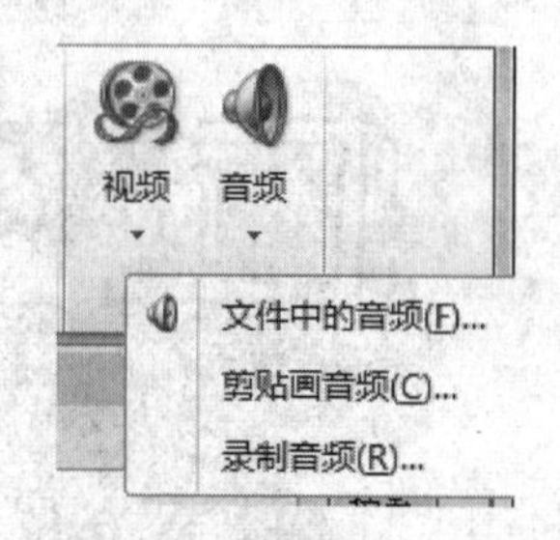

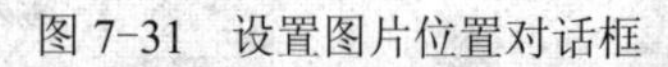
图 7-31　设置图片位置对话框

图 7-32　插入声音选项

还可以把自己的声音加到文稿里。插入的声音可以是 Office 2010 的剪辑库中提供的现成文件，也可以是用户自己创建的，只要是 PowerPoint 支持的格式就行，比如 Windows 里录音机录 WAV 格式的声音、MID 格式的声音文件、CD 音乐和 AVI 格式的影片文件。

插入影片和插入声音操作是非常相似的，单击“插入”选项卡，选择“影片和声音”命令，在子菜单中选择“文件中的影片”命令，弹出“插入影片”对话框，找到一个电影文件，单击“确定”按钮。系统提示“是否需要在幻灯片放映时自动播放影片”，单击“是”按钮确认。最后双击播放。

插入其他对象和插入艺术字和 Word 中一样，在这里就不再重复叙述了。

7.5　幻灯片的动画效果

本节介绍幻灯片制作的动画效果的功能和操作。

7.5.1 幻灯片的切换效果设计

设置幻灯片的切换效果可以增加幻灯片放映的活泼性和生动性。

1. 设置幻灯片切换样式

① 打开演示文稿，选择要设置幻灯片切换效果的幻灯片（组）。单击“切换”→“切换到此幻灯片”→“其他”按钮，弹出包括“细微型”“华丽型”和“动态内容”等各类切换效果列表，如图 7-33 所示。

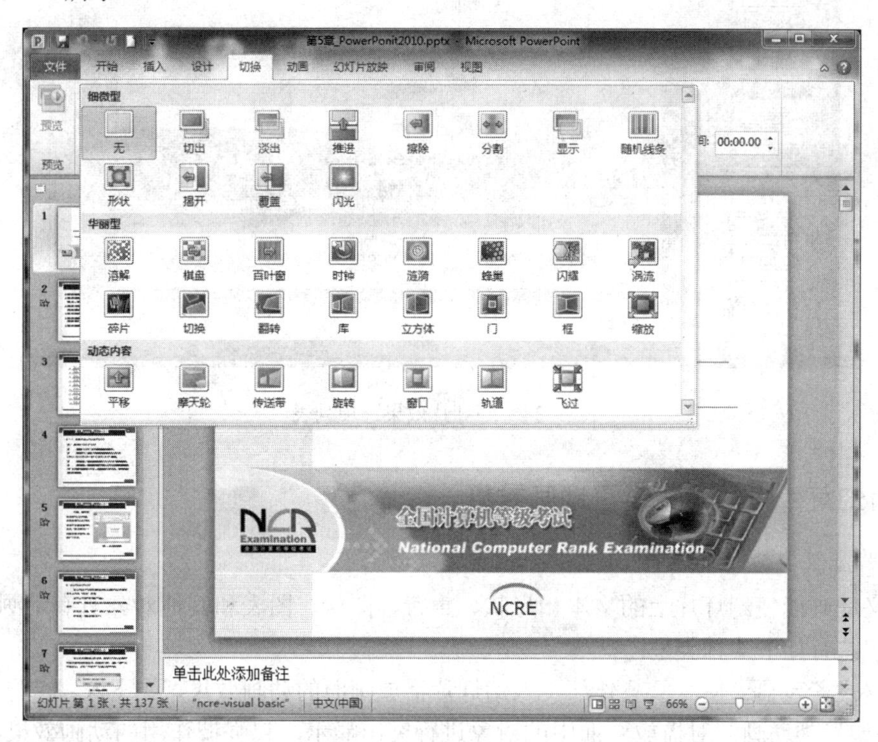

图 7-33 幻灯片切换方案列表

② 在切换效果列表中选择一种切换样式（如“覆盖”）即可。

设置的切换效果对所选幻灯片（组）有效。如果希望全部幻灯片均采用该切换效果，可以单击“计时”组的“全部应用”按钮。

2. 设置切换属性

幻灯片切换属性包括效果选项。单击“切换”→“切换到此幻灯片”→“效果选项”按钮，在出现的下拉列表中选择一种切换效果（如“自底部”），如图 7-34 所示。

换片方式有“单击鼠标时”和“设置自动换片时间”两种方式，可以选择其中一种，或者两种都可以选择，设置持续时间（如“2 秒”）和声音效果（如“打字机”）。

如果对已有的切换属性不满意，可以自行设置。

3. 预览切换效果

在设置切换效果时，当时就会预览所设置的切换效果。也可以单击“预览”组的“预览”按钮，随时预览切换效果。

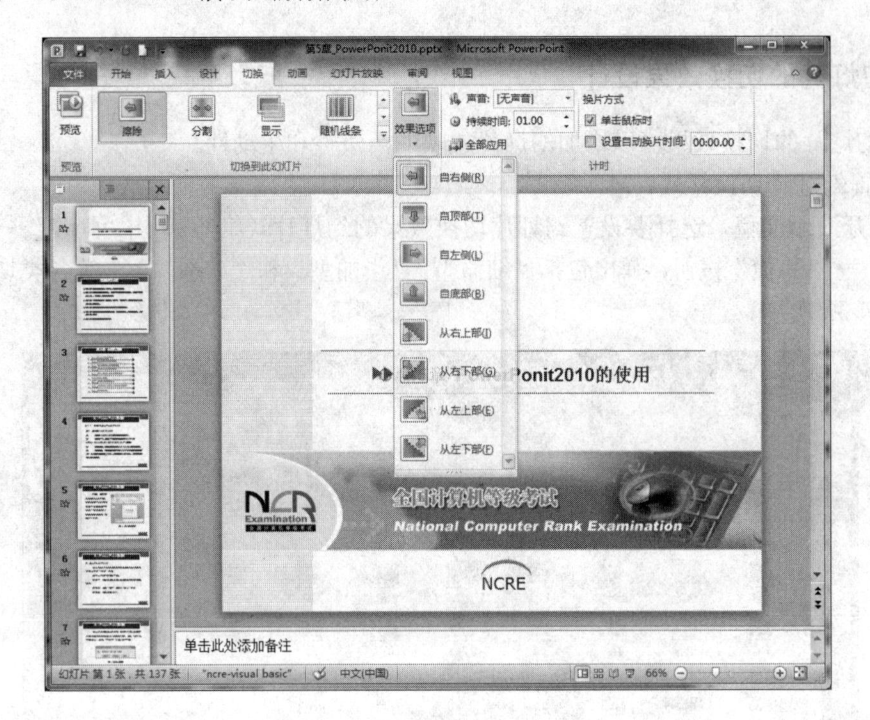

图 7-34　幻灯片效果选项列表

7.5.2　为幻灯片中的对象设置动画效果

1. 设置动画

自定义动画能使幻灯片上的文本、形状、声音、图像、图表和其他对象具有动画效果。自定义动画一共有如下 4 种类型：

- “进入”类动画：使对象从外部飞入幻灯片播放画面的动画效果，如飞入、旋转、弹跳等。
- “强调”类动画：对播放画面中的对象进行突出显示，起强调作用的动画效果，如放大/缩小、加粗闪烁等。
- “退出”类动画：使播放画面中的对象离开播放画面的动画效果，如飞出、消失、淡出等。
- “动作路径”类动画：使播放画面中的对象按指定路径移动的动画效果，如弧形、直线、循环等。

(1)“进入”动画

设置“进入”动画的方法为：

① 在幻灯片中选择需要设置动画效果的对象，单击“动画”按钮，出现各种动画效果下拉列表，如图 7-35 所示。

② 在“进入”类中选择一种动画效果，例如“飞入”，则所选对象被赋予该动画效果。

如果对所列动画效果仍不满意，还可以单击动画样式的下拉列表的下方“更多进入效果”命令，打开“更改进入效果”对话框，列出更多动画效果供选择，如图 7-36 所示。

(2)“强调”动画

“强调”动画设置方法类似于“进入”动画。

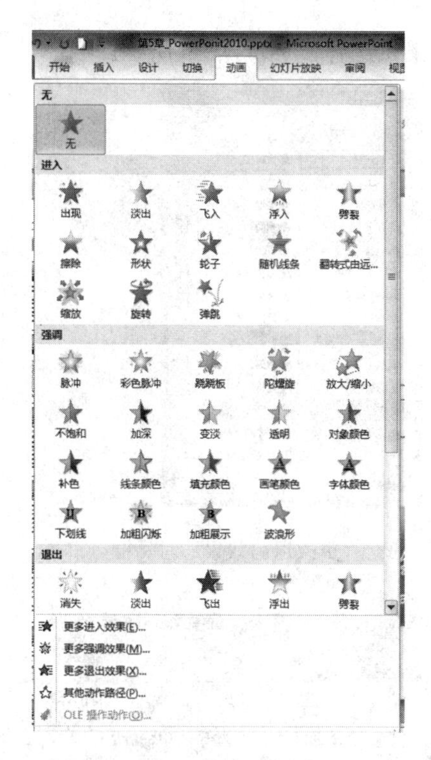

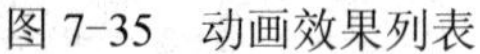
图 7-35 动画效果列表

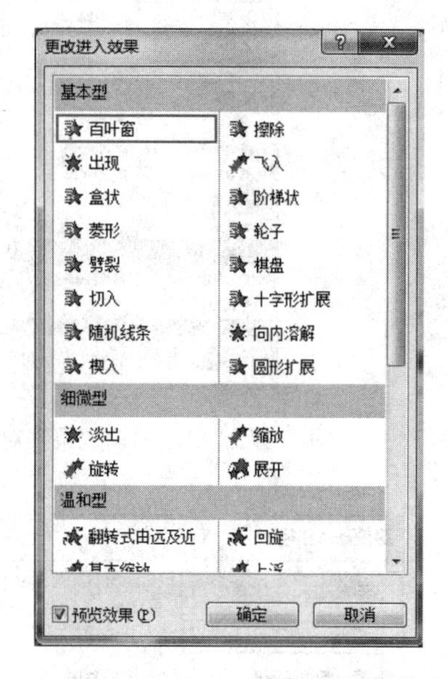

图 7-36 “更改进入效果”对话框

① 在幻灯片中选择需要设置动画效果的对象，单击“动画”按钮，出现各种动画效果的下拉列表。

② 在“强调”类中选择一种动画效果，例如“陀螺旋”，则所选对象被赋予该动画效果，如图 7-35 所示。

如果对所列动画效果仍不满意，还可以单击动画样式下拉列表下方的“更多强调效果”命令，打开“更改强调效果”对话框，列出更多动画效果供选择，如图 7-37 所示。

（3）“退出”动画

“退出”动画的设置方法如下：

① 在幻灯片中选择需要设置动画效果的对象，单击“动画”按钮，出现各种动画效果的下拉列表。

② 在“退出”类中选择一种动画效果，例如“飞出”，则所选对象被赋予该动画效果。

如果对所列动画效果仍不满意，还可以单击动画样式下拉列表下方的“更多退出效果”命令，打开“更改退出效果”对话框，列出更多动画效果供选择，如图 7-38 所示。

（4）“路径”动画

“路径”动画的设置方法如下：

① 在幻灯片中选择需要设置动画效果的对象，单击“动画”按钮，出现各种动画效果的下拉列表。

② 在“路径”类中选择一种动画效果，例如“弧形”，则所选对象被赋予该动画效果。

如果对所列动画效果仍不满意，还可以单击动画样式下拉列表下方的“其他动作路径”命令，打开“更改动作路径”对话框，列出更多动画效果供选择，如图 7-39 所示。

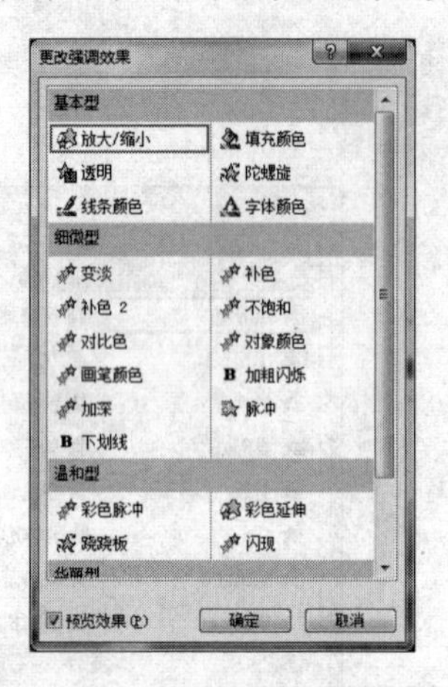

图 7-37　“更改强调效果”对话框

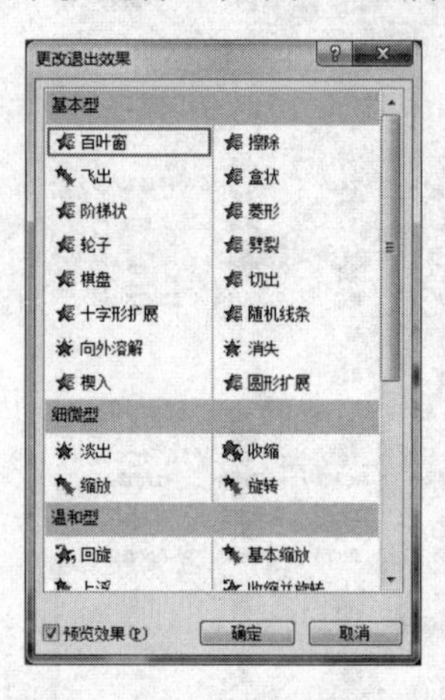

图 7-38　“更改退出效果”对话框

图 7-39　“更改动作路径”对话框

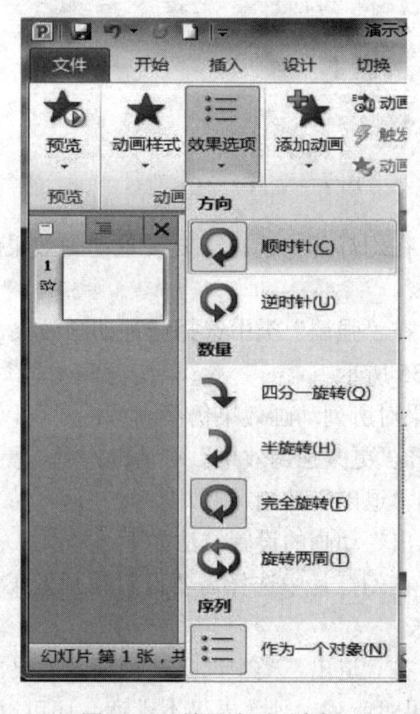

图 7-40　效果选项列表框

2. 设置动画属性

（1）设置动画效果选项

动画效果选项是指动画的方向和形式。

选择设置动画的对象，单击“动画”→“效果选项”按钮，出现各种效果选项的下拉列表，例如“陀螺旋”动画的效果选项为旋转方向、旋转数量等。从中选择满意的效果选项，如图 7-40 所示。

(2)设置动画开始方式、持续时间和延迟时间

动画开始方式是指开始播放动画的方式，动画持续时间是指动画开始后的整个播放时间，动画延迟时间是指播放操作开始后延迟播放的时间。

设置动画开始方式：选择设置动画的对象，单击“动画”→“计时”下拉按钮，在出现的下拉列表中选择动画开始方式，如图 7-41 所示。

设置动画持续时间和延迟时间：在“动画”选项卡的“计时”组左侧“持续时间”栏调整动画持续时间，在“延迟”栏调整动画延迟时间，如图 7-42 所示。

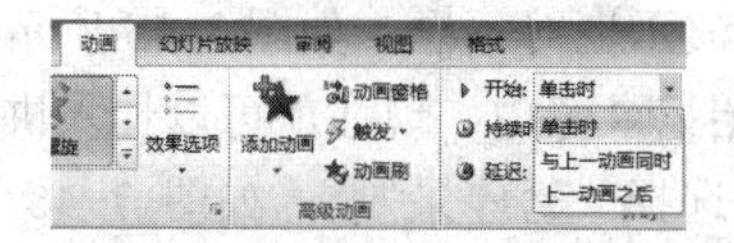

图 7-41 设置动画开始方式

图 7-42 计时选项

(3)设置动画音效

设置动画时，默认动画无音效，需要音效时可以自行设置。以“陀螺旋”动画对象设置音效为例，说明设置音效的方法。

选择设置动画音效的对象（该对象已设置“陀螺旋”动画），单击“动画”→“动画”→“显示其他效果选项”按钮（动画组右下角的箭头），弹出“陀螺旋”动画效果选项对话框，如图 7-43 所示。在对话框的“效果”选项卡中单击“声音”下拉按钮，在出现的下拉列表中选择一种音效，如“打字机”，也可以设置动画播放后的效果选项。

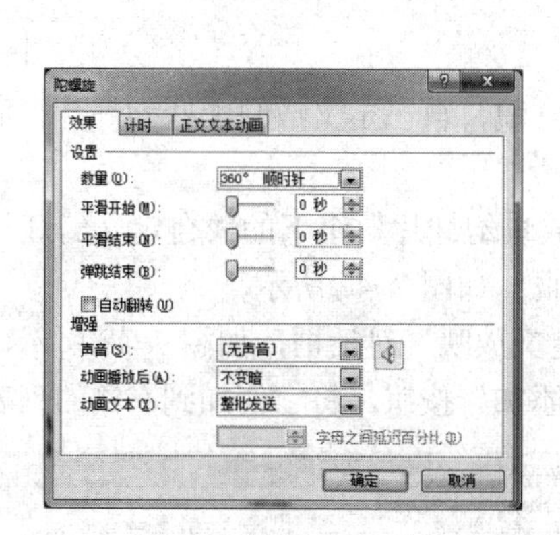

图 7-43 动画效果选项对话框

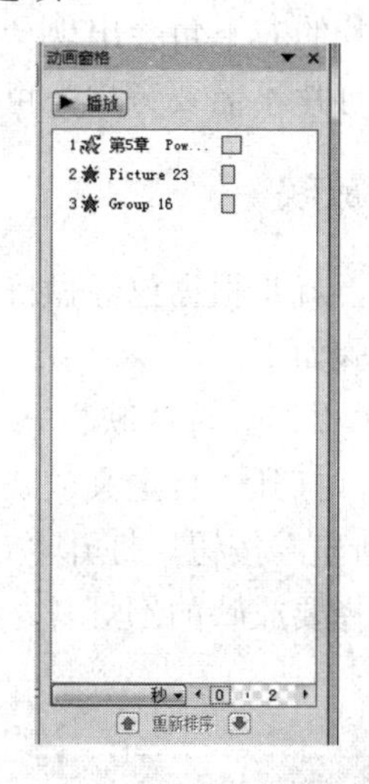

图 7-44 “动画窗格”对话框

3. 调整动画播放顺序

调整对象动画播放顺序方法如下：

单击“动画”→“高级动画”→“动画窗格”按钮，调出动画窗格。动画窗格显示所有动画对象，它左侧的数字表示该对象动画播放的顺序号，与幻灯片中的动画对象旁边显示的序号一致。选择动画对象，并单击底部的“↑”或“↓”，即可改变该动画对象的播放顺序，如图 7-44 所示。

4. 预览动画效果

动画设置完成后，可以预览动画的播放效果。单击“动画”选项卡“预览”组的“预览”按钮或单击动画窗格上方的“播放”按钮，即可预览动画。

7.5.3 录制幻灯片演示

旁白是指讲演者对演示文稿的解释。要想录制旁白，要求计算机要有声卡和麦克风。

① 单击“幻灯片放映”选项卡的“录制幻灯片演示”下拉三角，选择“从头开始录制”或“从当前幻灯片开始录制”，出现“录制幻灯片演示”对话框，如图 7-45 所示，单击“开始录制”按钮开始记录。幻灯片将自动运行，并开始记录旁白，现在就可以加入讲解了。

② 如果要暂停记录旁白，就单击鼠标右键，选择“暂停录制”，如图 7-46 所示。如果要继续记录，就单击鼠标右键，选择“继续旁白”命令。

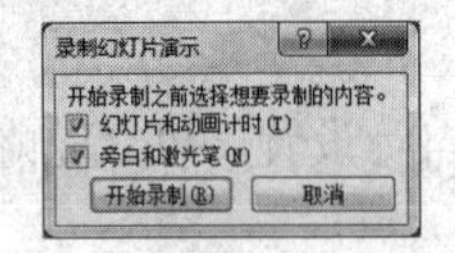

图 7-45 “录制幻灯片演示”对话框

图 7-46 “暂停录制”选项

③ 这时就听不到已插入幻灯片放映中的声音了，这是因为声音旁白优先于所有其他的声音，如果要运行含旁白和其他声音的演示文稿，就只播放旁白的声音。旁白录制完后，每张录制了旁白的幻灯片的右下角会出现一个声音图标，放映幻灯片时，旁白将随之播放。

如果某张幻灯片不需要旁白，可以选中相应的幻灯片，将其中的小喇叭符号删除即可。

7.5.4 自定义放映

自定义放映，就是根据已经做好的演示文稿，自己定义放映哪些幻灯片，放映的顺序怎么样。具体操作步骤如下：

① 单击菜单“幻灯片放映”→“开始放映幻灯片”组下的“自定义幻灯片放映”→“自定义放映”命令，打开“自定义放映”对话框，如图 7-47 所示。

② 单击“新建”按钮，打开“定义自定义放映”对话框，如图 7-48 所示，可以从左面的幻灯片列表中选择要放映的幻灯片，单击“添加”按钮，将它们加到右侧的列表中。

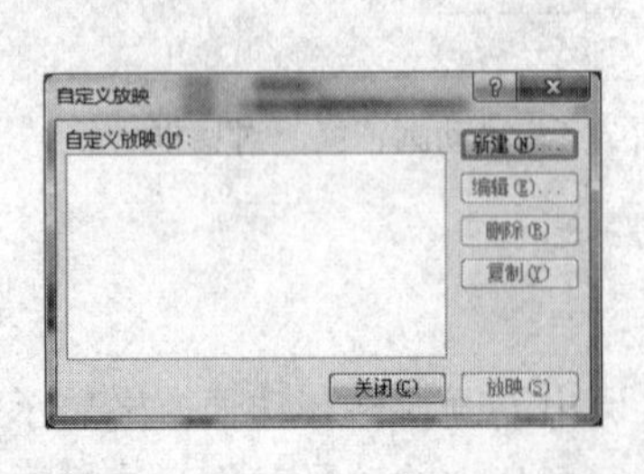

图 7-47 “自定义放映”对话框

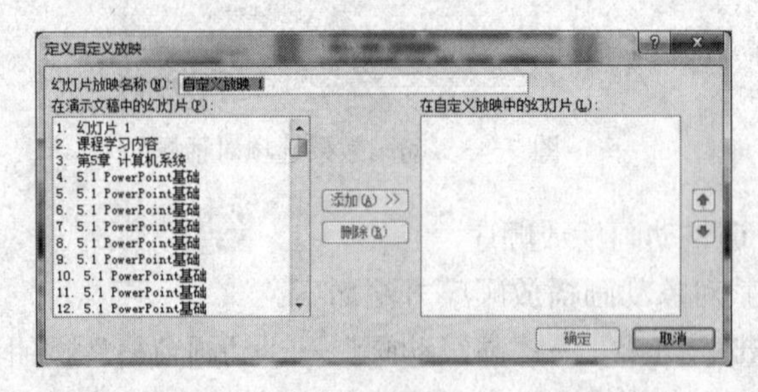

图 7-48 “定义自定义放映”对话框

③ 如果幻灯片很多，可以借助 Shift 键和 Ctrl 键来选择幻灯片。如果某张不想放映的幻灯

片被不小心加到右侧列表里了，就在右侧列表中找到那一张幻灯片，单击“删除”按钮。选好要放映的幻灯片后，可以靠向上 和向下 的箭头来调整每张幻灯片的顺序。都调整好了，再给这个放映起个名称，如“PPT 自定义放映”，如图 7-49 所示。

④ 单击“确定”按钮，刚才定义的放映情况就被加到“自定义放映”对话框中了，如图 7-50 所示。

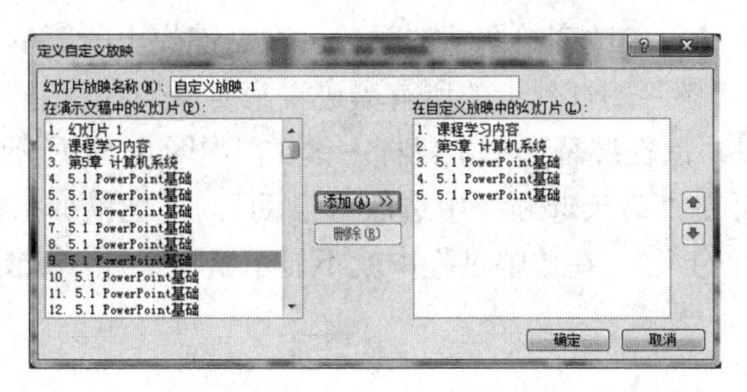

图 7-49 自定义放映 1

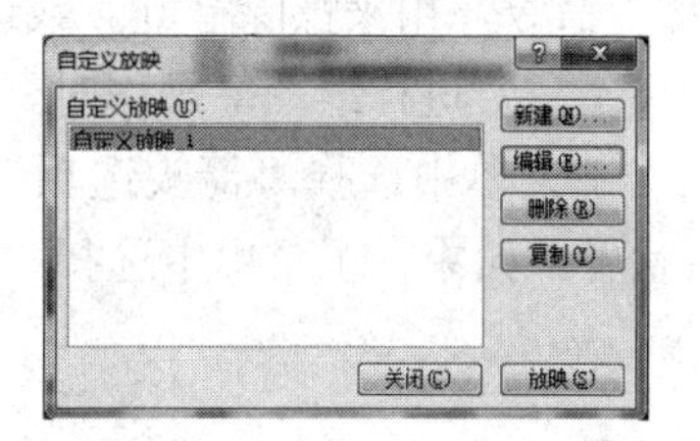

图 7-50 自定义放映 2

可以按照自己的需要，把所有的自定义放映都做好，到放映幻灯片时，再打开“自定义放映”对话框，选择相应的放映名称，就可以放映了。

7.5.5 幻灯片的放映

① 单击菜单“幻灯片放映”→“开始放映幻灯片”组下的“从头开始”或“从当前幻灯片开始”命令，或按 F5 键，或单击屏幕下方的“幻灯片放映”按钮 ，就可以放映幻灯片了。

② 在放映过程中想换到上一张、下一张，可以用 PageDown、PageUp 键来控制，也可以用方向箭头来控制，还可以单击鼠标右键选择“下一张”“上一张”来实现。如果只是想换到下一张还可以用空格键、回车键等。

③ 如果在放映时想放映任意一张，可以单击鼠标右键，在弹出的快捷菜单中选择“定位至幻灯片”，可以通过选择幻灯片标题定位到所选的幻灯片上，如图 7-51 所示。

如果在观看幻灯片过程中，发现有地方要修改，可以按 Esc 键退出放映。

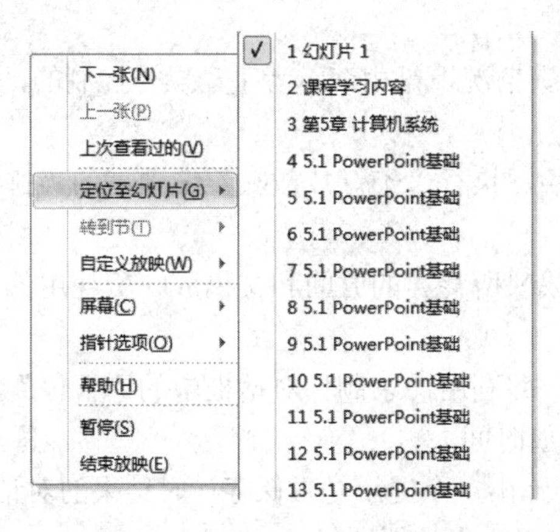

图 7-51 定位至幻灯片工具菜单

7.5.6 幻灯片上做标记

在放映时单击鼠标右键，在打开的快捷菜单中选择“指针选项”命令，在打开的子菜单中有“箭头”“笔”和“荧光笔”3 种类型，根据需要选择其中的一种，如图 7-52 所示。如选择“笔”时鼠标指针就变成了一个圆点，可以在幻灯片上直接书写或绘图。在弹出的快捷菜单中选择“指针选项”命令，还可选择“墨迹颜色”来改变绘图笔的颜色。在右键弹出的菜单中选择“橡皮擦”命令，用来擦除笔迹，或选择“擦除幻灯片上的所有墨迹”来复原幻灯片。

如果不需要进行绘图笔操作时，可以再次在屏幕上单击鼠标右键，在如图 7-52 所示的“指针选项”子菜单中选择“箭头选项”，再在“箭头选项”中选取“自动”，就把鼠标指针恢复为箭头状了。如果在子菜单中选择“永远隐藏”，在放映过程中就不显示鼠标指针，如图 7-53 所示。

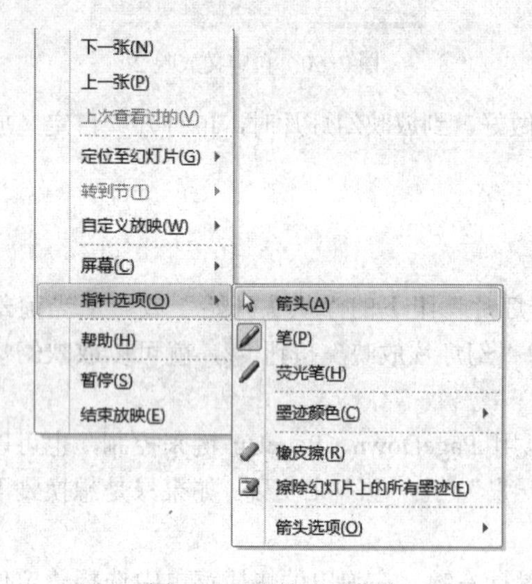

图 7-52 指针选项菜单

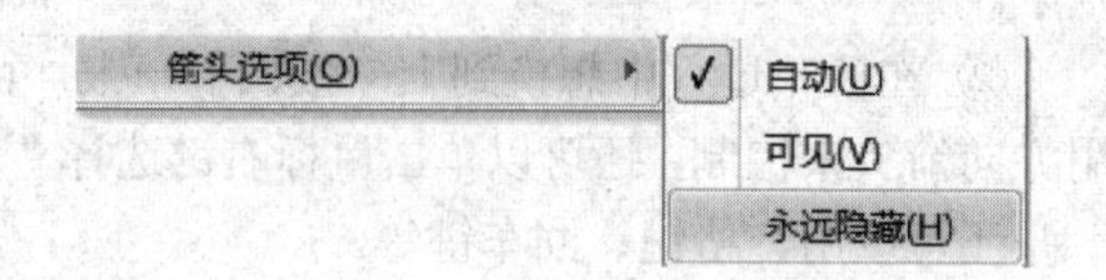

图 7-53 “箭头选项”菜单

7.5.7 自动播放文稿

演示文稿的播放，大多数情况下是由演示者手动操作控制的，如果要让其自动播放，需要进行排练计时。

① 打开相应的演示文稿，执行“幻灯片放映”选项卡的“排练计时”命令，进入“排练计时”状态。

② 此时，单张幻灯片放映所耗用的时间和文稿放映所耗用的总时间显示在“录制”对话框中，如图 7-54 所示。

③ 手动播放一遍文稿，并利用“录制”对话框中的“暂停”和“重复”等按钮控制排练计时过程，以获得最佳的播放时间。

④ 播放结束后，系统会弹出一个提示是否保存计时结果的对话框，如图 7-55 所示，单击其中的“是”按钮即可。

图 7-54 “录制”对话框

7.5.8 幻灯片放映方式设计

幻灯片放映有演讲者放映、观众自行浏览、在展台浏览 3 种方式。

- 演讲者放映(全屏幕):演讲者放映是全屏幕放映,这种放映方式适合会议或教学的场合、放映进程完全由演讲者控制。
- 观众自行浏览(窗口):它在窗口中展示演示文稿,允许观众利用窗口命令控制放映进程。
- 在展台浏览(全屏幕):这种放映方式采用全屏幕放映,适合无人看管的场合。

放映方式的设置方法如下:

① 打开演示文稿,单击“幻灯片放映”→“设置”→“设置幻灯片放映”按钮,出现“设置放映方式”对话框,如图 7-56 所示。

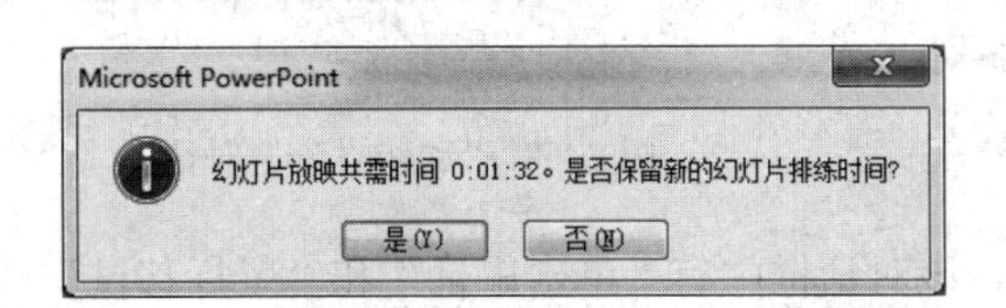

图 7-55 是否保存计时结果的对话框

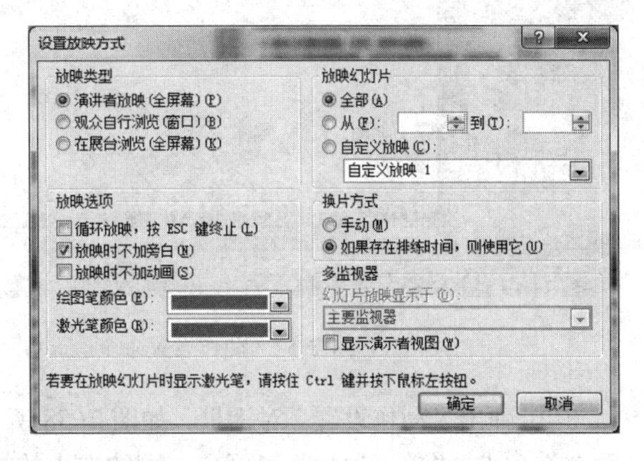

图 7-56 “设置放映方式”对话框

② 在“放映类型”栏中,可以选择“演讲者放映(全屏幕)”“观众自行浏览(窗口)”和“在展台浏览(全屏幕)”3 种方式之一。

③ 在“放映幻灯片”栏中,可以确定幻灯片的放映范围(全体或部分幻灯片)。放映部分幻灯片时,可以指定放映幻灯片的开始序号和终止序号。

④ 在“换片方式”栏中,可以选择控制放映速度的两种换片方式之一。“演讲者放映(全屏幕)”和“观众自行浏览(窗口)”放映方式强调自行控制放映。

7.6 处理超链接

本节介绍演示文稿中超链接的操作。

7.6.1 动作设置

为选定对象或者是操作按钮设定一项操作,当鼠标指向或者单击该对象时将执行该操作。具体操作步骤为:

① 选中一行标题文本,如选中“教程简介”,单击“插入”选项卡的“链接”组下的“动

作”命令，如图 7-57 所示。

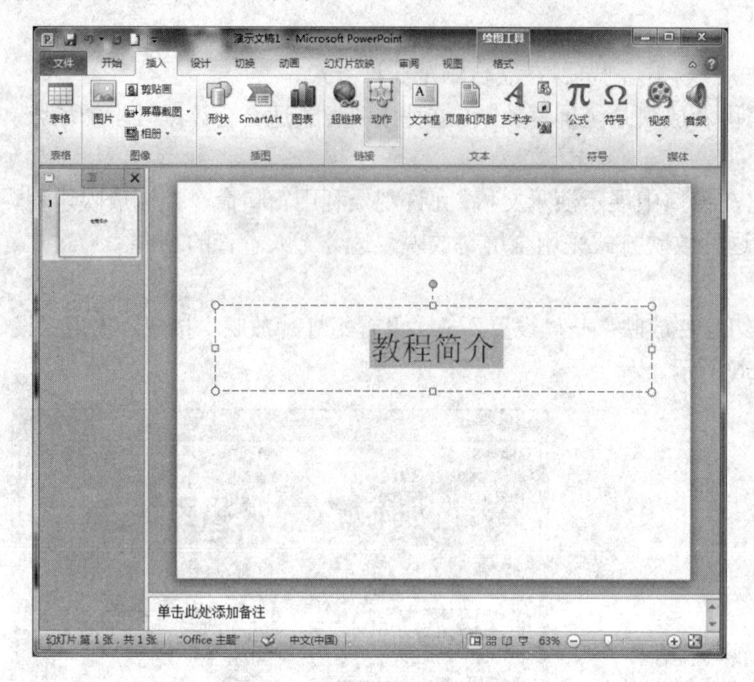

图 7-57 动作设置命令

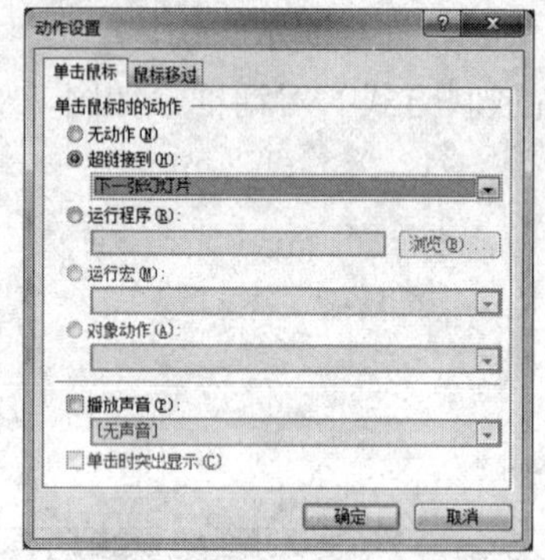

图 7-58 “动作设置”对话框

② 弹出“动作设置”对话框，如图 7-58 所示，该对话框中有“单击鼠标”和“鼠标移过”两个选项卡，“单击鼠标”表示单击刚才选中的文本会发生什么事情，“鼠标移过”表示当鼠标从选中的文本上面经过会发生什么事情。在“单击鼠标”选项卡中选择“超链接到”项，下面的列表框就变实了，列表框中所给的默认选项是“下一张幻灯片”，拉开列表框，选取“幻灯片”项，打开“超链接到幻灯片”对话框，对照右面的幻灯片预览图，选取想要跳转到的幻灯片，如图 7-59 所示，然后单击“确定”按钮。

③ 如果要添加声音，可以选中“播放声音”复选框，在下拉列表框中选择一种声音，如图 7-60 所示。最后单击“确定”按钮。如果对给定的声音不满意，就单击“其他声音”选项，打开添加声音对话框，选择一种声音。

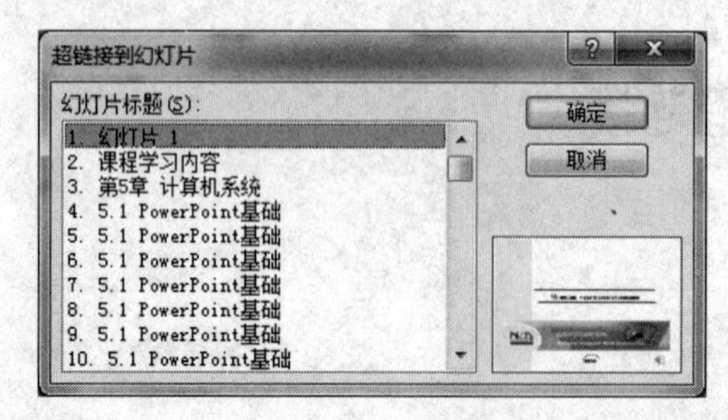

图 7-59 “超链接到幻灯片”对话框

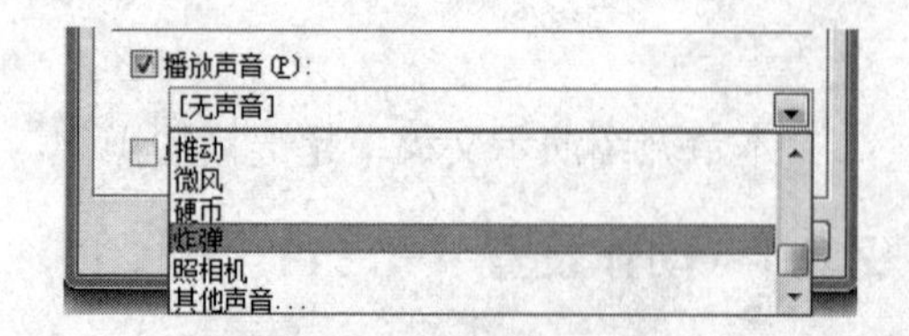

图 7-60 “播放声音”对话框

设置完一项之后，可以放映一下，字下的下画线表示这个标题文字有了超链接，当鼠标在带下画线的文字上经过时，光标变成了小手的形状，表示这里有链接动作，并发出一种声音。

④ 利用动作设置，还可以执行其他程序。可以选“运行程序”，如图 7-61 所示，单击“浏览”按钮，选择需要运行的程序，如图 7-62 所示，选择“SETUP.EXE”，单击“确定”按钮。那么在幻灯片放映时，单击该对象，就会启动设置的程序。

图 7-61 “运行程序”单选按钮

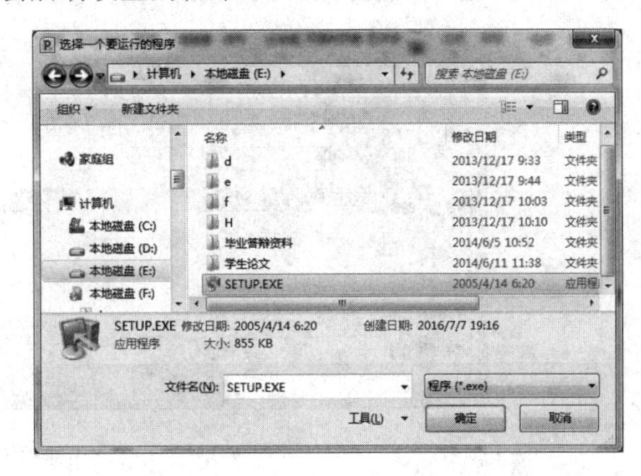

图 7-62 选择运行程序对话框

“鼠标移过”选项卡的设置和“单击鼠标”选项卡的设置几乎一样，在此就不再赘述了。

7.6.2 超链接

首先选中要链接的对象，然后单击“插入”选项卡的“链接”组下的“超链接”命令，或者单击右键选择“超链接”命令，打开“插入超链接”对话框，如图 7-63 所示。可以链接幻灯片、自定义放映等，还可以链接到最近打开过的文件、网页、电子邮件地址。在对话框的左部有一个“链接到”区域，里面提供了四个带图标的选项：

• 所有文件或网页。对话框中间部分列出三个选项：当前文件夹、浏览过的网页和最近使用过的文件，如图 7-63 所示。

• 本文档中的位置。可以在中间的列表中选择要链接的幻灯片或自定义放映了，还可以预览幻灯片。

• 新建文档。可以链接到一个新建的文档中，文档可以有时间再进行编辑，如图 7-64 所示。

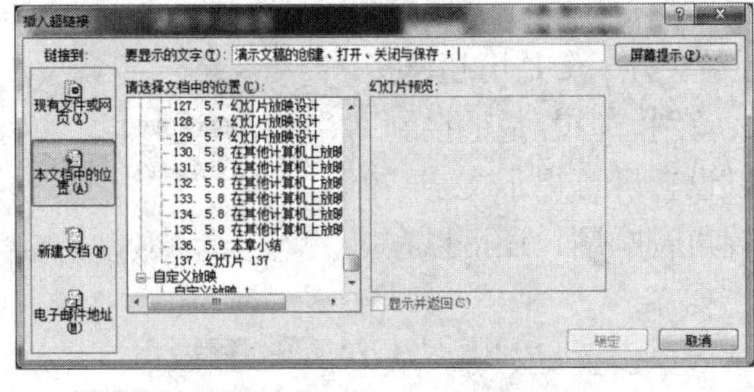

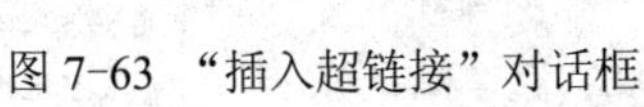

图 7-63 “插入超链接”对话框

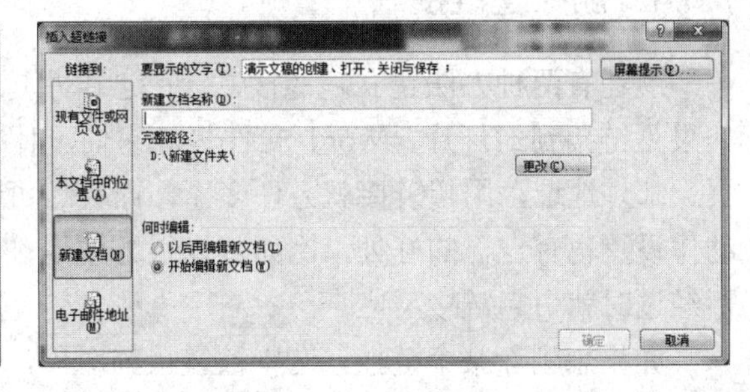

图 7-64 “新建文档”对话框

• 电子邮件地址。可以从列表框中选取最近用过的邮件地址，或是输入新地址，如图 7-65

所示。

单击“屏幕提示”按钮，输入要提示的文字，然后单击“确定”按钮，被链接的文字加了下画线且改变了原来的颜色。在进行放映时，当鼠标指针停在被链接的文字上时就变成小手的形状，旁边出现刚才输入的提示文字。单击鼠标，演示文稿就自动演示超链接指向的目标。

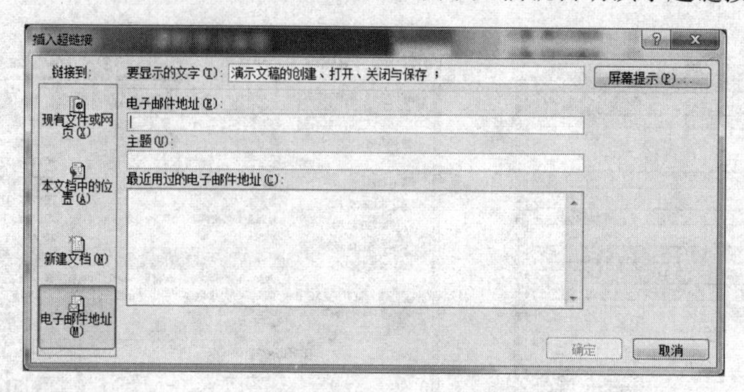

图 7-65 超链接电子邮件地址

7.6.3 动作按钮

超链接的对象很多，包括文本、自选图形、表格、图表和图画等。此外，还可以利用动作按钮来创建超链接。PowerPoint 带有一些制作好的动作按钮，可以将动作按钮插入到演示文稿并为之定义超链接。

① 单击“插入”→“形状”组下的“动作按钮”命令，插入一个动作按钮，单击“上一张”按钮，将光标移动到幻灯片窗口中，光标会变成十字形状，按下鼠标并在窗口中拖动，画出所选的动作按钮。释放鼠标，这时“动作设置”对话框自动打开。

② 在“链接到”列表中给出了建议的超链接，也可以自己定义链接。最后单击“确定”按钮，完成了动作按钮的设置。

还可以调整按钮的大小、形状和颜色等，和前面讲的自选图形的调整方法一样。播放时单击一下动作按钮就跳到下一页了。

7.6.4 删除超链接

现在有两种办法建立超链接，一个是用动作设置，另一个是用超链接。如果是链接到幻灯片、Word 文件等，它们没什么差别。但若是链接到网页、邮件地址，用超链接就方便多了，而且还可以设置屏幕提示文字。但动作设置也有自己的好处，比如可以很方便地设置声音响应，还可以在鼠标经过时就引起链接反应。

如果想删除某个链接，选中被链接的对象，然后单击鼠标右键，从中选择“取消超链接”，就可以了，如图 7-66 所示。

如果是用“动作设置”做的链接，选中被链接的对象，单击鼠标右键，选择“动作设置”命令，然后再选择“无动作”单选按钮就可以了。

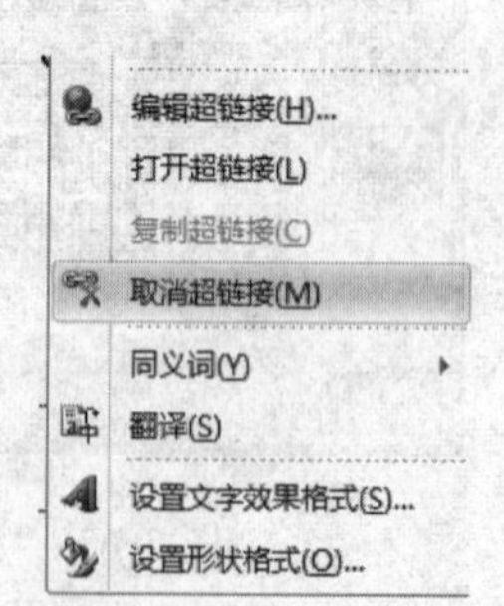

图 7-66 取消超链接

7.7 演示文稿的打印和打包

本节介绍演示文稿的打印及打包的操作。

7.7.1 页面设置

打印输出演示文稿，需要进行打印参数选项的设置和页面设置。如果不想设置打印参数，只要单击“文件”菜单下的“打印”选项下的“打印”按钮就能够打印了。

页面设置是演示文稿显示、打印的基础。单击“设计”选项卡的“页面设置”命令，弹出“页面设置”对话框，如图 7-67 所示。

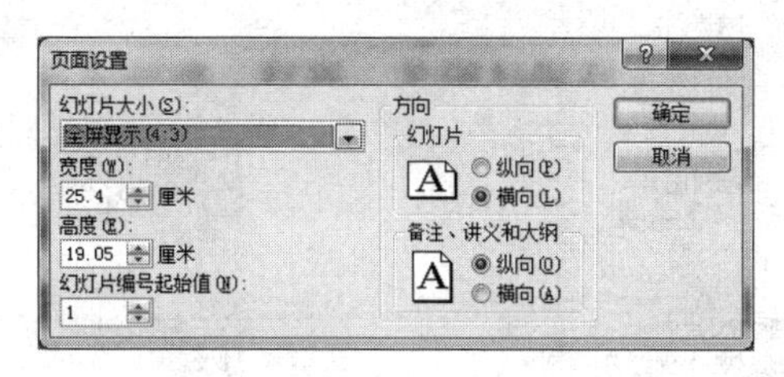

图 7-67 “页面设置”对话框

可以在“幻灯片大小”列表中选择幻灯片的大小。有几个选项供选择，系统默认为“全屏显示”，即宽 25.4 厘米、高 19.05 厘米，就是在显示器中显示，不作为打印机输出的一种页面模式；而“信纸”和“A4 纸张”是专为打印机准备的打印页面模式；“35 毫米幻灯片”则需要专业的设备辅助完成；如果采用的是“横幅”页面设置的话，PowerPoint 将把这张幻灯片进行压缩变成一条横幅，但如果在这里显示的文字很多将会导致文字显示的互相叠加现象，所以在这个选项中，一般只是放置文字很少的标题时采用。

在“幻灯片编号起始值”栏中还可以设置幻灯片的编号从几开始。如果幻灯片一共有 5 页，包括 1 个封面，4 页文稿正文，这时若不想让封面算作页数，就可以在“幻灯片编号起始值”一栏中填入“0”，这样封面为第 0 页，正文从第 1 页开始了。如果文稿只是整体文稿的一部分，就可以把起始值设成想显示的页号，比如从 17 页开始。

在“方向”区域中，可以设置“幻灯片”“备注、讲义和大纲”的显示和打印方向，可以设置成“纵向”或“横向”。演示文稿中的所有幻灯片必须维持同一方向，即使幻灯片设置为横向，仍可以纵向打印备注页、讲义和大纲。

7.7.2 打印设置

① 设置好幻灯片打印尺寸后，就可以打印了。单击“文件”菜单中的“打印”命令，右侧会级联显示“打印”对话框，如图 7-68 所示。

② 在“打印机”区域可以进行打印参数的设置。当计算机连接着多台打印机时，可以在“名称”列表中选择打印机，如果单击“打印机属性”按钮还可以详细地设置所需的打印机。

③ 在“设置”选项处，可以设置打印全部或部分幻灯片。如果要打印幻灯片的某几页，就在“幻灯片”栏中输入所需打印的页号，如输入“1，3”，就表示要打印第 1 页和第 3 页，输入“4-6”的意思就是打印第 4 页到第 6 页，输入的页码必须有效。还有一点，如果在页面设置时把“幻灯片编号起始值”设成了 3，那么这时在“打印范围”的“幻灯片”一栏中再输入“1-3”，系统就会告诉打印页码无效，因为此时标有“3”页码的幻灯片实际是文稿的第 1 页。

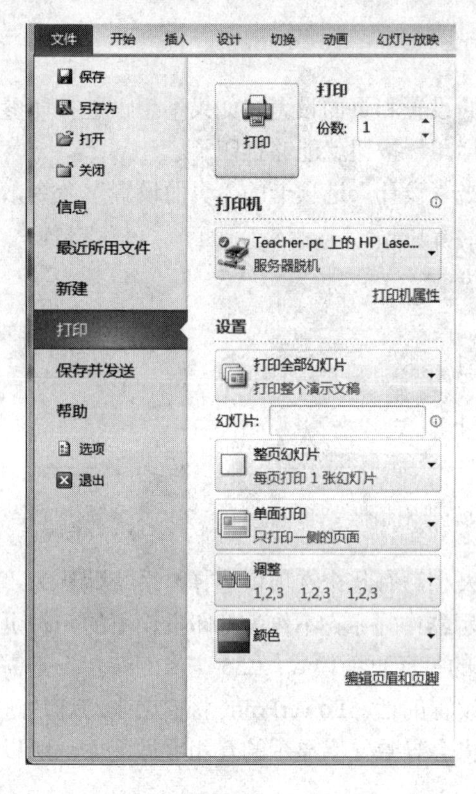

图 7-68 “打印”对话框

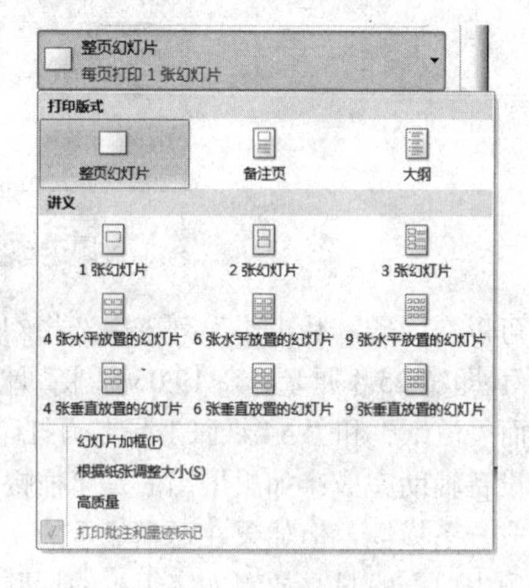

图 7-69 打印内容对话框

④ 在“打印版式”中有 4 种选择：“整页幻灯片”“讲义”“备注页”“大纲”。打印“讲义”如图 7-69 所示，即按照幻灯片浏览视图显示的样子来打印，默认是在一张纸上打印 6 张 PowerPoint 页面，PowerPoint 最多支持每页 9 张幻灯片数，水平及垂直顺序由自己选择；打印“备注页”则是将每页的备注打印出来，同时在备注上打印一份当前幻灯片页的缩小图样；打印“大纲”页就是打印大纲栏内所有的内容，即打印每一页演示文稿的各种标题。

7.7.3 打包

在日常工作中，经常将一个演示文稿通过 U 盘带到另一台机器中，然后将这些演示文稿展示给别人。如果另一台机器没有安装 PowerPoint 软件，那么将无法使用这个演示文稿，所以 Microsoft 公司赋予 PowerPoint 一项功能“打包”，使得经过打包后的 PowerPoint 文稿在任何一台 Windows 操作系统的机器中都可以正常放映。

① 在 PowerPoint 工作环境下打开想要打包的幻灯片文件。

② 单击“文件”→“保存并发送”命令，然后双击“将演示文稿打包成 CD”命令，出现

“打包成 CD” 对话框，如图 7-70 所示。

③ 对话框中提示了当前要打包的演示文稿，若希望将其他演示文稿也在一起打包，则单击“添加”按钮添加进来。

④ 默认情况下，打包应包含与演示文稿有关的链接文件和嵌入的 TrueType 字体。若想改变这些设置，可以单击“选项”按钮，在弹出的“选项”对话框中设置。

⑤ 在“打包成 CD”对话框中单击“复制到文件夹”按钮，出现“复制到文件夹”对话框，输入文件夹名称和文件夹的路径，并单击“确定”按钮，则系统开始打包并存放到指定的文件夹，如图 7-71 所示。

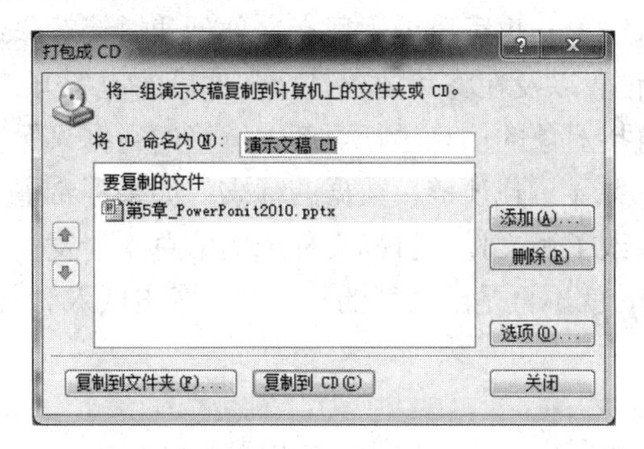

图 7-70 “打包成 CD” 对话框

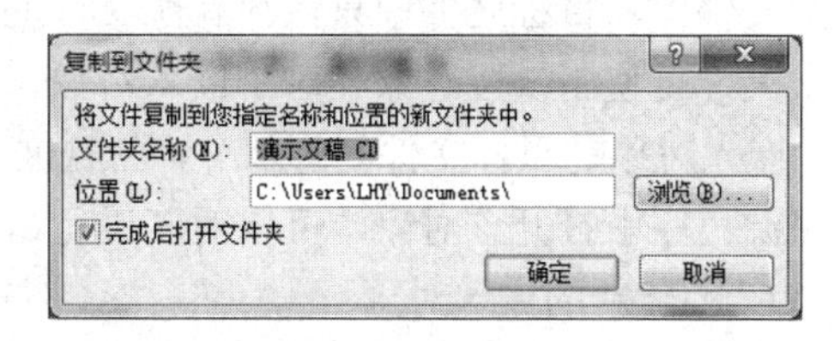

图 7-71 “复制到文件夹” 对话框

⑥ 若已经安装光盘刻录设备，也可以将演示文稿打包到 CD。在光驱中放入空白光盘，在“打包成 CD” 对话框中单击“复制到 CD” 按钮，出现“正在将文件复制到 CD” 对话框，提示复制的进度。完成后询问“是否要将同样的文件复制到另一张 CD 中？”，回答“是”则继续复制另一光盘，回答“否”则终止复制。

在将演示文稿的副本给其他人之前，最好审阅并决定是否应该包括个人和隐藏信息。在打包演示文稿之前可能需要删除备注、墨迹注释和标记。

PowerPoint 播放器会与演示文稿自动打包在一起。如果知道将用于运行 CD 的计算机已经安装了 PowerPoint，或者正在将演示文稿复制到存档 CD，也可排除它。

如果使用 TrueType 字体，也可将其嵌入到演示文稿中。嵌入字体可确保在不同的计算机上运行演示文稿时该字体可用（但是，CD 不能打包有内置版权限制的 TrueType 字体）。

默认情况下，CD 被设置为自动按照所指定的顺序播放所有演示文稿（也称为“自动播放 CD”），但是可将此默认设置更改为仅自动播放第一个演示文稿，或者禁用自动功能，并且需要手工启动 CD。

7.8 PowerPoint 与 Word 之间的信息交流

在 PowerPoint 与 Word 之间共享信息的方法很多。可根据希望信息出现在程序中的方式，原信息更改时是否需要更新共享的信息以及与谁共享信息等因素来决定共享信息的方法。常用的方法有以下几种：

① 如需要某个程序中出现的信息，可通过复制和粘贴操作将其粘贴到另一个程序中。

② 创建前往一个程序中信息的跳转，并用带有下画线的彩色文字或图形表示，可用超链接。

③ 从另一个文件中复制信息，并使其与原文件中的原始数据保持一致，可使用链接对象。

④ 从在另一个程序中创建的文件中复制信息，以便能方便地编辑原程序中的数据而不离开当前文档，可使用嵌入对象。

7.8.1 Word 内容向 PowerPoint 中转移

可以使用链接对象或嵌入对象实现把 PowerPoint 创建的文件全部或部分添加到 Word 文件中，当然也可实现相反的操作。可以创建新的嵌入对象，也可以使用现有文件创建链接对象或嵌入对象。链接和嵌入的主要区别在于数据的存放位置以及在将其插入目标文件后的更新方式。对于链接对象，只有在修改源文件之后，才会对链接对象的信息进行更新。链接的数据只保存在源文件中，目标文件中只保存有源文件的位置，并显示代表链接数据的标志。如果不希望文件太大，可使用链接对象。对于嵌入对象，如果更改了源文件，目标文件中的信息不会发生变化。嵌入对象是目标文件的一部分，而且嵌入之后，就不再是源文件的一部分。双击嵌入对象，将在源程序中打开该对象，可以对其进行编辑。

1. 创建新的嵌入对象

下面以如何在 PowerPoint 中插入 Word 文档为例，叙述如何创建新的嵌入对象。

① 单击演示文稿中要放置嵌入对象的地方。

② 单击“插入”选项卡中的“对象”命令，弹出“插入对象”对话框，如图 7-72 所示，然后单击“新建”选项。

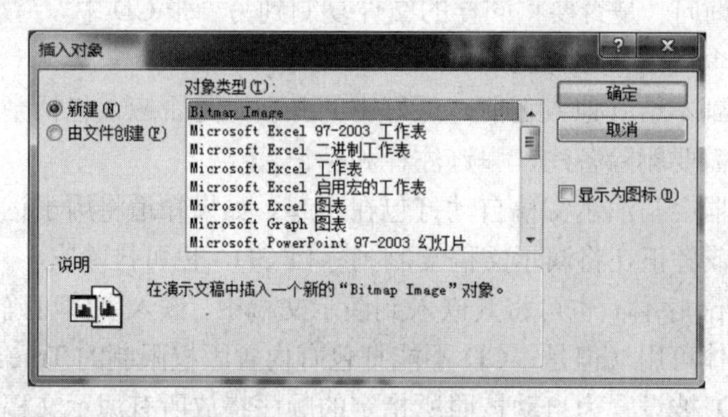

图 7-72 “插入对象”对话框

③ 在“对象类型”列表框中单击要创建的对象类型。这里选择“Microsoft Word 文档”。如果要以图标的方式显示嵌入对象（例如，如果其他人要联机查看文档），可选中“显示为图标”复选框。

④ 单击“确定”按钮，图标加入演示文稿中，同时 Word 被打开，此时可对文档进行编辑。

2. 使用现有文件中的信息创建链接对象或嵌入对象

① 选定要用来创建链接对象或嵌入对象的信息。

② 单击常用工具栏上的“复制”按钮或“剪切”按钮。

③ 切换到要放置该信息的文件，然后在信息的插入点处单击。

④ 单击“编辑”菜单中的“选择性粘贴”命令。

⑤ 要创建链接对象，可单击“粘贴链接”选项；要创建嵌入对象，可单击“粘贴”选项。在“形式”文框中，单击包含“对象”字样的选项。例如，如果复制了 Word 文档中的信息，可单击“Microsoft Word 文档对象”。

7.8.2 PowerPoint 内容向 Word 转移

在 Word 文件中可使用链接对象或嵌入对象插入 PowerPoint 演示文稿。

① 在 Word 文档中单击要放置链接对象或嵌入对象的位置。

② 选择“插入”选项卡中的“插入对象”命令，然后单击“由文件创建”选项。在“文件名”框中输入要从其链接对象或嵌入对象的文件名称，或单击“浏览”按钮，从列表中选择。

③ 要创建链接对象，可选中“链接到文件”复选框。如果不选中“链接到文件”复选框，将创建嵌入对象。这里选择创建嵌入对象。

④ 如果以图标的方式显示链接对象或嵌入对象（例如，如果其他人要联机查看文档），可选中“显示为图标”复选框。这里不选。

[思考与问答]

1. 创建演示文稿有哪几种方法？

2. 利用“内容提示向导”的“产品销售或售后服务”建立一个演示文稿，从中选出第 1、3、5、7 张幻灯片，设计成幻灯片动画（分别设计成“水平百叶窗”“溶解”“盒装展开”“从下抽出”），每张幻灯片放映时间为 2 s，并且设计成循环放映式。

3. 简述幻灯片的几种视图，它们之间有何区别？

4. 怎样添加、移动和复制幻灯片？

5. 幻灯片的配色方案和背景及填充效果如何设置？

6. 一张幻灯片有标题和正文，在放映时先出标题，然后按一下鼠标才能出现一条正文，直至正文结束。在设置动画效果时，该如何设置？

7. 简单叙述幻灯片母版的作用，母版和模板有何区别？

8. PowerPoint 演示文稿的文件缺省类型（扩展名）是什么？

9. 在 PowerPoint 中是否允许插入其他幻灯片演示文稿中的幻灯片？

10. 如何设计演示文稿的外观？怎样进行操作？

11. 在幻灯片放映中添加超链接的作用是什么？怎样删除超链接？

12. 怎样设置幻灯片放映时间间隔？

13. 幻灯片如何放映？怎样在幻灯片上做标记？

14. 如何在幻灯片上录制旁白及排练时间？

15. 如何进行演示文稿的多媒体设计？怎样插入声音和图片？

16. 把已经设计好的演示文稿的其中几张幻灯片进行自定义放映，如何操作？

17. 对演示文稿如何进行页面设置及打印设置？

18. 对演示文稿如何进行打包操作？

19. 怎样在幻灯片中插入对象？与 Word 之间的信息交流如何实现？

第8章

因特网的基本应用

因特网（Internet）是计算机技术和现代通信技术相结合的产物。它是一个开放的、互联的、遍及全世界的计算机网络系统，是一个使世界上不同类型的计算机能交换各类数据的通信媒介。在当今的计算机网络应用中，它是最受重视、发展最快、对人类社会影响最大的一项技术。近几年，因特网在我国的发展也极为迅速，信息高速公路、电子邮件、电子商务、网上冲浪、网上购物……等名词，几乎处处可以听到。了解因特网的知识，掌握它主要的应用，已经成为从事各类工作的每一个人都必须具备的基本要求。

本章重点介绍因特网的使用知识和万维网（WWW）及电子邮件（E-mail）的应用。

8.1　因特网基本知识

Internet 是一个在全球范围内将成千上万个网络连接起来的互联网，又称为网际网，我国统称为因特网，它是全球性的、最具影响力的计算机互联网络，同时也是世界范围的信息资源库。

8.1.1　因特网的形成与发展

Internet 是基于美国的 ARPAnet。1972 年，美国国防部为了军事目的而开始设计了一个高级计划——ARPA（Advanced Research Projects Agency 高级研究项目机构），为了试验在恶劣的战争环境下，当网络的某一部分失效时，整个网络是否会受到影响。于是，这个被称为“阿帕网”的 ARPAnet 研究计划被迅速地提上日程。ARPAnet 的成功试验使它在计算机系统中得到了广泛的应用。1978 年，DARPA（美国国防部高级研究计划局）成功地研究出了一种不基于任何硬件和操作系统的网络通信协议——TCP/IP 协议。1983 年，DARPA 要求 TCP/IP 协议作为与 ARPAnet 相连的主机的通信协议。1989 年，ARPAnet 宣布解散，从此 Internet 诞生了。

经过了 40 多年的建设和发展，因特网已成为连接 180 多个国家的全球性的“信息高速公路”，它使全球的人类可以相互传送信息和资料，是 21 世纪的知识宝库。“Internet”一词是“Interconnect”和“Network”两个词的组合，是“国际多媒体信息网络”的简称，是连接世界各地的网络。

随着网络的推广和普及，局域网与其他的广域网对 Internet 的发展也起了非常重要的作用。

1986年，美国国家科学基金会NSF（National Science Foundation）开始将美国各地的科研人员以及各大学和科研机构的计算中心连接到了分布在不同地区的5个超级计算机中心。至此，连接了越来越多的高等院校、科研机构、图书馆、实验室、政府部门、商业集团、医院的NSFnet逐渐取代了早期源于军事目的的ARPAnet。终于，在1990年7月，ARPAnet完全被NSFnet取代。正是NSFnet才迅速地将Internet推广到全球范围。NSFnet的出现无疑带来了极大的诱惑，于是科学家们纷纷把实验室或自己的计算机通过本地的区域网与超级计算机中心相连。这又大大地促进了个人计算机和局域网的联网能力的提高。而个人计算机和局域网的联网能力的提高又反过来促进了互联网络的全面发展。随着1989年ARPAnet的解散、NSFnet的对外开放，美国的Internet正式形成。从此，许多国家开始设立基于TCP/IP协议的国际信道与互联网络联通，一个连接世界各地的互联网诞生了。

从网络设计者角度考虑，Internet是一个计算机互联网络，由分布在世界各地的、数以万计的、各种规模的计算机网络，借助于网络互联设备，相互连接而形成的全球性的互联网络，它就像覆盖在地球表面的一个巨大藤蔓，有主藤，有支藤，主藤被称为主干网，支藤从主藤上滋长。这个巨大的藤蔓以美国为根，正以惊人的速度向各个国家和地区滋生，目前已延伸到了180多个国家和地区。

目前，美国高级网络和服务公司（Advanced Network and Services，ANS）所建设的ANSNET为Internet的主干网，其他国家和地区的主干网通过接入Internet主干网而连入Internet，从而构成了一个全球范围的互联网络。从Internet使用者角度考虑，Internet是一个信息资源网。Internet是由大量主机通过连接在单一无缝的通信系统上而形成的一个全球范围的信息资源网，接入Internet的主机既可以是信息资源及服务的提供者（服务器），也可以是信息资源及服务的消费者（客户机）。Internet的使用者不必关心Internet的内部结构，他们所面对的只是接入Internet的大量主机以及它们所提供的信息资源和服务，Internet上的主机以及所拥有的资源就像巨大藤蔓上结出的硕果，享用者不必考虑藤蔓是如何生长的，只求发现并获得果实。

在20世纪90年代才真正显露峥嵘的因特网，是20世纪人类社会向着信息时代发展所迈出的最重要的一步，它的历史作用已经超过了20世纪许多重大发明（如电子管、电视、雷达、半导体、晶体管、计算机、集成电路、微机以及人造卫星等）。因特网从原来美国国防部冷战时期的内部试验网络ARPAnet到美国教育科研机构的互联网络，走过了缓慢的过程。自从1993年WWW浏览器发明以来，发展到国际互联网被大规模应用仅用了短短的几年时间，其规模和发展的速度是令人始料不及的。1993年互联网的用户仅为几十万人，而1998年因特网在全世界180多个国家拥有大约1.3亿个用户，连接在因特网上的主机约为3 000万台，PC机约为一亿台。更为惊人的是，其发展势头和速度丝毫未减。2000年其全世界的用户已超过3亿，有将近一亿台主机和2.3亿台PC连接在网上。2016年全球因特网使用者上升到32亿。

浩瀚的信息资源、方便快捷的通信方式以及强大的多媒体功能，使越来越多的人感受到因特网对社会发展的巨大推动力量，及其对传统观念的冲击。正是由于因特网的飞速发展，才迫使人们开始思考建立真正的信息高速公路以满足用户对通信信道带宽和能力日益增长的需求。

8.1.2 中国因特网情况简介

20世纪90年代初，当中国科学院高能物理研究所通过日本同行连上Internet的时候，也许那时还没有意识到，Internet 已经悄然向中国敞开了大门。虽然当时线路只在高能所内部使用，而且又没有申请中国自己的域名，不过这已经使得 Internet 开始踏上了中国的土地，开始了我们的未来之路。现在，该网已经演变为中国科学技术网 CSTnet（China Science and Technology Network），网址为 www.cnc.ac.cn。

1994 年我国邮电部开始与 Internet 互联，建立了中国电信网（ChinaNet）。ChinaNet 与国内的 ChinaPAC（中国公用分组交换数据网）、ChinaDDN（中国公用数字数据网）、PSTN（公用交换电话网）和 ChinaMAIL（中国公用电子信箱系统）互联，构成了 ChinaNet 的骨干网。

与此同时，中国教育和科研机构也不甘示弱，中国教育与科研计算机网（CERnet），把中国的大多数高校连接起来，网址是 www.edu.cn。1994 年 4 月 20 日中国教育科研网（NCFC）与美国 NCFnet 直接联网，这一天是中国被国际承认为开始有因特网的时间。

20 世纪末，中国计算机互联网已形成骨干网、大区网和省市地区网的三层体系结构。中国骨干网是由 5 家经政府批准成立，拥有独立国际信道，各自在全国平行建一级网的“一级互联网服务商”（ISP）。

8.1.3 因特网提供的主要服务

Internet 是全球范围的信息资源宝库，丰富的信息资源分布在世界各地大大小小的站点中，如果用户能够将自己的计算机连入 Internet，便可以在信息资源宝库中漫游。Internet 中的信息资源几乎是应有尽有，涉及商业金融、医疗卫生、科研教育、休闲娱乐、热点新闻等。当然，Internet 上的信息资源是靠大家来构造的，任何单位和个人都可以将自己的信息搬到 Internet 上。政府可以通过 Internet 展示自己的形象，企业可以通过 Internet 介绍和推销自己的产品，个人可以通过 Internet 结识更多的朋友。

因特网的主要服务有：

1. 万维网（WWW）

WWW 是环球信息网（World Wide Web）的缩写，中文译名为“万维网”。它可以通过简单的方法，为全球用户提供范围广泛、内容丰富的信息服务，从而具有世界上最大的电子资料库的称誉。

2. 电子邮件（E-mail）

电子邮件是因特网上使用最早的信息传递方式。它以快速、高效、方便、价廉的特点，可与世界上任何地方的网上用户互通信息。除了文本之外，它还可传递声音、图像、视频等多媒体信息。

3. 文件传输（FTP）

FTP 是文件传输协议（File Transfer Protocol）的缩写。它是人们从因特网上获取远地主机文件的主要手段。这项功能的使用是双向的，当将文件从客户端送往远地主机时，称为“文件上传”（Upload）;反之，称为“文件下载”（Download）。传送的文件可以是文本文件、可执行文件、声音文件、图像文件、数据压缩文件等。现在因特网上有许多匿名 FTP 服务器，它们提供一种公众服务，允许任何人访问。

除了以上几种服务外，因特网还具有多种应用，比如远程登录（Telnet）、专题讨论（Usenet）、信息查询服务（Gopher）、电子公告牌（BBS）、网络会议（NetMeeting）。

8.2 万维网应用

WWW 服务，也称 Web 服务，是目前 Internet 上最方便和最受欢迎的信息服务类型，它的出现是 Internet 发展中的一个革命性的里程碑。

8.2.1 万维网的主要术语

1. 网站（Web Site）

WWW 服务采用客户/服务器工作模式。信息资源以页面（也称网页或 Web 页）的形式存储在服务器中，用户通过客户端的应用程序，即浏览器，向 WWW 服务器发出请求，服务器根据客户端的请求将保存在服务器中的某个页面返回给客户端。WWW 服务器通常也被称为 WWW 站点或 Web 站点。

2. 网页（Web Pages）

又称“Web 页”，它是浏览 WWW 资源的基本单位。每个网页对应磁盘上一个单一的文件，其中可以包括文字、表格、图像、声音、视频等。

3. 统一资源定位器（URL）

Internet 中 WWW 服务器众多，而每台服务器中又包含有多个页面，那么用户如何指明要获得的页面呢？这就要求助于统一资源定位器（Uniform Resource Locators ，URL）。URL 由 3 部分组成：协议、主机名、文件名。例如，河北北方学院 WWW 服务器中的一个页面的 URL 为：

http://www.hebeinu.edu.cn/index.html

协议　　主机名　　　　文件名

其中“http：”指明所采用的协议为 HTTP（超文本传输协议），“www.hebeinu.edu.cn”指明要访问的服务器的主机名，“index.html”指明所访问的页面的文件名。另外，文件名部分还可以包含文件所处的路径。

所以，如果用户希望访问某台 WWW 服务器中的某个页面，只要在浏览器中输入该页面的 URL 便可以浏览到该页面。

4. 首页（Home Page）

首页（Home Page）是指包含个人或机构基本信息的页面，通常用于对个人或机构进行综合性介绍，是访问个人或机构详细信息的入口点，用户通过首页上提供的链接便可以进入到其他页面，访问到关于个人或机构的详细信息。因而，用户只要了解到个人或机构的首页的 URL 便可以访问到与首页直接链接或间接链接的页面。

对于机构来说，首页通常是 WWW 服务器的缺省页，即用户在输入 URL 时只需要输入 WWW 服务器的主机名，而不必指定具体的路径和文件名，WWW 浏览器会自动寻找其缺省页。例如，访问河北北方学院的首页时只需输入“http://www.hebeinu.edu.cn”，则浏览器自动会查找到它的缺省页并显示出来。

5. 超文本（Hypertext）

在 Web 页面中，除了它本身的资源之外，还包含有指向另一些 Web 页或信息的指针。这些指针有特殊的标记，分别链接着各地 Web 站点的资源。用户要选择感兴趣的指针，就可转到其他 Web 服务器中的 Web 页。所以“超文本”是指一种组织信息资源的新方法，即通过指针来链接分散信息资源。这种管理信息的方法更符合人类的思维方式。

6. 超媒体（Hypermedia）

超文本可利用引用链接其他不同类型（内含声音、图片、动画）的文件，这些具有多媒体操作的超文本，被称为超媒体（Hypermedia），意指多媒体超文本（Multimedia Hypertext），即以多媒体的方式呈现相关文件信息。

7. 超链接（Hyperlink）

超文本具有的链接能力可层层相连相关文件，所以这种具有超链接能力的操作，即称为超链接。超链接除了可链接文本外，也可链接各种媒体，如声音、图像、动画，通过它们人们可享受丰富多彩的多媒体世界。

8.2.2 IE 浏览器简介

用户要在 Internet 中进行超文本浏览查询，需要在本地微机中安装 WWW 客户浏览器应用程序。在 WWW 浏览器中，Microsoft Internet Explorer（简称 IE）是一个比较使用的浏览器软件，本书以 IE 为例介绍浏览器的使用。

启动 IE 的方法是，单击“开始”按钮，鼠标移动到“所有程序”，再单击“Internet Explorer”就启动了 IE。如果经常使用 IE，可以在任务栏的 IE 图标上单击鼠标右键，选择“将此程序锁定到任务栏”，这样 IE 就被锁定在了任务栏里，就可以通过单击任务栏中的 IE 图标来启动 IE 了。

IE 的外观与微软的其他应用软件非常相似，它的窗口由标题拦、菜单栏、工具栏、主窗口和状态栏组成，如图 8-1 所示。

图 8-1 IE 窗口

工具栏：位于标题栏下方，排列了使用 IE 时常用的功能。

地址栏：在此栏中可以输入需要浏览的网站地址，可以输入 IP 地址或域名地址。

选项卡：在一个 IE 窗口中可以显示多个网页，通过选项卡在不同的网页中切换。

菜单栏： 菜单栏位于工具栏下方，其中包含有 IE 的所有命令功能，但通常默认不会显示，通过在新建选项卡右侧空白区域单击鼠标右键，在弹出的相关菜单中选择“菜单栏”可以永久地显示菜单栏，也可以按下 Alt 键临时呼出菜单栏。

状态栏：用以指明 IE 浏览器的当前状况，但通常默认不会显示，通过在新建选项卡右侧空白区域单击鼠标右键，在弹出的相关菜单中选择“状态栏”可以永久地显示状态栏，

网页显示区域：显示网页内容的地方。通过操作垂直或水平滚动条可以上下或左右滚动网页的内容。

8.2.3 IE 浏览器的设置

设置 IE 的工作环境，需要打开“Internet 选项”对话框。有以下两种方法打开“Internet 选项”对话框。

方法一：启动 IE 浏览器，打开 Internet Explorer 浏览器窗口，执行“查看”菜单中的“Internet 选项”命令。或者单击“工具”按钮选择“Internet 选项”命令。

方法二：单击“控制面板”窗口中的“Internet 选项”图标。

执行以上任何一种方式，都会弹出“Internet 选项”对话框。

1.“常规”选项卡

① 在“主页”选项框的“地址”栏中，可以设置主页网址。这个主页是指打开 IE 时首先呈现的网页，一般为一个最常用的网页地址。单击“使用当前页”命令按钮，将当前正在访问的网页设置为主页。

② 单击“浏览历史记录”选项框中的“删除”命令按钮可以清除浏览历史记录，也可以将 Internet 临时文件夹中的其他内容删除。单击“设置”命令按钮，会弹出“网络数据设置”对话框，在此对话框中可以设置如何检查所存网页的较新版本，也可以设置临时文件夹可用的磁盘空间大小，单击“移动文件夹”命令按钮，可以更改 Internet 临时文件夹。单击“历史记录”标签，可以设置保存网页的天数。

此外，在“常规”选项卡中还可以通过“颜色”“字体”“语言”“访问选项”等命令按钮设置颜色、字体、语言等相关内容。

2.“安全”选项卡

在此选项卡中，可以为网页的不同区域设置不同的安全等级以保护你的计算机。选择“本地 Intranet”“受信任的站点”或“受限制的站点”后，单击“站点”命令按钮可以添加相应站点。

3.“内容”选项卡

在此选项卡中，可以设置分级审查、证书和个人信息。分级审查可帮助你控制可访问的 Internet 内容。证书是保证个人身份或 Web 站点安全性的声明。

4.“连接”选项卡

在此选项卡中，可以进行拨号设置和局域网设置。单击“局域网设置”命令按钮，出现“局

域网（LAN）设置”对话框，若使用代理服务器，还须输入代理服务器的地址和端口号。

5.“程序”选项卡

在此选项卡中，可以设置默认浏览器，管理加载项，设置默认 HTML 编辑器。

6.“高级”选项卡

在此选项卡中，用户可以自定义 Web 页的显示方式，但其中的选项较为复杂，初学者最好单击“还原高级设置”命令按钮，将其设为默认的高级设置值。单击“重置”按钮还可以把 IE 的所有设置恢复到默认值，如果 IE 不能正常使用了，可以通过这个功能快速地修复 IE。

8.2.4 页面浏览操作

1. 浏览万维网基本操作

用户可以根据自己的兴趣，任意浏览一个 Web 站点。Web 站点的地址可以通过多种渠道获得。在这里以河北北方学院网站为例，介绍浏览一个站点的基本过程，其站点地址为 www.hebeinu.edu.cn。浏览 Web 站点的步骤如下：

① 在“地址”栏中输入要访问的 Web 站点的地址“http://www.hebeinu.edu.cn”，按回车键，则主页显示在浏览器的主窗口中。

② 寻找热链接。热链接的形式多种多样，包括文字、图片和按钮等。对于文本热链接，IE 使用与普通文本不同的颜色来显示，在 IE 缺省设置中，未单击过的为蓝色，已经单击过的为褐色。其他形式的热链接可能不像文本热链接那样醒目，但不管是什么形式的热链接，当鼠标指针移动到热链接上时，指针形状就会变成手形，同时目标链接所对应的 URL 也会显示在状态栏中。要跳转到该目标链接，只需要在热链接项上单击鼠标即可。

在输入 URL 时，对于以 WWW 开头的域名，不需要输入“http://”。同样，对于那些以“FTP”开头的域名，不需要输入“ftp://”，Internet Explorer 会自动添加上资源类型。

另外，Internet Explorer 还提供了“自动完成”功能。在输入地址时，如果以前访问过这个万维网站点，自动完成功能将在用户输入完成后给出一个最匹配的地址的建议。由于网页地址都是由众多英文字母组成，对于不熟悉英文的人来说，要记住这些网址实在是难上加难。即使对于英文基础好的人，在输入时也难免不出现错误。因此，如何更快地、更简单地正确输入网址对每一个网民都是一个十分现实的问题。其实有各种各样的方法可以使用，比如可以通过“复制”和“粘贴”来实现网址的输入。假如在浏览某一网页时在其上发现了一个网址，首先将其选中，右击鼠标，在弹出的快捷菜单中选择“复制”，然后在“地址”栏内右击，选择“粘贴”即可。

2. 在浏览过的页面间前进或后退

在查看一个网页后，Internet Explorer 就会在临时文件夹中保存一份拷贝，因此如果需要再次查阅已浏览过的站点时能够充分利用这些拷贝无疑会节省很多时间。

查看已浏览过的页面，用户可以使用工具栏中的“后退”按钮和“前进”按钮，在前后页之间进行转换。当点击了一些热点后，特别是一些是同一窗口中浏览的内容，则“后退”按钮会变成深色，说明点击“后退”按钮可以返回上一步，后退之后，“前进”按钮即可使用。万维网的使用就是如此地简单，不需要特别的专业训练，任何人均可以轻松掌握。

Internet Explorer 不仅提供了两个工具按钮“后退”和“前进”，而且，单击这两个按钮右侧的小三角，可以打开本窗口的最近浏览历史列表。这时只需要单击想要浏览的网页的名字就可以返回该网页。

注意：

并非在任何时候都可以使用“后退”和“前进”按钮。

如果从未浏览过这些网页，或是下列情况中的一种：

① 在已浏览过的网页中已返回到第一张网页。

② 在已浏览过的网页中已走回到最后一张网页。

则不可以在这些网页中使用“后退”和“前进”按钮。

3. 管理收藏夹

用户在有了一段时间的 Internet 使用经历后，就会收集不少自己喜欢的站点地址。要记住这些网址是一件很不方便的工作。IE 的收藏夹可以帮助用户有效地管理 URL。所谓收藏夹就是一个文件夹，用户可以在该文件夹下建立子文件夹，用于分类存储所收集的网页地址。那么网页的地址如何存入收藏夹中呢？

（1）增加新收藏

在收藏夹中增加新收藏的步骤如下：

进入需要收藏的网页，选择“收藏”菜单中的“添加到收藏夹”命令，当出现“添加到收藏夹”对话框时，选择“添加”，并在名称栏中输入有意义的名称，然后选择文件夹，然后单击“确定”按钮。也可以单击工具栏中的“收藏”图标，在弹出的菜单中单击“添加到收藏夹”按钮，这个功能的快捷键是 Ctrl+D。

（2）整理收藏夹

如果用户收藏了大量的 URL，一方面屏幕显示不下，另一方面用户查找起来也比较困难，所以较好的管理方式是对用户所收藏的 URL 进行分类管理，对于每一类 URL 用户可以为其建立一个子文件夹。在整理收藏夹时，用户可以将收藏夹下的 URL 分门别类地放入各自的文件夹中。

整理收藏夹的方法如下：

选择“收藏”菜单中的“整理收藏夹”命令，出现“整理收藏夹”对话框。

建立新文件夹，选择“创建”按钮；对 URL 进行分类，选择“移动”按钮；删除文件夹或收藏，选择“删除”按钮；修改文件夹或收藏名称，选择“重命名”按钮。

4. 历史记录

在设置 Internet Explorer 浏览器时，已经了解了临时文件夹的概念，在其内部保存有用户访问过的网页的信息。正是借助于这些资料，用户可以快速地返回以前曾打开过的网页。这便是 Internet Explorer 的“历史记录”功能。如果想查看历史记录列表，单击工具栏上的“收藏”按钮，再单击“历史记录”标签，在 Internet Explorer 浏览器页面显示窗口的右侧将显示历史记录侧栏。

历史记录浏览栏内出现文件夹列表，包含几天或几周前访问过的网页的链接。单击文件夹或网页来显示网页。打开网页时，可单击其标题。当其打开时历史记录浏览栏并没有消失，而且不发生任何变化。

查看 Web 上的网页时会发现很多非常有用的信息，这时，用户一定很想将它们保存下来以便日后参考，或者不进入Web站点直接查看这些信息，或者与其他用户分享。用户可以保存整个Web页，也可以只保存其中的部分内容（文本、图形或链接）。信息保存后，可以在其他文档中使用，也可以通过电子邮件将Web页或指向该页的链接发送给其他能够访问Web网页的人，同他们共享这些信息。

要保存Web页上的信息，可以使用以下方法：

① 保存当前页面。选择“文件”菜单中的“另存为”选项，在“保存HTML文档”对话框中指定文档保存的位置和名称，然后单击“另存为”按钮。

② 将Web页中的信息复制到文档。选定要复制的信息，如果要复制整页的文本，请单击“编辑”菜单，然后单击“全选”，在“编辑”菜单上，单击“复制”。然后在需要显示信息的文档中，单击放置这些信息的位置，在该文档的“编辑”菜单上，单击“粘贴”。

③ 保存图片。用鼠标右键单击网页上的图片，选择“图片另存为”选项，在“另存为”对话框中指定保存的位置和名称，然后单击“保存”按钮。

5. 打印网页内容

在“文件”菜单上，选择“打印”命令，将打开“打印”对话框。此功能的快捷键是Ctrl+P。

按要求选中某些项，按“确定”按钮即可以打印当前网页了。如果用户希望同时打印链接到该页的所有网页，可以选中选项标签中的“打印所有链接文档”。若希望打印该页的所有链接列表则应选中“打印链接列表”项。

为了使打印的页面外观符合要求，应在“文件”菜单下选择“页面设置”命令。在“页眉”和“页脚”处，可设置不同的参数，以决定在其中打印什么。

6. 在网页上查找信息

很多时候并非漫无目的地随意在网上浏览。当需要在网上查找某一特定的内容时，会惊奇地发现网上有那么多的信息，面对浩如烟海的众多信息，简直令人茫然无措，无从下手。如何在网上查找信息已不简简单单地是属于某个个人的事了，它已经成为了因特网能否继续生存下去的关键。至于如何在网上查找有用的信息，在下一节中会有详细的介绍。这里仅仅就在某一网页上如何查找的问题作一简要说明。假定要在网页上查找“computer”一词，具体步骤如下：

① 在“地址”栏内输入网址，浏览某网页。

② 单击“编辑”菜单，在下拉式菜单中选择“查找（在当前页）”命令，打开“查找”对话框。此功能的快捷键是Ctrl+F。

③ 在“查找内容”后的输入框内输入要查找的内容：computer。

④ 如果希望查找结果中不仅包含computer，也包括Computer或COMPUTER或诸如此类的单词的话，应该清除“区分大小写”复选框。“全字匹配”复选框被选中时将不能查找到类似uncomputer这样的词。

⑤ 单击“查找下一个”按钮，系统会自动查找相匹配的单词。当找到时光标会停留在找到的第一个词上，如果希望继续查找，则再次单击“查找下一个”按钮即可。如果没有相匹配的单词，系统也会给出提示。

8.2.5 搜索引擎的使用

Internet中拥有数以百万计的WWW服务器，而且WWW服务器所提供的信息种类及所覆盖的领域也极为丰富，如果要求用户了解每一台 WWW 服务器的主机名及它所提供的资源种类简直是天方夜谭。那么用户如何在数百万个网站中快速、有效地查找到想要得到的信息呢？这就要借助于 Internet 中的搜索引擎。

搜索引擎是 Internet 上的一个 WWW 服务器，它的主要任务是在 Internet 中主动搜索其他 WWW 服务器中的信息并对其自动索引，其索引内容存储在可供查询的大型数据库中。用户可以利用搜索引擎所提供的分类目录和查询功能查找所需要的信息。用户在使用搜索引擎之前必须知道搜索引擎站点的主机名，通过该主机名用户便可以访问到搜索引擎站点的主页。使用搜索引擎，用户只需要知道自己要查找什么或要查找的信息属于哪一类，而不必记忆大量的 WWW 服务器的主机名及各服务器所存储信息的类别。当用户将自己要查找信息的关键字告诉搜索引擎后，搜索引擎会返回给用户包含该关键字信息的 URL，并提供通向该站点的链接，用户通过这些链接便可以获取所需的信息。

目前国内用户使用的搜索引擎主要有两类，即英文搜索引擎和中文搜索引擎。常用的英文搜索引擎包括 Google、AOL、Yahoo!、Bing 等，常用的中文搜索引擎主要有搜狗、百度、必应等。

使用关键字进行搜索的关键在于如何书写提问，以及确定搜索的范围。下面针对使用关键字搜索给出一些建议：

① 不同目的的查询应使用不同的查询策略，这主要取决于你是想得到一个问题的多个方面还是简单的答案。

② 搜索引擎的统计表明，很多用户只输入一个词进行搜索，这会带来很多不需要的匹配。要进行有效的搜索，最好输入描述所感兴趣的主题的尽可能多而且精确的词或词组。提供的词组越精确，检索的结果就越好。

③ 大多数搜索引擎允许使用逻辑操作符。逻辑操作符提供了一种包括或排除关键字的方法和控制方法，合理使用逻辑操作符可以起到事半功倍的效果。

④ 掌握常用搜索引擎的特性。不同的搜索引擎有其各自的特点，因此，在使用搜索引擎时充分利用它们各自的优点，可以得到最佳及最快捷的查询结果。

最后提醒用户注意的是，Internet 中的各个搜索引擎都在不断地改进，如果用户想了解某个搜索引擎的最新特征和使用方法，则必须求助于搜索引擎所提供的帮助。大多数搜索引擎在其主页上都有帮助链接，英文搜索引擎一般表达成 Help、Search Tip 等，中文搜索引擎通常表达成“关于某搜索引擎”“某搜索引擎介绍”等。

此外，搜索引擎主页上也提供一些专项链接，一方面用以访问该搜索引擎所推荐的热门站点及热点信息，如热点新闻、股票信息等；另一方面用于提供一些专项服务，如天气预报、订票、查阅电话号码等。

8.2.6 下载文件操作

软件下载是 Internet 提供的一项重要服务，一般门户网站都提供软件下载服务，为网上用户提供一些免费或共享软件，为了用户查找方便，还对这些软件进行了分类整理。有的软件公司把数据文件、补丁文件、规章制度、通知报表等放在自己的网站上供用户或内部人员下载使用。文件下载大大方便了人们的工作和生活。

下面以新浪软件下载为例来说明下载的过程。

首先在地址栏输入“http://tech.sina.com.cn/down”，按回车后进入新浪软件下载网页，找到需要的软件后单击超链接，出现对话框，如果选择“在当前位置运行该程序”则 Windows 首先将对应文件下载到一个临时文件夹然后运行它；如果选择“将该程序保存到磁盘”则打开“另存为”对话框，选择文件夹并输入要保存的文件名即可。

8.3 电子邮件应用

电子邮件（E-mail）是计算机网络上最早也是最重要的应用之一，世界各地的人们通过电子邮件联系在一起，人们的通信观念因此发生了巨大的转变。

8.3.1 电子邮件的基础知识

电子邮件通信是一种将电话通信的快速与邮政通信的直观相结合的通信手段，但比起这两者它具备更大的优越性。首先，它的速度很快，通常是在几秒钟到数分钟之间就送达至收件人的信箱之中；其次，它很便捷。与电话通信不同，它不会因“占线”而浪费时间，收件人也无需同时守候在线路的另一边，从而跨越了时间和空间的限制；第三，它拥有低廉的价格。用户可以花费极少成本来发送其他通信方式无法担负的信息，如文字、图像、声音等。

电子邮件的收发过程类似于普通邮局的收发信件。邮件并不是从发送者的计算机直接发送到收信者的计算机，而是通过收信者的邮件服务器收到该邮件，将其存放在收件人的电子信箱内。通常收件者的服务器在其主机硬盘上为每人开辟一定容量的磁盘空间作为“电子信箱”，当有新邮件到来时，就将其暂存在电子信箱中供用户查收、阅读。由于每人的电子信箱容量有限，所以用户应注意定期对电子信箱中的信件进行处理，以腾出空间来接收新的电子邮件。

每个使用 E-mail 的用户都要有一个 E-mail 地址。用户在向 E-mail 服务提供商申请 E-mail 账号时，服务商就为该用户在其邮件服务器上设立一个信箱，这个信箱是私有的，其 E-mail 地址是唯一的，只有信箱的主人才可打开信箱。

Internet 上所有电子邮件用户的 E-mail 地址都采用同样的格式：用户名@主机名。

用户名代表用户信箱名，主机名为邮件服务器的域名地址，中间用“@”符号分割。

免费电子信箱是每个网民的必备之物，下面以在网易 126 邮箱中申请免费信箱为例，详细介绍网上免费信箱的申请过程。

① 进入提供免费电子信箱 126.com 的网站，其网址为 http://www.126.com。根据网页内容的提示，进入“申请免费电子信箱”网页。你会被要求选择用户名称，然后按下“完成”按钮。

② 如果刚才给自己起的名字已经有别的人用过，网站就会通知需要更改你的名字，只好再给自己另起一个名字，按下“申请”按钮重新申请。

③ 没有重名后，通过了申请的第一步，这时屏幕会显示该网站的信箱服务条款，只需用鼠标按下“我接受”即可。

④ 这时你会被要求详细填写你的有关信息，要认真在网上填写好这张表格才可以继续申请。

⑤ 当填写完相关信息后，按下“完成”按钮，网站会核对你的信息，并要求你再次检查

网页显示的信息是否正确。

⑥ 核对完信息后，认为没有什么问题了，按下“完成”按钮，这时就大功告成，网站通知信箱申请成功。

现在，你就拥有了一个免费的网上信箱，可以使用这个信箱收发电子邮件了。

我们再来 126 网站，在用户名栏中填入申请信箱时起的用户名，在“口令”栏中输入你在申请时设置的密码，按下“登录”按钮，就进入你的电子邮箱，可以进行电子邮件的收发。

电子邮件的管理有两种方式，一种是通过浏览器直接访问电子邮件服务器网站进行邮件的管理，这种方式的优点是比较方便，无需安装其他软件并进行过多的设置。缺点是必须随时在线，不在线时则无法撰写邮件和查看邮件。另一种方式就是通过专用的电子邮件软件管理邮件，比较常用的有 Outlook、Outlook Express、Foxmail 等，这些软件可以离线撰写邮件和查看邮件，只有收发电子邮件时才需要在线连接到服务器。

8.3.2 Outlook Express 中撰写电子邮件

撰写电子邮件的步骤如下：

① 单击工具栏中的“新邮件”，单击后会弹出新邮件窗口。

② 在相应的地方输入所需的内容后，点“发送”按钮。

③ 等待片刻后看已发送邮件箱中是否有刚才发送的邮件，有则说明已成功发送；如果没有，请检查电子邮件地址是否输错，设置是否有问题。在发送新邮件时，Outlook Express 也可以发送附件，如果你选择了发送附件，则将会看到附件选项。

回复就是给邮件的发送人写回信；转发是把邮件的拷贝发送给第三方。要回复或转发，你应先打开原始邮件。

① 回复作者：选中来信，单击打开“新邮件”对话框，注意到此时收件人处的地址已经由系统自动填写完毕，而来信也被复制到写信窗口中。

② 全部回复：当一封信被抄送给许多人时，回信给所有人，单击此按钮。所有收到信件的人均会收到你的回复，而你又不必费心去一个个地填写他们的邮件地址。

③ 转发邮件：将收到的信件以附带文件的形式转发给第三方。

利用 Outlook Express 收发邮件的步骤如下：

① 单击工具栏中的“发送/接收”按钮。

② 等待片该后，看收件箱中是否有邮件（注意：也可能本来信箱中就没有邮件）。

③ 接收下来的邮件现在已经可以看了，单击“收件箱”，并选择一封邮件阅读。

8.3.3 管理通讯簿

如何运用通讯簿来保留友人的通信地址呢？通讯簿给人们提供了方便，通讯簿中可保留友人的电子邮件地址、联系人的姓名、电话号码、传真号码、邮政地址及其他个人信息。

1. 新建联系人

单击 Outlook Express 工具栏中的“通讯簿”按钮，打开“通讯簿”对话框，在对话框中单击“新建”按钮，在打开的菜单中选择“联系人”选项，打开的“属性”对话框中输入联系人的各项信息，最后单击“确定”按钮即可。

2. 发件人

将发件人添加到通讯簿，单击“工具”选项，再单击“发送”标签，在“发送”标签页中选择“自动将我的回复对象添加到通讯簿”复选框。

或在邮件列表中用鼠标右键单击接收到的信件，选择快捷菜单中的“将发件人添加到通讯簿”选项，然后在打开的对话框中为新增的通信对象输入相应的信息。

3. 将Internet上的用户商业伙伴添加到通讯簿

单击“通讯簿”窗口工具栏上的“查找用户”按钮，打开“查找用户”对话框，填入“用户”标签中的各项信息，单击“开始查找”按钮，将查找到的用户添加到通讯簿中即可。

在建立新邮件过程中，选择“工具”菜单中的“选择收件人”，出现“收件人”窗口，分别选中收件人、抄送人、密件抄送人，单击“确定”按钮，即可发送邮件。

8.3.4 名片与签名

名片是以vCard格式存放在通讯簿中的联系人信息。任何类型的计算机或数字设备都可以读取 vCard 格式。为了能让名片或签名添加在每一封外发的信件中，可以执行下列步骤：

在“信纸”对话框中单击“签名”按钮，打开“签名”对话框。复选框“在所有发出的邮件中添加该签名”是指定是否将所有发出的信件中都加入你的签名。简单地，签名可以是一段文字，比如“永远爱你的詹姆士 • 邦德”，也可以是一个文件，选中“文件”单选按钮，即可指定签名文件。复选框“在回复和转发邮件中不添加签名”是决定是否对所有回复和转发的邮件均添加签名。复选框“在所有发邮件中附加名片”决定是否在邮件中使用名片。单击“编辑”按钮，可以修改已有的名片。而“新建”按钮的作用是建立一个新的名片。

在创建信纸并选择不在所有邮件中添加名片或签名时，可执行以下步骤将其添加到单个邮件中。在“新邮件”窗口中单击“插入”菜单，单击“签名”或“名片”命令。

8.3.5 收件箱助理

当你收到的所有邮件都乱糟糟地堆放在收件箱中时，你难道不希望有谁能帮助你吗？Outlook Express程序包含一个内置的电子邮件管理器，即收件箱助理，你可以用它来进行设置，把从选定地址来的邮件自动地放到特定的文件夹中，对那些无聊的广告你大可不必下载它们，通过收件箱助理将它们屏蔽在你的邮箱之外。收件箱助理还可以完成其他一些邮件管理任务。

在“工具”菜单上选择“收件箱助理”命令，打开“收件箱助理”对话框。

单击“添加”按钮，打开“属性”对话框，可以添加新的规则。

在“属性”对话框中，内容被分成了两部分，一部分是条件：“满足以下条件的邮件到达时”，另外一部分则是操作：“执行以下操作”。连起来含义很清楚，满足某些条件的邮件会被移动、转发、回复或从服务器上删除等。例如，对发件人地址为mike@126.com的信件设置自动回复，（自动回复时使用硬盘C上的remail目录下的文件名为remail.eml的文件），具体做法是：

① 单击“工具”菜单下的“收件箱助理”命令，打开“收件箱助理”对话框。

② 单击“添加”按钮，打开“属性”对话框。

③“发件人”处填入邮件地址“mike@126.com”，选中“回复”复选框，单击“浏览”按钮，找到预先写好的回复邮件c:\remail\remail.eml。

④ 按“确定”按钮返回“收件箱助理”对话框。

⑤ 按“确定”按钮关闭收件箱助理。这样以后凡是收到发件人为 mike@126.com 的邮件，系统就会自动使用文件 c:\remail\remail.eml 给予回复。收件箱助理的用法多种多样，其中自动分拣收到的信件将来信按不同的主题或发件人分发到不同的文件夹中是最常用的，其设置方法与上面所举的自动回复功能的设置方法相同。

8.4 因特网的 FTP 服务

文件传输 FTP（File Transfer Protocol）允许不同操作系统和不同体系结构的计算机相互之间可以交换文件。提供文件传输的服务器称为 FTP 服务器，当用户连接 FTP 服务器时，要输入用户名和口令。为了迅速推广共享软件、自由软件和免费软件，供所有人下载，Internet 提供了匿名 FTP 服务器，即访问者的用户名为 anonynous，口令可以任意。下面讲述如何利用 FTP 到 Internet 上获取文件资料和免费软件。

① 启动 IE 浏览器，在 IE 浏览器的地址栏输入 FTP 网站地址。

② 单击要下载的项目，弹出“文件下载”对话框，在此对话框中单击“将该文件保存到磁盘”单选按钮。

③ 单击“确定”按钮，弹出“下载”对话框。这样，便可以进行文件下载。

④ 要以其他用户登录到此 FTP 站点，需执行“文件”菜单的“登录”命令，弹出“登录”对话框，在此对话框中输入用户名和密码，单击“登录”命令按钮，即可进行登录。

除了上述下载方法之外，还可以使用专用 FTP 软件或断点续传软件下载。

[思考与问答]

1. 当发送电子邮件时，需要什么应用协议的支持？如何对 Outlook Express 进行设置？

2. Internet 的主要功能有哪些？

3. 了解学校的校园网上开设了哪几种网络服务，查找对自己的专业学习有帮助的网络资源，并为自建立一个电子邮件信箱。

4. 当浏览一个网页时，计算机和 WWW 服务器之间用的是什么应用协议？它们之间是如何通信的？

5. 什么是超文本？什么是超链接？什么是主页？